浙江省高职院校"十四五"重点教材

高等职业教育建筑产业化系列教材

装配式钢结构建筑施工

主　编　钟振宇　那丽岩

副主编　邢遵胜　吕燕霞

参　编　陈　峰　戴俊辉　孔婷婷

　　　　周立强　刘中华　肖景平

科学出版社

北　京

内 容 简 介

本书基于国家大力发展装配式钢结构建筑的背景，介绍装配式建筑概念和钢结构相关的基础知识；阐述钢结构连接工艺流程、技术要点、质量检查，防火和防腐涂料涂装方法、材料、质量要求等内容；结合实际工程案例，讲述高层钢结构建筑、冷弯薄壁型钢结构建筑、钢结构模块建筑、大跨度钢结构建筑、门式刚架钢结构厂房的构造特点与施工工艺。

本书可作为高等职业院校土建类专业学生的教学用书，也可供装配式钢结构建筑工程从业人员参考使用。

图书在版编目（CIP）数据

装配式钢结构建筑施工 / 钟振宇，那丽岩主编.—北京：科学出版社，2024.6

（浙江省高职院校"十四五"重点教材·高等职业教育建筑产业化系列教材）

ISBN 978-7-03-076886-5

Ⅰ.①装⋯ Ⅱ.①钟⋯ ②那⋯ Ⅲ.①装配式构件–钢结构–建筑施工–高等职业教育–教材 Ⅳ.①TU758.11

中国国家版本馆CIP数据核字（2023）第212968号

责任编辑：万瑞达 李程程 / 责任校对：马英菊
责任印制：吕春珉 / 封面设计：曹 来

科 学 出 版 社 出版
北京东黄城根北街16号
邮政编码：100717
http://www.sciencep.com

三河市良远印务有限公司印刷
科学出版社发行 各地新华书店经销
*
2024年6月第 一 版 开本：787×1092 1/16
2024年6月第一次印刷 印张：17 1/2
字数：415 000
定价：65.00元
（如有印装质量问题，我社负责调换）

销售部电话 010-62136230 编辑部电话 010-62130874（VA03）

前　言

党的二十大报告指出："统筹职业教育、高等教育、继续教育协同创新，推进职普融通、产教融合、科教融汇，优化职业教育类型定位。"这为如何推进职业教学改革指明了方向，职业教育的一个重要任务是把专业发展的前沿技术快速形成可教学内容，实施"三融"是职业教育推进行业转型升级的途径。

建筑业是一个传统的行业，近十年来行业转型升级非常快，以BIM为代表的数字技术和以装配式建筑为代表的建造技术有了长足发展。要实现建筑业高质量发展，就需要跟上时代的变化，加快提升智能建造水平。推进智能建造是城乡建设领域绿色发展、低碳循环发展的主要举措，既是稳增长、促改革、调结构的重要手段，也是打造经济发展"双引擎"的内在要求。

装配式钢结构建筑作为装配式建筑发展的一个重要方向，已经被国家列为今后发展的重点领域。每年有许多该领域的论文发表、专利登记，各厂商也不断推陈出新。作为高职土建大类专业学生，为了满足建筑行业岗位提出的新要求，必须学习掌握新的技术技能。

装配式钢结构建筑施工技术既包括传统钢结构建筑施工技术，也包括近几年新发展的一体化技术，已经形成了庞大的知识体系，同时新的结构体系也在不断发展中，这为本书的编写带来了挑战。本书编写组在完成装配式混凝土建筑教材开发后，便全力投入装配式钢结构建筑的现场实践和资料收集工作中，为本书的编写工作作准备。本书在编写上吸取了以前课程教材开发的经验，坚持校企合作使教学内容更加贴合工程实际，创新写作体例使教材更加适合学生自学，利用数字技术使复杂构造能够更加直观表达，研发实训项目使学生能学做合一，实施教材课程一体开发促进混合式教学实施。

本课程可以安排64学时进行学习。本书内容分为7个模块，前2个模块对装配式钢结构基础内容进行阐述，后5个模块分别介绍高层钢结构建筑、冷弯薄壁型钢结构建筑、钢结构模块建筑、大跨度钢结构建筑、门式刚架钢结构厂房的构造特点与施工工艺。每个模块均包含课程教学视频和阅读资料，每个模块后加入了模块小结、习题。

本书由浙江工业职业技术学院钟振宇、那丽岩担任主编，周立强统筹设计三维模型，具体编写分工如下：模块1由钟振宇编写，模块2由吕燕霞和孔婷婷编写，模块3由吕燕霞、孔婷婷和刘中华编写，模块4由陈峰和邢遵胜编写，模块5由钟振宇编写，模块6由那丽岩编写，模块7由戴俊辉和肖景平编写。全书由钟振宇统稿。浙江精工钢结构集团有限公司、北京建谊建筑工程有限公司、杭萧钢构股份有限公司等企业提供了丰富资料。本书出版得益于学校、出版社、企业的共同努力，在此表示衷心的感谢。

由于编者水平和时间有限，书中难免有不妥和疏漏之处，恳请广大专家、读者批评指正。

编　者

2023年1月

目　　录

认识装配式钢结构建筑

■价值目标 1. 树立绿色低碳发展理念
2. 培养爱国主义精神，提升民族自豪感
3. 尊重劳动，热爱劳动

■知识目标 1. 了解装配式钢结构建筑发展史和现实背景
2. 掌握装配式钢结构建筑概念
3. 掌握装配率计算方法
4. 熟悉钢结构相关规范
5. 掌握装配式钢结构体系

■能力目标 1. 能进行装配式建筑装配率计算
2. 对一般叙述性课程有自学能力
3. 能利用网络查找相关课程资料
4. 培养发现问题的能力

■素质目标 1. 养成科学的思维习惯
2. 养成吃苦耐劳的工作习惯
3. 养成精益求精的工作态度

课程介绍

学习引导

　　1985 年 2 月 20 日，中国第一个南极考察站——长城站（图 1.0.1）宣布落成，填补了我国科学事业上的一项空白。

　　长城站基地建设迅速，是由于该项目较早采用了装配式钢结构建筑建造技术，同时使用了聚氨酯复合板、快速混凝土等新材料、新工艺。1984 年 11 月 20 日"向阳红 10"号船和"J121"

图 1.0.1　长城站

船运输钢结构预制构件等 500 多 t 物质，从上海启航，运至南极洲的乔治王岛；经过 25 天的安装施工，主体工程（图 1.0.2）快速完成。外国科考队员盛赞"中国创造了神话般的南极速度"。

长城站建成后，经过多次扩建，现有建筑 25 栋，包括办公楼、宿舍、科研楼等 7 座主体建筑，总面积达 4000 多 m^2（图 1.0.3），是中国预制装配式钢结构建筑在南极的地标。

图 1.0.2　正在建造中的长城站主楼

图 1.0.3　长城站其他建筑

想一想：为什么以前没有把钢结构建筑称为装配式钢结构建筑？

任务 1　撰写装配式钢结构建筑小论文

▌任务描述

通过观看教学视频，收集资料，阐述装配式钢结构建筑的概念和发展历史。教师组织课堂讨论，每位学生提出自己阐述的方向和要点。要求完成 1500 字左右的论文。

▌任务分析

装配式钢结构建筑是一个新的概念，学生需要弄清楚传统钢结构和装配式钢结构的差异和相同点，了解钢结构发展史和目前装配式钢结构建筑实施的政策背景。本任务主要通过课内学习和课外查找资料来获取知识，同时培养学生发现问题和解决问题的能力。

▌知 识 点

▌1.1.1　装配式钢结构建筑的概念

《装配式混凝土建筑技术标准》（GB/T 51231—2016）中对装配式建筑的定义是：结构系统、外围护系统、设备与管线系统、内装系统的主要部分采用预

装配式钢结构建筑的概念

制部品部件集成的建筑。装配式建筑采用标准化设计、工厂化生产、装配化施工、信息化管理、智能化应用，把传统建造方式中的大量现场作业工作转移到工厂进行，是现代工业化生产方式。

《装配式钢结构建筑技术标准》（GB/T 51232—2016）中对装配式钢结构建筑的定义是：建筑的结构系统由钢部（构）件构成的装配式建筑。

这里需要说明的是，所谓装配式钢结构建筑，不是指钢结构建筑或钢与混凝土材料混合结构建筑，而是指以钢结构为承重结构的系统集成化建筑。也就是说，装配式钢结构建筑是一个建筑的完整有机体，其包含和钢结构配套的绿色围护板材、门窗、新型装饰材料、整体厨卫产品，水、暖、电、气等的有机集成，是对楼宇自动控制、雨水收集、太阳能、地热源、智能化技术的综合运用。

我们说钢结构是天然的装配式结构，并非所有的钢结构建筑均是装配式建筑，必须是钢结构、围护系统、设备与管线系统和内装系统做到和谐统一，才能称为装配式钢结构建筑。

目前，社会上甚至包括行业内部对装配式钢结构概念还不甚了解，而且集成钢结构建筑体系研发还处于起步阶段，市面上产品不多；同时钢结构本身具有工厂生产、现场装配的属性，在一般情况下很多人自然而然认为钢结构建筑就是装配式钢结构建筑。结合发展现状，拓宽装配式钢结构建筑的外延，从广义角度我们也可以把一般钢结构建筑称为装配式钢结构建筑。

行业分析

党的二十大报告指出："推动经济社会发展绿色化、低碳化是实现高质量发展的关键环节。加快推动产业结构、能源结构、交通运输结构等调整优化。实施全面节约战略，推进各类资源节约集约利用，加快构建废弃物循环利用体系。"

目前，装配式建筑已经成为我国建筑业转型升级中的一个重要方向。从政策层面看，以2013年全国建设工作会议为标志，首次提出"促进建筑产业现代化"的发展要求，以建筑业转型升级为目标。建筑工业化是实现这一目标的首选，而其中的抓手即为装配式建筑。

2013年1月1日，国务院办公厅以国办发〔2013〕1号转发国家发展改革委、住房和城乡建设部制定的《绿色建筑行动方案》。《绿色建筑行动方案》明确重点任务之一是推动建筑工业化。住房城乡建设等部门要加快建立促进建筑工业化的设计、施工、部品生产等环节的标准体系，推动结构件、部品、部件的标准化，丰富标准件的种类，提高通用性和可置换性。推广适合工业化生产的预制装配式混凝土、钢结构等建筑体系，加快发展建设工程的预制和装配技术，提高建筑工业化技术集成水平。支持集设计、生产、施工于一体的工业化基地建设，开展工业化建筑示范试点。

2014年5月4日，住房和城乡建设部发布《关于开展建筑业改革发展试点工作的通知》（建市〔2014〕64号），将建筑产业现代化列入建筑改革发展试点工作。2014年7月1日，住房和城乡建设部发布《关于推进建筑业发展和改革的若干意见》(建市〔2014〕92号),意见之一是促进建筑业发展方式转变,推动建筑产业现代化。

2016年2月6日,国务院办公厅发布《中共中央 国务院关于进一步加强城市规划建设管理工作的若干意见》,其中第11条指出:加大政策支持力度,力争用10年左右时间,使装配式建筑占新建建筑的比例达到30%。积极稳妥推广钢结构建筑。2016年9月30日,国务院办公厅发布《关于大力发展装配式建筑的指导意见》(国办发〔2016〕71号),指出要因地制宜发展装配式混凝土结构、钢结构和现代木结构等装配式建筑。

2017年2月24日,国务院办公厅发布《关于促进建筑业持续健康发展的意见》(国办发〔2017〕19号),指出要大力推广智能和装配式建筑,创新建筑方式。

为了确保国家政策的落实,各省市也积极制定了各项配套政策。目前,全国已有30多个省市出台了装配式建筑专门的指导意见和相关配套措施,不少地方更是对装配式建筑的发展提出了明确要求。

装配式建筑包括装配式混凝土建筑、装配式钢结构建筑和装配式木结构建筑。本书主要介绍装配式钢结构建筑。

钢结构建筑具有强烈的工业化特色、轻质高强的优势以及干式施工方式的特点,不仅可以大幅度提高工程质量和安全技术标准,实现绿色施工,还可以大幅度提高建筑的工作性能和使用品质,增强城市防灾减灾能力,是最适合工业化装配式的结构体系。钢结构是可循环使用的绿色建筑,它体现在建筑设计、施工、建造、拆除及异地重建的全过程。将钢结构应用于装配式建筑中,能够有效实现节能减排、控制污染的新型建筑发展模式,促进我国建筑业走向产业化、信息化、智能化,符合我国建筑行业绿色发展和生态文明建设的长远目标。

目前,国内钢结构行业呈现快速发展趋势,钢结构产量从2002年的850万t增长到2009年的2294万t,年均复合增长率达到15.24%。2010年至2021年,则是钢结构迅猛发展阶段,钢结构产量从2600万t增长至8741万t,如图1.1.1所示。

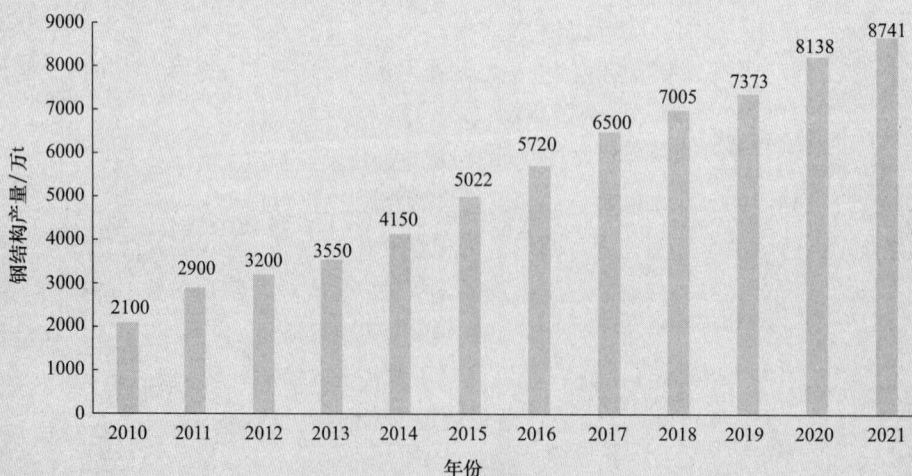

图1.1.1 我国2010年至2021年钢结构产量

▌1.1.2 国外钢结构建筑发展史

国外钢结构
建筑发展史

1. 第一次工业革命至19世纪钢结构建筑发展

欧洲是装配式建筑的发源地，早在17世纪就开始建筑工业化之路。最早在建造房屋中使用金属结构可以追溯到18世纪末的英国。查尔斯·贝治（Cherles Bage）在1797年于斯尔斯堡（Shrewsbury）完成的一座五层的亚麻工厂，至今仍然保存良好。铸铁的梁由铸铁的柱子来支承，并且与砖砌的半圆拱券相连，构成了第一座铁框架的建筑物。实际上是砖石－铁框架混合结构的建筑物。

有了砖石－铁框架混合结构建筑的成功尝试后，一些要求快速建造的、大跨单层的建筑物（如市场、火车站站棚、花房、展览馆等）都纷纷采用铁结构。1851年在英国伦敦建设的水晶宫（图1.1.2）是世界上第一座装配式钢结构建筑。水晶宫是以钢铁为骨架、玻璃为主要建材的建筑，是世博会的展览馆。1885年世界上最早的铁框架高层建筑在芝加哥诞生，它就是由威廉·詹尼设计的10层高的家庭保险公司大楼（图1.1.3）。

图1.1.2 伦敦水晶宫

图1.1.3 芝加哥家庭保险公司大楼

埃菲尔铁塔（图1.1.4）为1889年纪念法国大革命100周年而兴建。铁塔高300m，有1.2万个构件，用250万个螺栓和铆钉连接成为整体，共使用7000t优质钢铁。它已成为巴黎的象征，预示着人类钢铁时代的到来。

两年后（1891年）芝加哥出现22层的钢结构大楼，1898年纽约建成26层的钢结构大楼，1913年纽约241m高的渥尔华斯大厦问世（图1.1.5），真正的摩天大楼时代开始了。

图1.1.4 巴黎埃菲尔铁塔

图1.1.5 纽约渥尔华斯大厦

这一时期大跨度建筑也不断出现。1849 年利物浦的一个车站采用铁桁架，跨度达到 46.3m，首次超过罗马万神庙的跨度（43.3m）。1868 年伦敦的一个车站站棚，采用铁拱形桁架，跨度达到 74m。1893 年美国费城的一个火车站站棚跨度达到了 91.4m。

2. 20 世纪初至第二次世界大战钢结构建筑发展

20 世纪以前，人类建造的跨度最大的建筑是 1889 年巴黎博览会的机械陈列馆（图 1.1.6）。它运用当时最先进的三铰拱结构，使用优质的钢材。陈列馆共有 20 榀钢拱，宽 115m、长 420m，形成室内大空间。

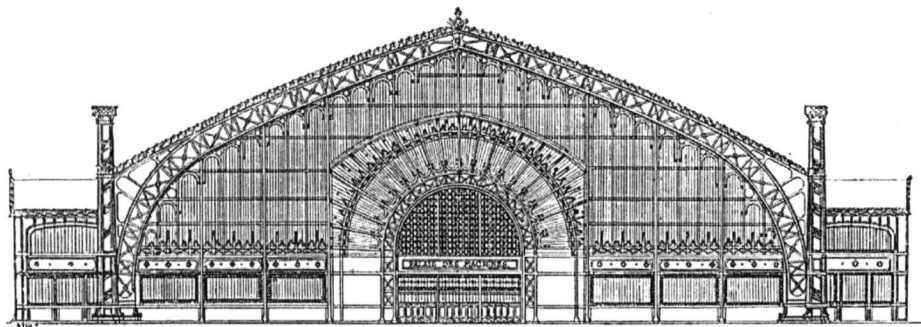

图 1.1.6　1889 年巴黎博览会的机械陈列馆

图 1.1.7　巴塞罗那世界博览会德国馆

第一次世界大战结束后，由于技术上的原因，混凝土建筑后来居上，而且优势保持了半个世纪之久。这一时期钢结构建筑许多亮点便闪烁在大师的作品中。密斯设计了著名的巴塞罗那世界博览会德国馆（图 1.1.7）和吐根哈特住宅（图 1.1.8），勒·科布西耶在 1930～1932 年为巴黎大学城设计的瑞士学生宿舍（图 1.1.9）也采用了钢结构。

图 1.1.8　吐根哈特住宅

图 1.1.9　巴黎大学城中的瑞士学生宿舍

20 世纪 30 年代之前建造的美国摩天大楼，把欧洲历史上各种建筑样式完整地或零碎地套用在自己的框架上，如 1913 年建成的渥尔华斯大厦和 1918 年建成的芝加哥论坛报大楼（图 1.1.10）。

20 世纪 30 年代至第二次世界大战时期，美国摩天楼明确地改变了之前的建筑学概念。历史形成的细部设计以及立面顶端或过渡区的装饰都越来越少，凹凸面、垂直或水平带代替了外部建筑处理的传统要素；结构系统（即钢框架）外露，由此突出强有力的视觉冲击。美国建筑文化的转型体现在 20 世纪 30 年代新建的几座摩天楼上。这一时期工程案例有费城储金大楼（图 1.1.11）、纽约洛克菲勒中心 RCA 无线电大楼（图 1.1.12）、纽约帝国大厦（高 380m，图 1.1.13）。

图 1.1.10　芝加哥论坛报大楼

图 1.1.11　费城储金大楼（右侧大楼）

图 1.1.12　洛克菲勒中心 RCA
　　　　　无线电大楼

图 1.1.13　纽约帝国大厦

20 世纪初建成的许多工业建筑在现代建筑历史中占有重要地位，如贝仑斯设计的透平机车间（图 1.1.14），格罗皮乌斯设计的法古斯工厂（图 1.1.15）等。透平机车间以其卓越的细部处理、坚挺的门式钢框架支柱、屋盖结构的所谓雕塑感、复杂对称的山墙端部而具有几乎是永恒的纪念碑似的性质。法古斯工厂被列为当时最先进的建筑创作，是现代建筑的代表，虽然它的承重结构不如透平机车间暴露得那么明显，但与同期的建筑相比，三层厂房大楼的全玻璃立面，连同凸出的透明墙角，在当时的设计中具有较强的创意。全玻璃立面是玻璃幕墙的许多前身中最早和最重要者之一。

图 1.1.14 透平机车间

图 1.1.15 法古斯工厂

3. 第二次世界大战后钢结构建筑发展

第二次世界大战后，大量房屋需要新建和重建，于是出现了建材短缺（尤其是钢材短缺），特别是钢材供应短缺直接限制了钢结构建筑的发展。这种状况到 20 世纪 50 年代才有所转变，钢结构建筑市场开始复苏。60 年代以后钢材的供应有了充分保证，建筑钢材生产技术亦有了突破性进展，如新型彩色压型钢板、新型高效能冷弯薄壁型钢和第三代热轧型钢——H 型钢等。在建筑钢材生产技术获得突破的同时，计算理论与加工技术手段的发展也是划时代的，当然最具有革命意义的革新还是计算机的应用。

在计算机的帮助下，轻钢结构、大跨度钢结构、高层钢结构等的发展进入了真正的黄金时期。

1）轻钢结构建筑

在钢结构建筑的发展普遍受阻的时期，轻钢结构建筑却有所发展。在第二次世界大战期间，飞机库的建造曾使轻钢结构得以有效利用。战后当这项工业开始重新发展时，重点主要集中在快速建造的建筑物的强度及低造价上，而不是改变其外观。目前，美国两层楼房以下的非居住建筑 70% 以上采用轻钢结构。轻钢结构建筑典型的作品有法国敦刻尔克大学生餐厅、法国巴黎儒勒·凡尔纳中学（图 1.1.16）等。

图 1.1.16 法国巴黎儒勒·凡尔纳中学

2）大跨度钢结构建筑

1952 年美国北卡罗来纳州的雷里竞技馆开创了现代悬索结构的历史。

埃罗·沙里宁设计的华盛顿杜勒斯国际机场（图 1.1.17）与耶鲁大学冰球馆是具有代表性的经典之作。

日本丹下健三设计的东京奥林匹克运动会（1964 年）的游泳馆和篮球馆（图 1.1.18）是成功运用悬索结构创造了富有民族特色的建筑，将悬索结构的艺术表现力提高到了新的水平。

图 1.1.17　华盛顿杜勒斯国际机场

图 1.1.18　1964 年东京奥林匹克运动会的游泳馆和篮球馆

20 世纪 70 年代之后，悬索结构应用技术日趋成熟，全世界范围内兴建了大量的悬索结构房屋，如苏联列宁格勒体育馆（1976 年，直径 160m）、意大利米兰体育馆（1976 年，直径 140m）、沙特阿拉伯利雅得奥林匹克城赛车馆（1977 年，直径 166.5m）等。

1999 年美国匹兹堡建设的 10.8 万 m^2 的戴维·L. 劳伦斯会议中心（图 1.1.19），正是受到这座城市的众多悬索桥的影响，而优先选用了悬索结构体系。

网架与网壳结构在 20 世纪 60 年代以后崛起于钢结构舞台，并很快取代了钢筋混凝土壳体结构，成为当时主要的大跨度空间结构形式。1964 年贝聿铭在肯尼迪图书馆设计（图 1.1.20）中应用大面积平板网架，开阔了参观者的视野。1970 年，丹下健三设计了覆盖博览会入口处"节日广场"的巨大钢屋盖，网架覆盖的 330m×120m 巨大空间真正成了"交流中心"。

图 1.1.19　匹兹堡戴维·L. 劳伦斯会议中心

图 1.1.20　肯尼迪图书馆

1958 年，富勒在美国路易斯安那州的巴吞鲁日设计了一个汽车修配厂，主体空间被全部覆盖在直径 117m 的短程线穹窿之下，是当时世界上跨度最大的建筑物。

1967 年，在加拿大举行的蒙特利尔世界博览会上，富勒设计的美国馆以一个直径 76m 的巨大 3/4 球形网壳再一次开辟了巨大空间结构的先例。美国馆的设计妥善地处理了建筑、结构和构造上的不同要求，获得较大的成功。

网壳结构在体育建筑、交通建筑等大跨度建筑中的应用越来越广泛。1987～1989年建设的瑞典斯德哥尔摩奥林匹克体育馆是当时世界上最大的球体建筑。

1991年落成的伦敦第三国际机场丝丹斯戴德航空港（图1.1.21）是福斯特建筑师事务所运用网壳结构进行单元组合，求取大空间的范例。这种化整为零的方法不但降低了造价，还使整个屋顶显得轻盈、剔透、玲珑。

1961年建成的美国匹兹堡会堂，直径127m，高度33m，其半球形屋顶可以自由启闭，屋盖由8个网片组成，其中2个是固定的，6个是可旋转移动的。从此之后，大量的开合空间结构建筑投入建设。1989年加拿大多伦多建成了当时世界上跨度最大的开合结构天空穹顶，跨度205m，覆盖面积32374m²。4年之后（1993年），这一纪录就被打破，打破纪录的就是跨度222m的日本福冈体育馆（图1.1.22）。1993年日本还建成了宫崎水上世界，长300m，跨度100m，高度38m，开合方式为平行重叠式。

图1.1.21　伦敦丝丹斯戴德航空港

图1.1.22　日本福冈体育馆

图1.1.23　芝加哥湖滨公寓

3）高层钢结构建筑

美国的高层钢结构建筑在20世纪50年代快速发展，德国建筑师密斯的影响可谓深远。1948～1951年，芝加哥湖滨公寓（图1.1.23）的落成使密斯在1921年提出的玻璃摩天大楼的设想变成了现实。真正意义上全玻璃外墙高层建筑是1952年落成的纽约利华大楼，利华大楼四面玻璃墙令人震撼，它甚至成为当时高层办公楼的设计意向。

1958年落成的纽约西格拉姆大厦（图1.1.24）使人印象深刻，其外表面上的金属部分既不是钢也不是铝，而是铜。采用这种温暖色调的金属材料后，西格拉姆大厦在一般钢或铝的高层建筑中显得格调高雅、与众不同。

1972年落成的纽约世界贸易中心（图1.1.25，110层、411m），打破了帝国大厦保持达41年之久的最高世界纪录。纽约世界贸易中心不但在规模上是空前的，在技术成就上也是领先的。该工程首次进行了模型风洞试验，首次使用黏弹性阻尼器减震，首次采用了压型钢板组合楼板等，对后来的高层建筑有重大影响。

图 1.1.24　纽约西格拉姆大厦

图 1.1.25　纽约世界贸易中心

在纽约世界贸易中心落成两年后（1974 年），另一座更高的建筑——芝加哥西尔斯大厦（现名威利斯大厦，110 层，443m，图 1.1.26）建成。威利斯大厦的结构体系是束筒结构，这种结构体系不但是最简单的几何图形，还是最简单的抵御风力的体系，钢结构建筑特别适合于建筑师采用清晰的几何图形作为思维手段，这正是从美国高层建筑发展中得出的经验。

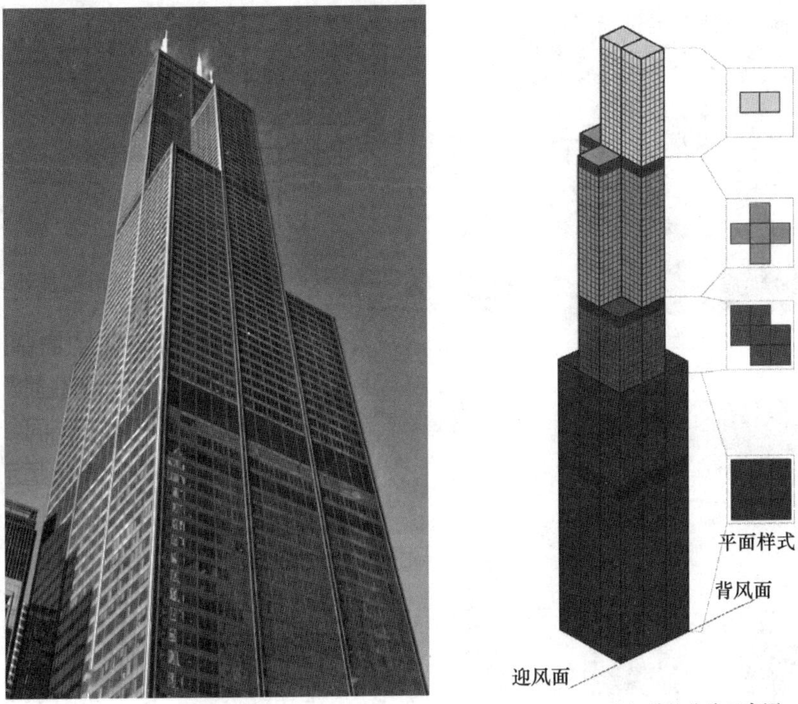

（a）实景图

平面样式

背风面

迎风面

（b）筒体收分示意图

图 1.1.26　芝加哥威利斯大厦

1.1.3 我国钢结构建筑发展史

在我国，钢结构建筑发展可分为 4 个阶段：初盛阶段（20 世纪 50 年代至 60 年代）、低潮阶段（60 年代中后期至 70 年代）、发展阶段（80 年代至 90 年代）、兴盛阶段（2000 年至今）。

我国钢结构
建筑发展史

1. 初盛阶段

1949 年新中国刚成立，百废待兴，当时钢产量很低，每年仅 135 万 t（现已达 5 亿 t 以上）。这一时期，我国钢结构建筑还处于起步阶段，钢结构的应用比较局限，主要集中在行业性质的建筑，包括冶金、重型机械、飞机、汽车等行业，如鞍山钢铁厂（图 1.1.27）、武汉钢铁厂、大连造船厂（图 1.1.28）、哈尔滨飞机制造厂（图 1.1.29）等。北京、沈阳等地成立六大工业设计院，北京、武汉、鞍山、重庆、包头、上海成立了 6 家钢铁设计院，先后成立了 22 个冶金建设部门及钢结构制造安装公司等。短短几年建设了很多钢结构工业厂房，培养了一大批钢结构设计、制造、安装方面的人才，为后来发展打下了坚实基础。

图 1.1.27 鞍山钢铁厂

图 1.1.28 大连造船厂

图 1.1.29 哈尔滨飞机制造厂

当时民用钢结构建筑工程不多，主要集中在公用建筑上，包括 1954 年建成的北京体育馆（图 1.1.30，57m 跨两铰落地拱）、1954 年建成的重庆人民礼堂（40.6m 肋环形钢穹顶）、1956 年建成的天津人民体育馆（52m 钢网壳屋盖）、1959 年建成的北京人民大会堂（60.9m 钢桁架）等。这些建筑均采用弦支结构体系，弦支概念在 50 年代就已存在，如大跨度下撑式吊车梁以及预应力输煤栈桥等。

图 1.1.30 北京体育馆

2. 低潮阶段

这一阶段国家各部门钢材需求量增大，但钢产量不足，每年只有2000万 t，国家提出节约钢材的政策，钢结构工程数量有所减少。通过专家、学者及工程技术人员的积极努力，我国自主编写了1974年版《钢结构规范》，并由其代替了使用多年的1955年版《钢结构规范》。这一时期出现了一批冷弯薄壁型钢工程，如上海、韶关、桂林、十堰等地建造了数十万平方米的厂房、仓库等。同时期平板网架工程得到了推广应用，特别是焊接空心球节点技术研究成功，全国各地中小跨度的焊接球节点平板网架结构相继出现，与此同时，螺栓球节点钢结构网架也得到发展。

3. 发展阶段

这一阶段，由于钢结构具备一些独特优点，已成为建设工程中的主要结构，特别是随着钢产量持续上升（在1997年达到了1亿 t），为钢结构发展创造了有利条件。1998年我国已能生产轧制 H 型钢，为钢结构提供了新的型钢材料。这一阶段钢结构工程在以下几个方面有所发展。

1）框架结构单层厂房

框架结构单层厂房规模较大的有上海宝山钢铁厂（图1.1.31）、无缝钢管车间（图1.1.32）、火力发电厂（图1.1.33）等。框架结构单层厂房特点包括面积大、柱高度大、柱距大、连跨多、吊车起重量大等，而且其围护结构轻，一般采用彩色涂层压型钢板或铝合金压型板。也有部分厂房采用平板网架屋盖、钢管混凝土柱。

图1.1.31　上海宝山钢铁厂

图1.1.32　无缝钢管车间

图1.1.33　火力发电厂

2）空间结构

平板网架已广泛应用于大型体育场馆、会展中心、商场、航站楼、车站、仓库、工厂等。1990年北京亚运会场馆大多数采用了焊接空心球节点平板网架。1996年建成的北京首

13

都机库（图 1.1.34）（开间：153m ＋ 153m，进深 90m）采用了焊接球节点四角锥三层网架。同年，厦门太古机库（150m×70m）建成，机库大门采用无黏结预应力索拉杆拱。1998 年落成的香港赤角国际机场（图 1.1.35）采用由 36m×36m 方底拱单元组成的屋顶。

图 1.1.34　北京首都机库

图 1.1.35　香港赤角国际机场

图 1.1.36　天津体育馆

采用网壳的工程介绍如下：1994 年建成的天津体育馆（跨度 108m，图 1.1.36）采用双层球面网壳；1997 年长春体育馆（146m×191.8m）采用双层方钢管网壳；1995 年黑龙江省速滑馆（86.3m×191.2m，图 1.1.37）采用中央柱面网壳、两端半球壳；1995 年四川攀枝花体育馆采用八边花瓣形双层网壳，跨度 60m，采用多次预应力，这是国内首次采用多次预应力的工程；1998 年建成的上海国际体操中心主馆（图 1.1.38）采用铝合金球面网壳，直径 68m。

图 1.1.37　黑龙江省速滑馆

图 1.1.38　上海国际体操中心主馆

悬索结构发展较慢，当时只有少数工程采用，如山东淄博体育馆（54m）、安徽体育馆（53m×72m）、无锡体育馆（40m×43m）、吉林冰球馆等采用不同的索网体系。斜拉结构是利用斜拉索作为屋盖（网架或网壳）中的内附加支承，通过张拉斜拉索建立预应力，如1989 年建成的北京亚运会综合馆（70m×83.2m）、游泳馆（78m×118m，图 1.1.39）。

空间结构与拱、钢架组成的混合结构体系也得到发展，如亚运会中的北京石景山体育

馆（正三角形，边长 99.7m，图 1.1.40）及北京朝阳体育馆（60m×78m，图 1.1.41）、四川
体育馆（73.7m×79.4m，图 1.1.42）、青岛体育馆（72m×87m）等。

图 1.1.39　北京亚运会游泳馆

图 1.1.40　北京石景山体育馆

图 1.1.41　北京朝阳体育馆

图 1.1.42　四川体育馆

膜及索膜结构在 90 年代后期得到一定的发展，现仍有很大的发展前景，如 1998 年建
成的上海 8 万人体育馆（图 1.1.43）、上海虹口体育场、青岛颐中体育场（图 1.1.44）、武汉
新经济开发区体育馆及长沙世界之窗剧场等都是规模比较大的索膜结构。

图 1.1.43　上海 8 万人体育馆

图 1.1.44　青岛颐中体育场

3）高层钢结构建筑

高层钢结构建筑起步比较晚。第一栋高层钢结构建筑为 1987 年建成的深圳发展中心
大厦（图 1.1.45），大厦高 165m。1990 年，北京京广中心（图 1.1.46）建成，高度为 208m。
1996 年 325m（实高）深圳地王大厦、1999 年 420m 上海金茂大厦（图 1.1.47）相继建成。
2008 年建成的上海环球金融中心（图 1.1.47）高 460m，被评为年度最佳高层建筑。

4）轻钢结构

轻钢结构发展非常快，特别是门式钢架（图 1.1.48），在工业厂房、仓库、冷藏库、温室、旅馆、别墅（图 1.1.49）等中得到广泛应用。拱形波纹屋顶由于自重轻、施工快，在许多 30m 以下的仓库、加工厂等钢结构工程中得到应用。轻钢结构住宅也开始投入研究并建成一些实验工程，有广阔的发展前景。

图 1.1.45　深圳发展 　　图 1.1.46　北京京广中心　　图 1.1.47　上海金茂大厦（左）和环球金融中心（右）

图 1.1.48　门式钢架 　　　　　　　　　　　图 1.1.49　轻钢别墅

这一时期，修订 1974 年版《钢结构规范》为 1988 年版《钢结构规范》。

4. 兴盛阶段

2000 年至今，钢结构工程发展快速，我国已进入世界钢结构大国之列。传统的空间结构（如网架、网壳等）继续得到大力发展，新型空间结构开始得到广泛的应用，如张弦梁、张弦桁架、弦支穹顶等。上海浦东机场（图 1.1.50）、哈尔滨会展中心、上海会展中心、广东会展中心等都采用了超过 100m 的张弦桁架。2008 年北京奥运会新建的 37 个场馆（图 1.1.51 为北京奥运会主场馆——鸟巢、图 1.1.52 为水立方）、2009 年山东济南全运会场馆、2010 年上海世博会及广州亚运会场馆（图 1.1.53）、2011 年深圳大运会场馆普遍采用空间钢结构。

2009 年山东济南全运会奥体中心（图 1.1.54）、整个建筑群采用"东荷西柳"建筑造型，体现了济南地方特色。特别指出的是，体育馆采用了 122m 直径弦支穹顶，成为当时全国乃至全世界跨度最大的弦支穹顶钢结构。

上海世博会场馆一轴四馆［即世博轴、中国馆（图 1.1.55）、世博中心、主题馆、演艺中心］都是很有特色的永久性建筑。

图 1.1.50　上海浦东机场

图 1.1.51　北京奥运会主场馆——鸟巢

图 1.1.52　北京水立方

图 1.1.53　广州亚运会综合体育馆

图 1.1.54　济南全运会奥体中心

图 1.1.55　上海世博会中国馆

2017 年建成的浙江省黄龙体育中心游泳跳水馆（图 1.1.56）采用两片跨度 74m 网架结构。绍兴棒（垒）球体育文化中心（图 1.1.57）采用双向桁架结构体系，最大处悬挑 16m，由纤细钢柱支撑。

2023 年杭州亚运会也有一批场馆做了创新设计，其中体育馆和游泳馆采用双馆合一形式（图 1.1.58），屋盖采用斜交斜放变厚度双曲网壳结构，纵向弧长 480m，游泳馆双向 164m×129.6m，体育馆双向 164m×141.4m，两馆东西各悬挑 13m。

除运动会体育场馆及博览会场馆外，值得提出的钢结构建筑还有上海环球金融中心、北京大兴国际机场（图 1.1.59）、北京南站、国家大剧院、中央电视台新址（图 1.1.60）、武汉火车站、北京新保利大厦、郑州国际会展中心（图 1.1.61）等。

图 1.1.56　浙江省黄龙体育中心游泳跳水馆

图 1.1.57　绍兴棒（垒）球体育文化中心

图 1.1.58　杭州亚运会体育馆和游泳馆

图 1.1.59　北京大兴国际机场

图 1.1.60　中央电视台新址

图 1.1.61　郑州国际会展中心

在建成这些特色建筑的过程中也产生了多项钢结构制造、安装方面的新技术，同时也涌现出大批先进钢结构企业，这为今后钢结构产业的发展奠定基础。

关于钢结构住宅，由于政策的支持、工程技术人员的努力，已取得一定的成绩，试点工程的兴建，相关技术规程的发布，使钢结构住宅已经具备了进一步发展的条件。

1.1.4　装配式钢结构建筑的特点

装配式钢结构建筑的承重构件主要采用钢材制作，具有安装速度快、工期短、节约资源、降低能耗，抗震性能好，建筑空间布置灵活，建筑使用面积大等特点。

装配式钢结构
建筑的特点

1）安装速度快、工期短

装配式钢结构建筑构件的制作效率、现场安装效率高于现场混凝土浇筑作业效率，施工不易受天气等因素的影响，因此，建设工期可有效缩短，更为可控。

2）节约资源、降低能耗

装配式钢结构建筑主要构件和外围护结构均在工厂制作，现场组装，相对于传统建筑可以减少建筑垃圾排放量，在建筑施工节水、节电、节材、节地等方面也有明显优势。在拆除后，主体结构 90% 以上可以重复再利用或加工后再利用，对环境破坏程度较小。

3）抗震性能好

钢结构构件的延性较好。与混凝土建筑相比，钢结构建筑在地震作用下不易发生脆性破坏。由于大量采用轻质围护材料，在建筑面积相同时，钢结构建筑的自重远小于钢筋混凝土剪力墙建筑的自重，地震反应小。

4）建筑空间布置灵活

装配式钢结构建筑一般采用框架结构体系，钢梁的经济跨度为 5～8m，中间不需要柱的支撑，容易形成大空间。在现代住宅设计中，对使用空间的功能可变性要求越来越高，钢结构使空间灵活布置更容易实现。

5）建筑使用面积大

由于钢材强度远高于钢筋混凝土材料，因此钢构件的截面尺寸远小于混凝土构件，可增大建筑使用面积。

目前，装配式钢结构建筑还处于起步阶段，如前所述装配式钢结构建筑和传统钢结构建筑的界限还不十分明确，许多技术还有待开发，建筑集成度还有待提升，建造成本有待降低。

行业分析

装配式钢结构建筑在我国虽然有了飞速发展，但与发达国家相比，钢结构建筑用钢量占钢产量的百分比相对较低（我国为 8%，国外发达国家为 30%）。目前，装配式钢结构建筑发展还存在以下问题。

第一，对发展绿色建筑认识不足。国外某些发达国家非常关注建筑的绿色环保性能，它们专门制定评估体系，对建筑的绿色环保性能打分，并以此为依据设定奖惩办法，推动对环境友好建筑物的发展。我国目前建立的绿色建筑评估体系以及实施绿色环保建筑建设的具体措施尚不完善。

第二，建筑行业内对装配式钢结构建筑的成本认识不全面。从工程造价来看，钢结构造价高于混凝土结构造价，但如果考虑工期缩短、贷款期短、建筑物拆除和处理成本以及建筑材料回收再利用产生的收益，那么钢结构建筑的全生命周期综合成本将与钢筋混凝土建筑大体相当，甚至会更低；从社会环保角度来看，钢结构的环保效益和资源再生利用效益是钢筋混凝土建筑不可比拟的。

第三，消费者对装配式钢结构建筑的认知度及接受度较低。装配式钢结构建筑在我国发展历史较短，消费者对装配式钢结构建筑的认知度和接受度较低，习惯性地认为钢结构建筑的防火、防腐蚀、保温、隔音能力差，对钢结构在抗震、增加空间利用率等方面的优点缺乏了解，对钢结构建筑的舒适度仍有质疑。

▌任务流程

本任务分为 3 个阶段，即课前自学、课中研讨、课后撰写。任务重点是让学生在学习中发现问题，并能通过查询资料和独立思考完成问题解答。本任务主要流程如下：

（1）学生自学，完成本课程教学视频学习。

（2）教师课堂就装配式钢结构发展各种要素进行分析比较，引导学生讨论装配式钢结构发展原因。

（3）学生进行小组讨论，组长进行归纳总结。

（4）教师听取每个小组汇报，并进行点评。

（5）学生课外收集与本任务相关的资料。

（6）学生撰写论文。

（7）教师评阅论文，抽取优秀论文在课堂上由学生演讲。

▌注意事项

（1）论文必须表明自己的观点。

（2）论文可以引用资料观点、数据和图片，但必须注明出处。

（3）论文按通用论文格式撰写。

▌提交成果

（1）小组讨论记录。

（2）论文打印稿。

想一想：装配式钢结构建筑整体结构上要承受哪些荷载？

任务 2 制作装配式钢结构建筑简易模型

▌任务描述

本任务通过学生观看教学视频、课堂学习，动手制作装配式钢结构构件（楼板和外围护结构）。教师根据本校实际情况，可以选用小型装配式钢结构建筑图纸，也可从《装配式钢结构建筑识图实训》一书中选取小型案例（CAD 图纸通过登录 www.abook.cn 网站下载），制作构件可以采用竹、木、塑料等材料。

▌任务分析

完成本任务必须熟悉钢结构结构体系和围护体系，熟悉构件类型；先制作构件，再组合成整体。因此，首先学生必须学习装配式钢结构建筑相关知识，包括钢结构的类型和围护体系。其次学生要能阅读钢结构图纸，熟悉钢结构构（部）件表示方法。此部分可以参考《装配式钢结构建筑识图实训》教材。最后学生需要熟悉制作材料和胶黏材料的特性，掌握基本构件绘制、裁切和胶黏的基本技能，在制作中秉持精益求精的态度完成作品。

▌知 识 点

▌1.2.1　装配式钢结构建筑组成

装配式钢结构建筑由结构系统、外围护系统、设备和管线系统以及内装系统组成。装配式钢结构建筑的结构系统注重与外围护系统、设备和管线系统以及内装系统的匹配，外围护系统较多使用 PC 外挂墙板、保温装饰一体板、超高性能混凝土（ultra-high performance concrete，UHPC）挂板等干式安装。装配式钢结构建筑由于是一体化设计，有些项目可做到设备、管线、内装一体化工厂生成，因此集成度更高，管线实现接口标准化，内装实现厨房、卫生间的集成。

装配式钢结构
建筑组成

▌1.2.2　钢结构形式分类

钢结构根据其自身特点，一般可以分为九大类型：钢框架结构、钢框架 – 支撑结构、钢框架 – 延性墙板结构、筒体结构、巨型结构、交错桁架结构、门式刚架结构、低层冷弯薄壁型钢结构和其他新型结构。

钢结构形式
分类

1）钢框架结构

钢框架结构（图 1.2.1）主要应用于办公建筑、居住建筑、教学楼、医院、商场、停车场等需要大空间和相对灵活的室内布局的多高层建筑。钢框架结构体系可分为半刚接框架和全刚接框架。钢框架结构体系可以采用较大的柱距并获得较大的使用空间，但由于抗侧力刚度较小，使用高度受到一定限制。钢框架结构的最大适用高度根据当地抗震设防烈度确定，一般 7 度（0.1g）可达到 110m，8 度（0.2g）可达到 90m。

钢框架结构主要承受竖向荷载和水平荷载。竖向荷载包括结构自重及楼（屋）面活荷载，水平荷载主要为风荷载和地震作用。对于多高层钢框架结构，水平荷载作用下的内力和位移将成为控制因素。

图 1.2.1　钢框架结构

一般来说，钢框架结构体系可根据建筑功能的需求进行梁柱的灵活布置，可增加建筑使用空间的利用率，而且自重较轻、材料延性好，有利于抗震；同时构件生产和现场安装较快。钢框架结构体系也存在缺点：①由于纯钢框架抗侧力刚度较小，为了控制位移，构件的截面较大；②钢框架属于有侧移结构，因此较难满足高烈度地区对建筑抗震性能的要求，建筑层数及高度受限较严重；③由于变形较大，钢框架结构舒适度较差。

2）钢框架－支撑结构

对于高层建筑，由于风荷载和地震作用较大，梁柱等构件尺寸也相应增大，失去了经济合理性，针对这一情况，可在部分框架柱之间设置支撑，构成钢框架－支撑结构体系（图 1.2.2）。钢框架－支撑结构体系的最大适用高度根据当地抗震设防烈度确定，7 度（0.1g）可达到 220m，8 度（0.2g）可达到 180m。钢框架－支撑结构在水平荷载作用下，通过楼板的变形协调，由框架和支撑形成双重抗侧力结构体系，可分为中心支撑框架、偏心支撑框架和屈曲约束支撑框架。

钢框架－支撑结构体系具有如下优点。①根据建筑功能的需求可进行梁柱的灵活布置。②由于支撑的存在，较纯钢框架建筑，钢框架－支撑结构体系抗侧力能力显著增加。柱长细比限制较纯钢框架结构有较大改善，截面尺寸可有效减小，建筑层数和建造高度有较大提升。③自重较轻、材料延性好，有利于抗震。

钢框架－支撑结构的缺点如下：受建筑功能的影响，不易找到合适的布置位置；构件截面较大，对建筑功能产生一定影响；支撑（大撑）布置位置零散，造成结构刚度不均匀。

3）钢框架－延性墙板结构

钢框架－延性墙板结构（图 1.2.3）是在框架基础上加上变形耗能剪力墙，由钢梁、钢柱、延性墙板在施工现场连接而成，能承受竖向、水平共同作用，属双重抗侧力结构体系。

图 1.2.2　钢框架－支撑结构

图 1.2.3　钢框架－延性墙板结构

延性墙板具有良好的延性，适用于抗震要求较高的高层建筑中。延性墙板有带加劲肋的钢板剪力墙、无黏结内藏钢板支撑墙、屈曲约束钢板剪力墙。

4）筒体结构

筒体结构由框架剪力墙与全剪力墙结构综合演变而来，它是将剪力墙或密柱框架集中到建筑内部和外围而形成的空间密封式结构，可采用一个或多个筒体作为主要受力构件。筒体结构可分为框筒、筒中筒、桁架筒、束筒等，适用于高层及超高层民用建筑。例如，威利斯大厦采用束筒形式，上海金茂大厦采用筒中筒结构（图 1.2.4）。

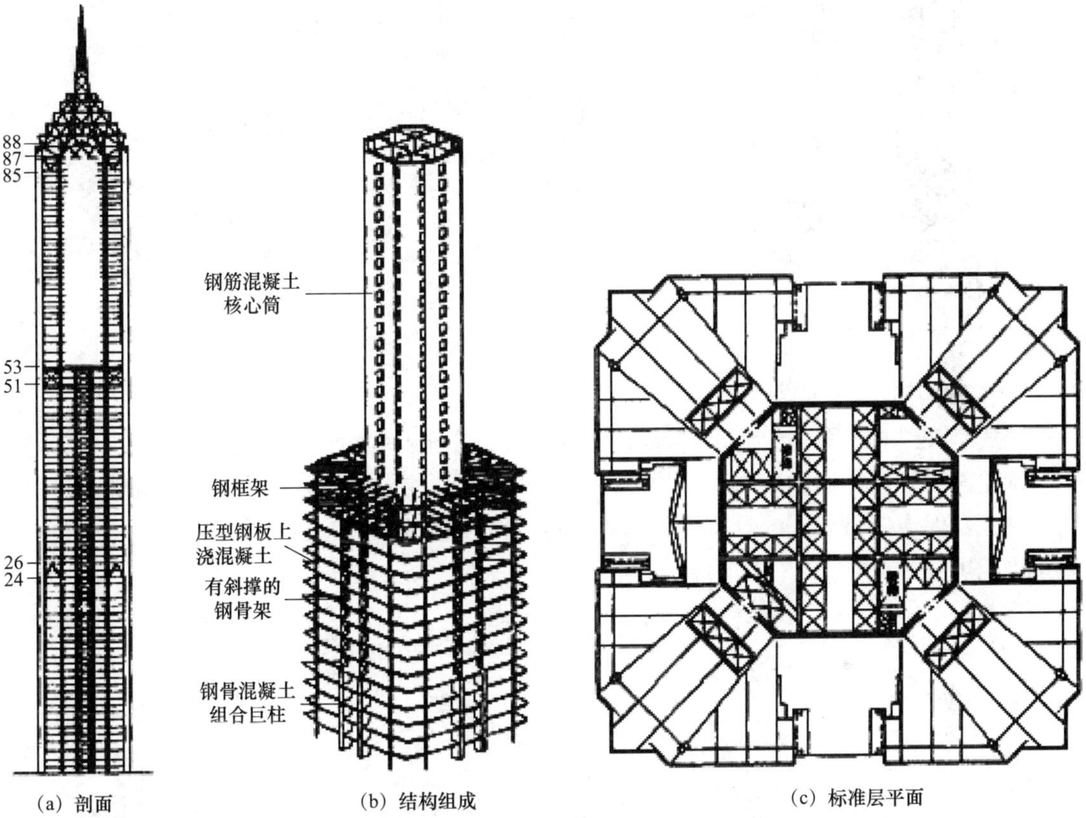
88
87
85
53
51
26
24
(a) 剖面
钢筋混凝土
核心筒
钢框架
压型钢板上
浇混凝土
有斜撑的
钢骨架
钢骨混凝土
组合巨柱
(b) 结构组成
(c) 标准层平面

图 1.2.4　上海金茂大厦筒体结构

5）巨型结构

巨型结构是指由大型构件（巨型梁、巨型柱和巨型支撑）组成的主结构和由常规构件组成的次结构共同工作的一种结构体系，分为巨型桁架结构、巨型框架结构（图 1.2.5）、巨型悬挂结构和巨型分离式结构等。

6）交错桁架结构

交错桁架结构（图 1.2.6）由楼板、平面桁架和柱组成。平面桁架在建筑物垂直方向上隔层设置，在相邻轴线上交错布置。在相邻桁架间，楼层板一端支撑在下一层平面桁架的上弦上，另一端支撑在上一层桁架的下弦上。柱仅在房屋周边布置，以承受轴力为主，桁架高度与层高相同，跨度与建筑物宽度相同，桁架两端支承在房屋纵向边柱上。

交错桁架结构体系适用于窄长的矩形建筑平面，经济高宽比为 3 ～ 6，桁架的跨高比宜为 5 ～ 6，桁架可采用混合桁架、空腹桁架等形式。

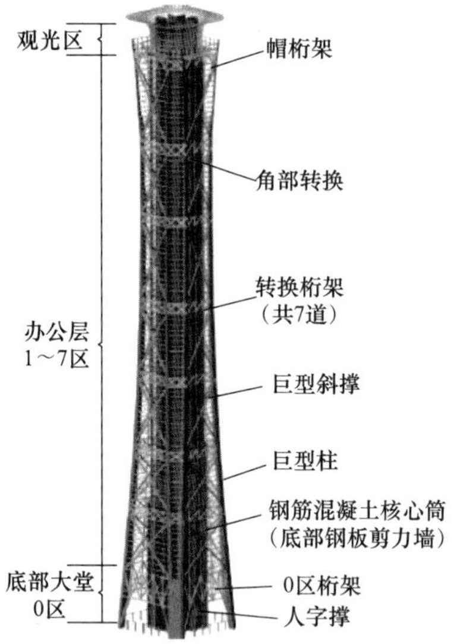

图 1.2.5　巨型框架结构

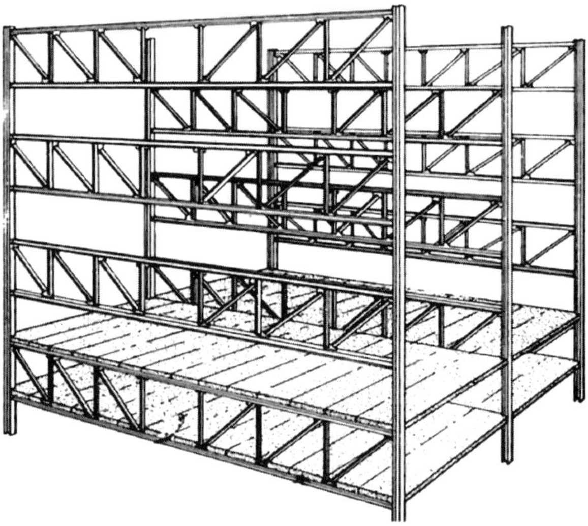

图 1.2.6　交错桁架结构

7）门式刚架结构

门式刚架结构（图 1.2.7）是指承重结构采用变截面或等截面实腹刚架，围护系统采用轻型钢屋面和轻型外墙的单层钢结构体系。门式刚架结构由承重刚架、檩条、墙梁、支撑、墙、屋面及保温芯材组成，具有受力简单、传力路径明确、构件制作快、便于工厂化加工、施工周期短等特点。

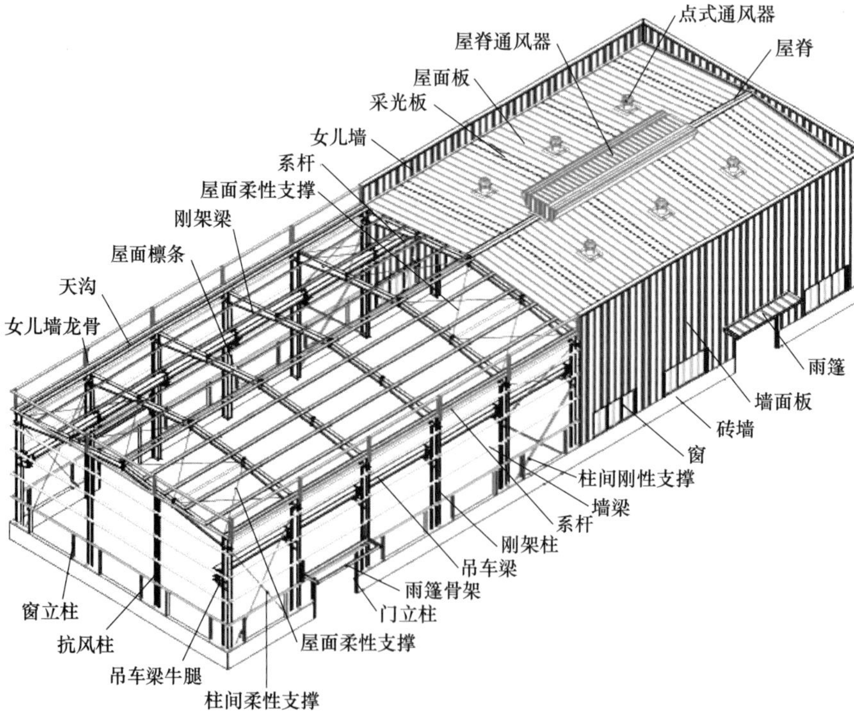

图 1.2.7　门式刚架结构

刚架的梁柱连接应采用刚接，刚架与基础连接可采用刚接或铰接。门式刚架结构主要应用于单层工业厂房等。

8）低层冷弯薄壁型钢结构

低层冷弯薄壁型钢结构以冷弯薄壁型钢为主要承重构件。冷弯薄壁型钢由厚度为1.5～6mm的钢板或带钢经冷加工（冷弯、冷压或冷拔）成型，同一截面部分的厚度相同。在公共建筑和住宅中，可用冷弯薄壁型钢制作各种屋架、刚架、网架、檩条、墙梁、墙柱等构件。

由轻钢龙骨（采用热镀铝锌钢带通过冷加工成型）加工组装的结构体系，其所有部件均由工厂预制，现场装配，具有自重轻、工业化程度高、现场安装方便等特点，多用于六层及以下多层民用建筑，如别墅（图1.2.8）等。

图1.2.8　轻钢别墅

9）其他新型结构

其他新型结构包括薄膜结构、悬索结构、索穹顶、索桁架、索网结构等，这些新型结构广泛应用于体育馆（图1.2.9）、仓库、厂房等建筑。

箱式模块化集成结构是目前钢结构建筑使用较多的结构，其安装快速方便，适用于临时性建筑（图1.2.10）。

图1.2.9　河北体育馆拱壳钢结构主结构示意图

图1.2.10　箱式临时建筑

1.2.3　围护体系

装配式钢结构建筑提倡采用非砌筑墙体（即工厂预制墙板）。根据围护墙体应用位置，墙体分为外墙、内墙和分户墙；根据围护墙体的构成形式和主要构成材料，墙体分为预制混凝土墙板、轻钢龙骨类复合墙板、轻质条板和夹芯板等。

围护体系

装配式钢结构建筑外围护体系包括外墙和屋面。目前常用的外墙板有预制混凝土复合墙板、轻钢龙骨类复合墙板、灌浆墙、蒸压加气混凝土条板、金属面板夹芯墙板等。

1）预制混凝土复合墙板

预制混凝土复合墙板（图1.2.11）是指由钢筋混凝土结构里层、保温层和混凝土饰面层

图 1.2.11 预制混凝土复合墙板

复合而成的承重或非承重的复合墙板。预制混凝土复合墙板集围护、保温和装饰于一体，具有强度高、保温隔热性能好、材料耐久性好等特点；不足之处是面密度较大、施工难度大、安装效率较低。

2）轻钢龙骨类复合墙板

轻钢龙骨类复合墙板（图 1.2.12）是指以纸面石膏板、纤维增强水泥板等各种轻质薄板为面层材料，以轻钢龙骨为骨架，中间为空气层或填充聚苯泡沫、岩棉等保温吸声材料的复合墙板。轻钢龙骨类复合墙板具有质量轻、现场全干法施工、施工便捷、保温隔热性能好、易穿管线等特点；但其任意吊挂性、耐久性及抗撞击性取决于面板材料，通常低于混凝土类材料。

3）灌浆墙

灌浆墙（图 1.2.13）是指以轻钢龙骨为骨架，两侧用纤维增强水泥板作为面层，在骨架与面层板形成的空腔内灌注轻骨料混凝土，形成的实心复合墙体。灌浆墙的优点是：与轻钢龙骨类复合墙板类似、具有质量轻、保温隔热性能好、易穿管线等特点；它的不足之处是：现场存在湿作业，施工质量较难控制。

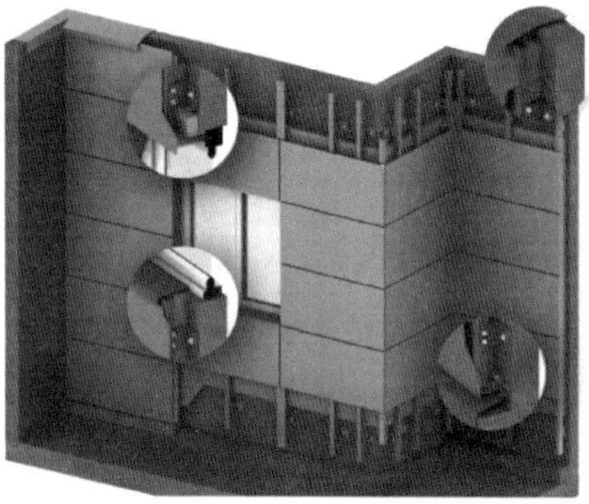

图 1.2.12 轻钢龙骨类复合墙板

图 1.2.13 灌浆墙

4）蒸压加气混凝土条板

蒸压加气混凝土条板（图 1.2.14）是指以水泥、石灰、硅砂等为主要原料，再配置不同数量的钢筋网片的一种轻质多孔墙板。蒸压加气混凝土条板具有质量轻、耐火性能好、可加工性强、耐久性好等优点；但它的缺点是强度较低、抗冲击能力差、易破损、易出现干缩裂缝。

5）金属面板夹芯墙板

金属面板夹芯墙板（图 1.2.15）是指两侧用金属面材料形成面层，中间夹以保温隔热材料的复合墙板。金属面板夹芯墙板多用于工业、公共建筑，具有施工便捷、可拆装等优点；但金属面板不耐腐蚀，需要采取措施提高其耐久性。

装配式钢结构建筑屋面围护系统的防水等级应根据建筑造型、重要程度、使用功能、所处环境条件确定。屋面围护系统设计应包含材料部品的选用要求、构造设计、排水设计、防雷设计等。当屋盖结构板采用钢筋混凝土板时，屋面保护层或架空隔热层、保温层、防水层、找平层、找坡层等设计构造要求应符合现行国家标准《屋面工程技术规范》（GB 50345—2012）的规定。采用金属板屋面、瓦屋面等的轻型屋面围护系统，其承载力、刚度、稳定性和变形能力应符合设计要求，材料选用、系统构造应符合现行国家标准《屋面工程技术规范》（GB 50345—2012）和《坡屋面工程技术规范》（GB 50693—2011）的规定。

图 1.2.14　蒸压加气混凝土条板

图 1.2.15　金属面板夹芯墙板

▌任务流程

本任务包括学习、读图、制作 3 个过程。任务重点是提高学生自学能力和动手能力。本任务主要流程如下：

（1）学生自学，完成本课程教学视频学习。

（2）教师在课堂上发放装配式钢结构建筑项目的建筑施工图和结构施工图，解析建筑物组成的主要构件，给出模型精细度要求。

（3）教师讲解劳动保护用品穿戴方法和切割刀具的安全使用要点。

（4）教师分组，学生利用课外时间制作模型。

（5）教师给每组模型打分并给出评语。

（6）优秀组学生介绍制作经验。

▌注意事项

（1）学生制作模型时必须佩戴护眼罩和手套等劳保用品。

（2）学生制作模型时可以使用专用雕刻机，也可以手工切割，手工切割时要用垫片保护桌子。

（3）学生制作模型过程中按构件制作、整体组装分阶段进行。

▌提交成果

每组制作的模型。

想一想：钢结构装配式建筑与钢筋混凝土装配式建筑相比有何优势？

任务 3 计算装配式钢结构建筑的装配率

任务描述

通过学习装配率相关知识，学生可根据图纸进行装配率计算。为了节约时间，建议采用任务 2 的项目图纸进行计算。任务 2 中图纸不含装修和管线设备部分，这里假设房屋为全装修房屋，装修其他项目评价分值均为零分。

任务分析

通过学习装配率计算方法，学生学会为实际项目计算工程量，并给出项目装配式建筑的评价等级。学生首先要掌握《装配式建筑评价标准》（GB/T 51129—2017）的全部内容，然后计算工程量，并进行汇总取值。

知 识 点

1.3.1　规范简介

装配式钢结构建筑承重墙体、柱、梁、楼板等主体结构、围护结构以及内部装饰部品、设备管线等都是由工厂预制、现场装配的，实现了建造方式的转变，提高了工程质量和效率。

为促进装配式建筑发展，规范装配式建筑评价，国家和地方都出台了一些装配式建筑的评价标准。《装配式建筑评价标准》（GB/T 51129—2017）由住房和城乡建设部、国家质量监督检验检疫总局（现为国家市场监督管理总局）联合发布。这部标准体现了现阶段装配式建筑的重点推进方向：①主体结构由预制部品部件的应用向建筑各系统集成转变；②装饰装修与主体结构的一体化发展；③部品部件的标准化应用和产品集成。下面结合规范来具体讲述如何对装配式建筑的装配程度进行评价。

1.3.2　评价方法

装配率计算和装配式建筑等级评价应以单体建筑为计算和评价单元，并符合以下 3 条规定：①单体建筑应按项目规划批准文件的建筑编号确认；②建筑由主楼和裙房组成时，主楼和裙房可按不同的单体建筑进行计算和评价；③单体建筑的层数不大于 3 层，且地上建筑面积不超过 $500 \mathrm{m}^2$ 时，可由多个单体建筑组成建筑组团作为计算和评价单元。

装配率计算

装配式建筑评价分为项目评价和预评价。设计阶段宜进行预评价，并应按设计文件计算装配率。项目预评价一般在设计阶段完成后进行，主要目的是促进装配式建筑设计理念尽早融入项目实施中。项目评价应在项目竣工验收后进行，并应按竣工验收资料计算装配率和确定评价等级。

《装配式建筑评价标准》（GB/T 51129—2017）规定建筑物符合以下要求才能称为装配式建筑：①主体结构部分的评价分值不低于 20 分；②围护墙和内隔墙部分的评价分值不低于 10 分；③采用全装修；④装配率不低于 50%。

当评价项目为装配式建筑并且主体结构竖向构件中预制部品部件的应用比例不低于 35% 时，可以进行装配式建筑等级评价。装配式建筑评价等级划分为 A 级、AA 级、AAA 级：装配率为 60% ～ 75% 时，评价为 A 级装配式建筑；装配率为 76% ～ 90% 时，评价为 AA 级装配式建筑；装配率为 91% 及以上时，评价为 AAA 级装配式建筑。

▌1.3.3 计算方法

装配率根据评价项分值按式（1.3.1）计算：

$$P = \frac{Q_1 + Q_2 + Q_3}{100 - Q_4} \times 100\% \qquad (1.3.1)$$

式中：P——装配率；

Q_1——主体结构指标实际得分值；

Q_2——围护墙和内隔墙指标实际得分值；

Q_3——装修和设备管线指标实际得分值；

Q_4——评价项目中缺少的评价项分值总和。

装配式建筑评分表见表 1.3.1。

表 1.3.1 装配式建筑评分表

评价项		评价要求	评价分值	最低分值
主体结构 （50分）	柱、支撑、承重墙、延性墙板等竖向构件	35% ≤ 比例 ≤ 80%	20 ～ 30*	20
	梁、板、楼梯、阳台、空调板等构件	70% ≤ 比例 ≤ 80%	10 ～ 20*	
围护墙和内隔墙 （20分）	非承重围护墙非砌筑	比例 ≥ 80%	5	10
	围护墙与保温、隔热、装饰一体化	50% ≤ 比例 ≤ 80%	2 ～ 5*	
	内隔墙非砌筑	比例 ≥ 50%	5	
	内隔墙与管线、装修一体化	50% ≤ 比例 ≤ 80%	2 ～ 5*	
装修和设备管线 （30分）	全装修	—	6	6
	干式工法楼面、地面	比例 ≥ 70%	6	—
	集成厨房	70% ≤ 比例 ≤ 90%	3 ～ 6*	
	集成卫生间	70% ≤ 比例 ≤ 90%	3 ～ 6*	
	管线分离	50% ≤ 比例 ≤ 70%	4 ～ 6*	

注：表中带"*"项的分值采用"内插法"计算，计算结果取小数点后 1 位。

　　装配式建筑按照各个部件不同计量方式（长度、面积、体积）进行部件装配率计算，具体公式详见《装配式建筑评价标准》（GB/T 51129—2017）中 4.0.2 ～ 4.0.13 条。

　　装配式建筑是一项系统工程，包含了主体结构、围护结构、设备管线和装修，综合集成贯穿于项目实施的整个过程，因此评价涉及工程项目的各个部分。同时要注意的是：装配式建筑符合国家法律法规和有关标准是装配式建筑评价的前提条件。

钢结构建筑
工程标准

拓展阅读

　　与钢结构相关的标准全国范围内有 100 多个，下面重点介绍几个常用的标准。

　　1）《钢结构通用规范》（GB 55006—2021）

　　2021 年 4 月 9 日，住房和城乡建设部、国家市场监督管理总局联合发布了《钢结构通用规范》（GB 55006—2021），并于 2022 年 1 月 1 日起实施。

　　《钢结构通用规范》（GB 55006—2021）对钢结构工程中材料、构件及连接设计、结构设计、抗震与防护设计、施工及验收、维护与拆除等方面重要部分进行了规定。该规范共 8 章，把钢结构领域强制性条文进行了汇总，既有原有工程标准中条文，也有新的规定。工程建设强制性条文是工程建设过程中必须遵守的技术标准，该规范集成了钢结构相关工程标准的强制性条文，因此为强制性工程建设规范，全部条文必须严格执行。由此可见该规范的重要性。

　　2）《装配式钢结构建筑技术标准》（GB/T 51232—2016）

　　2016 年，由住房和城乡建设部负责管理，中国建筑标准设计研究院有限公司牵头编制了国家标准《装配式钢结构建筑技术标准》（GB/T 51232—2016）。全国装配式钢结构建筑领域 30 余家研究、设计、生产、安装和管理单位部门参加了编制。在编制过程中，认真总结并吸收了国内外装配式钢结构建筑集成的相关技术和成熟实践经验，参考国内已有标准和国外先进标准，结合全国各地区实际情况并吸收了近年来装配式钢结构建筑的最新研究成果，标准于 2017 年 6 月 1 日正式实施。

　　该标准全面阐述了装配式钢结构建筑的设计、生产运输、施工安装、质量验收与使用维护，明确了什么是装配式钢结构建筑、装配式钢结构建筑包括哪些部分、在不同项目阶段如何实施等问题。该标准一共分为 9 章，内容包括建筑设计、集成设计、生产运输、施工安装、质量验收、使用维护等。该标准以集成建筑的概念阐述了装配式钢结构建筑项目实施的全过程，包括运维阶段的规定要求，是学习本课程需要精读的技术标准。

　　3）《钢结构设计标准》（GB 50017—2017）

　　钢结构设计规范出现比较早，20 世纪 50 年代由于大规模建设工程的需要，建筑工程部于 1954 年颁布了《钢结构设计规范试行草案》（规结 -4—54）。1974 年 12 月国家基本建设委员会、冶金工业部批准和颁布了《钢结构设计规范（试行）》（TJ 17—74），这是我国钢结构发展史上的一个重要里程碑。随后《钢结构设计规范》分别于1988年10月、2003年4月、2017年12月发布修订后的代替版本，编号分别为GBJ 17—1988、GB 50017—2003、GB 50017—2017。

《钢结构设计标准》（GB 50017—2017）共分为18章，对结构基本设计规定，材料，结构分析与稳定性设计，受弯构件，轴心受力构件，拉弯、压弯构件，加劲钢板剪力墙，塑性及弯矩调幅设计，连接，节点，钢管连接节点，钢与混凝土组合梁，钢管混凝土柱及节点，疲劳计算及防脆断设计，钢结构抗震性能化设计、钢结构防护等内容进行了规定。该标准主要聚焦钢结构的设计计算，基本上囊括了钢结构各种受力构件及其连接设计，也有很多构造上的规定，是从事钢结构设计人员、技术人员必读的规范。

4）《钢结构工程施工质量验收标准》（GB 50205—2020）

该标准是钢结构工程施工须遵守的重要标准，共分14章，包括总则，术语和符号，基本规定，原材料及成品验收，焊接工程，紧固件连接工程，钢零件及钢部件加工，钢构件组装工程，钢构件预拼装工程，单层、多高层钢结构安装工程，空间结构安装工程、压型金属板工程、涂装工程、钢结构分部竣工验收以及附录内容。

该标准规定，钢结构作为主体结构之一应按子分部工程竣工验收；当主体结构均为钢结构时应按分部工程竣工验收。大型钢结构工程可划分成若干个子分部工程进行竣工验收。

钢结构工程项目划分的一个突出特点是把钢结构工程项目分为安装工程和制作工程，并规定了钢结构安装工程按分项、分部和单位工程来划分；钢结构制作工程按分项、分部和制作项目来划分。因此，检验评定的程序是先分项，再分部，最后是单位工程。这是根据国家统计局发布的建筑业统计主要指标规定的有关原则来划分的。

5）《冷弯薄壁型钢结构技术规范》（GB 50018—2002）

《冷弯薄壁型钢结构技术规范》（GB 50018—2002）是专门针对冷弯薄壁型钢结构所出的国家技术规范，主要内容集中于设计和计算。现行版是2002年9月发布的。该规范共分为11章，主要内容为总则，术语、符号，材料，基本设计规定，构件的计算，连接的计算与构造，压型钢板，檩条与墙梁，屋架，刚架，制作、安装和防腐蚀等。

6）《高层民用建筑钢结构技术规程》（JGJ 99—2015）

高层民用建筑是钢结构应用比较广的领域，尤其是近20年来，高层建筑已经成为城市建筑的主流，全国各地主要标志性建筑均为钢结构。该规程不但阐述了材料、构件设计计算等内容，而且对施工安装环节吊装、组装、连接等各种问题做了详细规定。

▌任务流程

本任务包括规范学习、读图、计算3个过程。任务重点是提高学生自学能力和动手能力。本任务主要流程如下：

（1）学生自学，完成本课程教学视频学习和本模块知识点学习。

（2）教师在课堂上讲解装配式钢结构装配率的计算方法。

（3）学生在课堂上分组计算工程量。

（4）教师核对学生计算结果，并分析存在问题和计算错误。

（5）学生汇总计算结果，并给出建筑项目评价等级。

注意事项

（1）教师发放工程量清单计算用纸。

（2）教师指出容易漏项的地方。

提交成果

每组计算书和评价等级。

模块小结

本模块作为装配式钢结构建筑施工学习入门部分，系统介绍了装配式钢结构建筑概念及其出现的背景，详细叙述了工业革命后国内外钢结构建筑发展历史，阐述了装配式钢结构建筑组成、结构体系和围护体系，结合规范介绍了装配率计算方法，最后介绍了一些钢结构工程相关规范及标准。

习　　题

1. 装配式建筑分类不包括下面哪个类型？（　　）

A. 装配式混凝土结构建筑　　　　　　　　B. 装配式钢结构建筑

C. 装配式木结构建筑　　　　　　　　　　D. 装配式混合结构建筑

2. 下面关于建筑工业化叙述正确的是（　　）。

A. 采用装配式混凝土结构施工技术就是实现了建筑工业化

B. 采用了预制构件就是实现装配式建筑

C. 建筑工业化的目标是实现尽可能多的建筑部件产品化

D. 钢结构建筑就是装配式钢结构建筑

3. 下面哪个是装配式钢结构建筑的优点？（　　）

A. 钢材耐腐蚀　　　　　　　　　　　　　B. 钢材价格便宜

C. 钢材工厂生产质量有保障　　　　　　　D. 钢材耐火性能好

4. 装配式钢结构建筑低碳环保体现在哪些方面？（　　）

A. 钢材回收率大大高于混凝土

B. 装配式钢结构建筑工地粉尘和建筑垃圾少

C. 钢结构建筑抗震性能好

D. 装配式钢结构建筑现场建造效率高

5. 下列装配式钢结构定义中哪些是正确的？（　　）

A. 主结构采用钢结构的建筑就是装配式建筑

B. 装配式钢结构建筑四大系统要做到统一设计

C. 目前真正达到集成装配式钢结构体系的建筑还很少

D. 集成式集装箱建筑是装配式钢结构建筑

6. 下列关于最早钢结构建筑描述正确的是（　　）。

A. 早期钢结构建筑多采用铸铁

B. 英国伦敦水晶宫是最早采用钢结构的建筑

C. 芝加哥家庭保险公司大楼是最早铁框架高层建筑

D. 较早出现铁桁架大跨结构是利物浦的一个车站

7. 下列哪个建筑是采用悬索结构？（　　）

A. 贝仑斯设计的透平机车间

B. 法国敦刻尔克大学生餐厅

C. 1964年东京奥林匹克运动会的游泳馆

D. 伦敦第三国际机场丝丹斯戴德航空港

8. 20世纪60年代中后期至70年代，我国钢结构进入低潮时期的原因是什么？（　　）

A. 钢材产量不足　　　　B. 技术水平跟不上　C. 需求不足　　　　D. 发展不均衡

9. 在我国下列哪种材料和技术出现最晚？（　　）

A. 平板网架　　　　　　B. H型钢　　　　　C. 螺栓球节点　　D. 冷弯薄壁型钢

10. 截至2021年我国最高钢结构建筑为（　　）。

A. 深圳平安金融中心　　　　　　　　B. 上海环球金融中心

C. 上海中心大厦　　　　　　　　　　D. 广州塔

11. 钢框架结构水平荷载主要为（　　）。

A. 结构自重　　　B. 风荷载　　　　C. 楼面活荷载　　D. 地震荷载

12. 钢框架-支撑结构在7度设防区最高可以达（　　）。

A. 120m　　　　　B. 150m　　　　　C. 180m　　　　　D. 220m

13. 关于钢框架-延性墙板结构下列叙述正确的是（　　）。

A. 延性墙主要起到耗能作用　　　　　B. 此结构体系属于双重抗侧力体系

C. 延性墙是纯钢板墙　　　　　　　　D. 延性墙只承受水平力

14. 交错桁架结构由哪些构件组成？（　　）

A. 楼梯　　　　　　B. 楼板　　　　　C. 墙板　　　　　D. 平面桁架

15. 下列关于围护体系叙述错误的是（　　）。

A. 围护体系分为外墙、内墙和分户墙

B. 预制混凝土复合墙板具有强度高、保温隔热性能好、安装效率高的特点

C. 轻钢龙骨类复合墙板具有质量轻、现场全干法施工、施工便捷、保温隔热性好、易穿管线的特点

D. 灌浆墙缺点为现场存在湿作业、施工质量较难控制

16. 关于装配式建筑项目评价和预评价正确的是（　　　）。

A. 预评价是按设计文件计算装配率

B. 项目评价目的是促进装配式建筑设计理念融入项目实施中

C. 项目评价应在项目主体结构封顶后进行

D. 项目评价以预评价为参考

17. 下列关于装配式建筑评价等级说法正确的是（　　　）。

A. 采用五级评价制

B. 装配率为 52% 装配式建筑为 A 级

C. 只要是装配式建筑就可以进行装配式建筑等级评价

D. 装配率为 80% 装配式建筑为 AA 级

18. 关于《钢结构通用规范》（GB 55006—2021）说法错误的是（　　　）。

A. 此规范条文全部为强制性条文

B. 此规范与其他钢结构规范有重复性内容

C. 此规范仅涉及设计与施工

D. 此规范于 2022 年 1 月 1 日起开始执行

19. 下列关于钢结构工程建设标准说法正确的是（　　　）。

A. 《钢结构设计标准》(GB 50017—2017) 是关于钢结构构件计算的工程标准

B. 《装配式钢结构建筑技术标准》（GB/T 51232—2016）主要内容是钢结构的设计、施工和维护

C. 《钢结构工程施工质量验收标准》（GB 50205—2020）是钢结构工程验收的依据

D. 《冷弯薄壁型钢结构技术规范》(GB 50018—2002) 内容包含薄壁型钢墙梁的设计规定与构造要求

20. 为什么在本课程学习中需要分析钢结构构件受力情况基本知识?（　　　）

A. 工程建设安全底线需要　　　　　　　B. 理解不同结构体系需要

C. 学习装配式钢结构新知识需要　　　　D. 理解工程标准的需要

答案

1. D	2. C	3. C	4. ABD
5. BCD	6. ACD	7. C	8. A
9. B	10. C	11. BD	12. D
13. ABD	14. BD	15. B	16. AB
17. D	18. C	19. CD	20. ABCD

钢结构的连接与涂装

▌**价值目标** 1. 培养工作责任意识
2. 树立人民生命至上的安全意识
3. 形成环境保护意识
4. 尊重劳动，热爱劳动

▌**知识目标** 1. 掌握钢结构焊接工艺
2. 掌握高强度螺栓连接工艺
3. 了解钢结构防腐、防火要求和工艺

▌**能力目标** 1. 能编制钢结构焊接方案
2. 能够进行高强度螺栓安装
3. 熟练查找钢结构防腐和防火规范

▌**素质目标** 1. 养成安全第一的行为意识
2. 遵守劳动纪律
3. 养成一丝不苟的工作态度

学习引导

　　2010年12月15日凌晨1时30分左右，那达慕主会场即伊金霍洛旗赛马场，西侧看台钢结构罩棚主结构发生坍塌（图2.0.1），无人员伤亡。

　　事故发生后，鄂尔多斯市立即成立事故调查组，调查组委托中国钢结构协会专家委员会进行现场勘查鉴定。原因查明：2010年11月中旬用于罩棚钢结构焊接的24个支撑柱开始卸载，12月5日完成后现场全面停工进入冬歇期，但由于西侧看台钢结构罩棚部分焊缝存在严重质量缺陷，遇到近期骤冷的天气，钢结构罩棚出现较大伸缩而发生塌落。专家组认定，这是一起施工质量事故，焊缝质量严重缺陷是造成这次事故的直接原因之一。在坍塌现场，部分断开的受力焊缝显露出内埋的钢筋和混凝土块。此次事件暴露出参加施工的焊工，相关施工质量检查检验人员职业素质极差；除此之外，据查几乎全部焊工只有国家安监部门颁发的焊工特种工种安全操作证，而无上岗操作证，同样显示出焊工技术水平差的严峻现状，这是坍塌事故的深刻教训。塌落事故初步计算造成损失三千多万元，损失严重。

由以上例子可以看出，钢结构连接质量问题可能会造成重大事故，时刻绷紧安全和质量的弦，对于建筑从业人员职业生涯健康成长十分必要。本模块将学习钢结构的连接、防腐、防火等内容。

图 2.0.1　主体钢结构坍塌现场

想一想：钢结构各种连接方法的特点是什么？

任务 1 钢结构焊接

钢结构焊接

▌任务描述

通过分组、分工的形式进行钢结构实训室陈列架制作。教师根据本校实际情况，可以拟定合理规格的陈列架参数尺寸，为学生提供相应的设计图纸进行焊接实训。焊接的各项要求应符合最新的规范标准，焊接过程应注意穿戴保护用具，并注意提前计算材料用量，避免浪费。

▌任务分析

焊接是钢结构连接中应用广泛的方式之一，焊接质量与焊接材料、焊接工艺、焊接顺序、工人技术水平等因素息息相关。要完成焊接实操训练，需要学生熟悉焊接方法、焊接有关设备、焊接材料及其选用方法，要求学生在焊接实操前掌握手工电弧焊、气焊、钎焊等焊接方法，同时能对焊接工艺进行设计等。在实训过程中，要求学生学会查找规范、应用规范，培养学生的实际动手能力、团队协作意识和规范责任意识。

知 识 点

2.1.1 钢结构连接

钢结构是由若干构件连接组合而成的。连接的作用就是通过一定的方式将板材或型钢组合成构件，或将若干个构件组合成整体结构，以保证其共同工作。因此，连接方式及其完成质量优劣直接影响钢结构的工作性能。钢结构的连接必须符合安全可靠、传力明确、构造简单、制造方便和节约钢材的原则。连接接头应有足够的强度，并有适宜施行连接的足够空间。

钢结构的连接方法可分为焊接连接、螺栓连接和铆钉连接。本任务主要讲述钢结构焊接相关内容。

2.1.2 钢结构焊接概念

钢结构焊接是钢结构构件安装连接的方法之一，是在被连接金属件之间的缝隙区域，通过加热、加压等方法利用（或不用）填充材料，使被连接金属件达到结合，冷却后形成牢固连接的工艺过程。一般焊接工艺有气体保护电弧焊、埋弧自动焊及手工电弧焊等。

2.1.3 钢结构焊接工艺类型

1）气体保护电弧焊

气体保护电弧焊（简称气体保护焊，图 2.1.1）是以焊丝和焊件为两极，它们之间产生电弧热来熔化焊丝和焊件母材，同时向焊接区域送入保护气体，使焊接区与周围的空气隔开，对焊接缝进行保护；焊丝自动送进，在电弧作用下不断熔化，与熔化的母材一起融合形成焊缝金属。

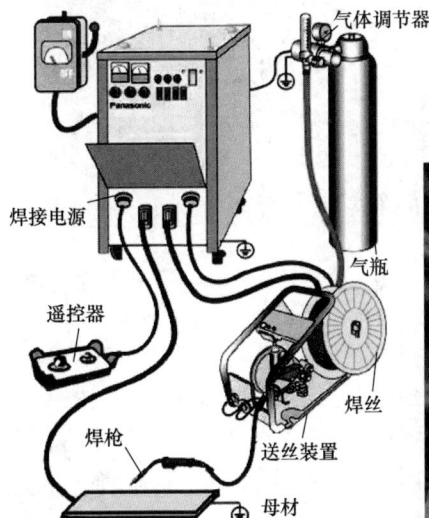

(a) 气体保护电弧焊示意图 　　　　(b) 气体保护电弧焊现场图

图 2.1.1 气体保护电弧焊

气体保护电弧焊有以下优点：电弧和熔池的可见性好，在焊接过程中可根据熔池情况调节焊接参数；焊接过程操作方便，没有熔渣或很少有熔渣，焊后基本上不需要清渣；电弧在保护气流的压缩下热量集中，焊接速度较快，熔池较小，热影响区窄，焊件焊后变形小；有利于焊接过程的机械化和自动化，特别是空间位置的机械化焊接；可以焊接化学活泼性强和易形成高熔点氧化膜的镁、铝、锌及其合金。

气体保护电弧焊也存在缺点。例如，在室外作业时，须设挡风装置，否则气体保护效果不好，甚至很差；电弧的光辐射很强；焊接设备比较复杂，比焊条电弧焊设备价格高。

2）埋弧自动焊

埋弧自动焊（图2.1.2）是以连续送进的焊丝作为电极和填充金属，焊接时，在焊接区域上方覆盖一层颗粒状焊剂，电弧在焊剂下燃烧，将焊丝端部和局部母材熔化，形成焊缝。在电弧热的作用下，一部分溶剂熔化成熔渣并与液态金属发生冶金反应，熔渣浮在金属熔池的表面，一方面可以保护焊缝金属，防止空气的污染，并与熔化金属发生物理化学反应，改善焊缝金属的化学成分及性能；另一方面还可以使焊缝金属缓慢冷却。埋弧自动焊由于电弧热量集中、熔深大、焊缝质量均匀、内部缺陷少、塑性和冲击韧性好，优于手工焊。半自动埋弧焊介于自动埋弧焊和手工焊之间，但应用受到其自身条件的限制，焊机须沿焊缝的导轨移动，一般适用于大型构件的直缝和环缝焊接，常被用于梁、柱、支撑等构件主体直焊缝、拼板焊缝、直缝焊管纵、环缝等焊接。

埋弧自动焊焊缝质量好、生产效率高，同时适用范围广，作业条件好。

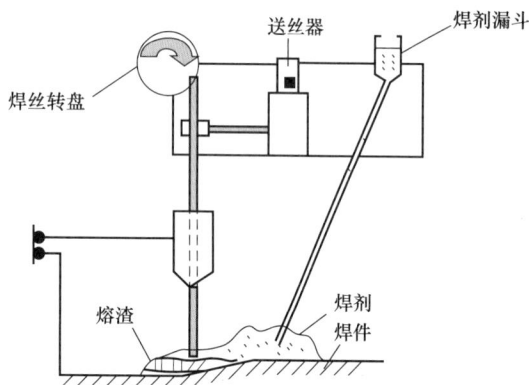

(a) 埋弧自动焊示意图　　　　　　　　(b) 埋弧自动焊现场图

图2.1.2　埋弧自动焊

3）手工电弧焊

手工电弧焊是手工操作焊条，利用焊条与被焊工件之间的电弧热量将焊条与工件接头处熔化，冷却凝固后获得牢固接头的焊接方法，如图2.1.3所示。手工电弧焊是电弧焊接方法中发展最早、应用最广泛的焊接方法之一。它是以外部涂有涂料的焊条作为电极和填充金属，电弧在焊条的端部和被焊工件表面之间燃烧，涂料在电弧热作用下一方面可以产生气体以保护电弧，另一方面可以产生熔渣覆盖在熔池表面，防止熔敷金属与周围气体的相互作用。熔渣更重要的作用是与熔敷金属产生物理化学反应或添加合金元素，改善焊缝金属性能。

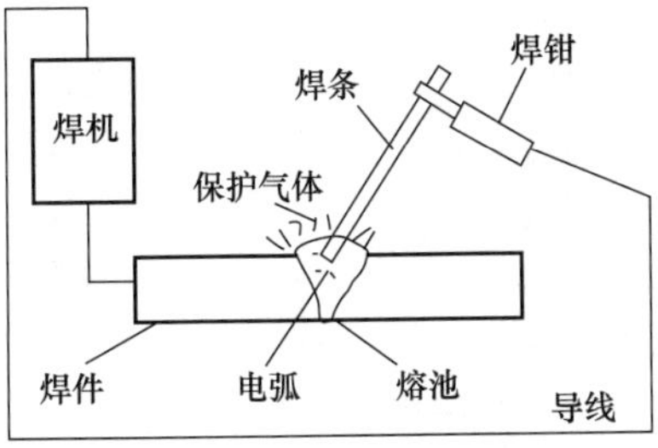

(a) 手工电弧焊示意图 　　　(b) 手工电弧焊现场图

图 2.1.3　手工电弧焊

手工电弧焊具有设备简单、轻便、不需要辅助气体保护、操作灵活、适应性强等优点。电弧焊适用于大多数金属和合金的焊接，且可在室内外及高空中平、横、立、仰的任意位置进行施焊，在钢结构中应用广泛。

2.1.4　焊接工艺流程

1）施工前准备

第一检查材料。焊接材料进行抽样复验，复验结果应符合现行国家产品标准和设计要求；焊接材料须有齐全的材质证明，并经检查确认合格后入库；焊条、焊剂使用前必须按质量要求进行烘干处理，严禁使用湿焊条、湿焊剂。

第二检查作业条件。焊接区域两侧需要将油污、杂物、铁锈等清除干净。手工电弧焊现场风速大于 8m/s，或雨、雪天气或相对湿度大于 90% 时，采取有效防护措施后方可施焊，施焊前检查焊接操作条件、工具、设备和电源：焊工操作平台安装到位；焊机型号应正确、完好；必要的工具应配备齐全，且放在操作平台上的设备排列应符合安全规定；电源线路应合理、安全可靠，同时应安装稳压器。

第三做好坡口检查。采用坡口焊的焊接连接，焊前应对坡口组装的质量进行检查，如误差超过规范所允许的范围，则应返修后再进行焊接。

在正式焊接施工前，还应做好下列事项：焊接设备外壳必须有效接地或接零；焊机前应设漏电保护开关，即一机一制一漏电开关；焊接电缆、焊钳及连接部分应有良好的接触和可靠的绝缘；焊工工作时必须穿戴防护用品（如工作服、手套、胶鞋等），并应保证干燥和完整；焊接工作场所周围 5m 以内不得存在易燃、易爆物品。

2）工艺流程

多高层钢结构建筑多采用二氧化碳气体保护焊，手工电弧焊则一般用作焊缝打底。在钢结构的现场安装中，柱与柱的连接用横坡口焊，柱与梁的连接用平坡口焊；焊接母材厚度不大于 20mm 时采用手工焊，焊接母材厚度大于 20mm 时采用二氧化碳气体保护焊。

一般焊接工艺流程如图 2.1.4 所示。

（1）柱与柱的焊接顺序。柱与柱的焊接应由两名焊工在两相对面等温、等速对称施焊。先对两相对面施焊，焊接后切除引弧板并清理焊缝表面，再对第二个相对面施焊，如此循环直到焊满整个焊缝，如图 2.1.5 所示。

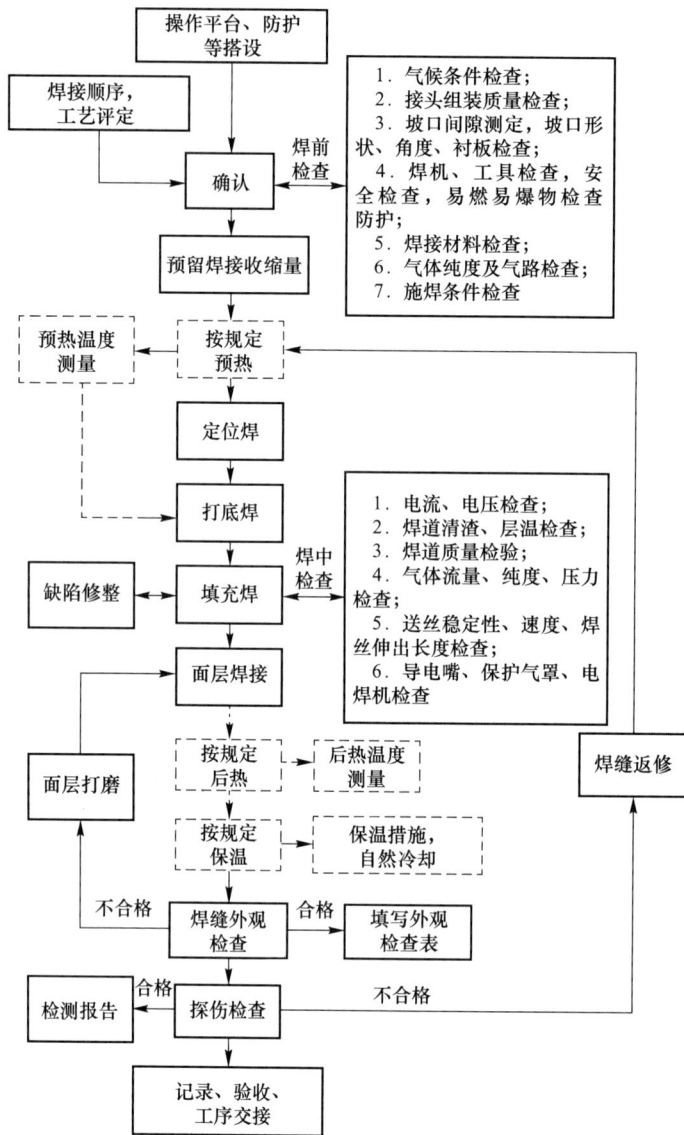

图 2.1.4　一般焊接工艺流程

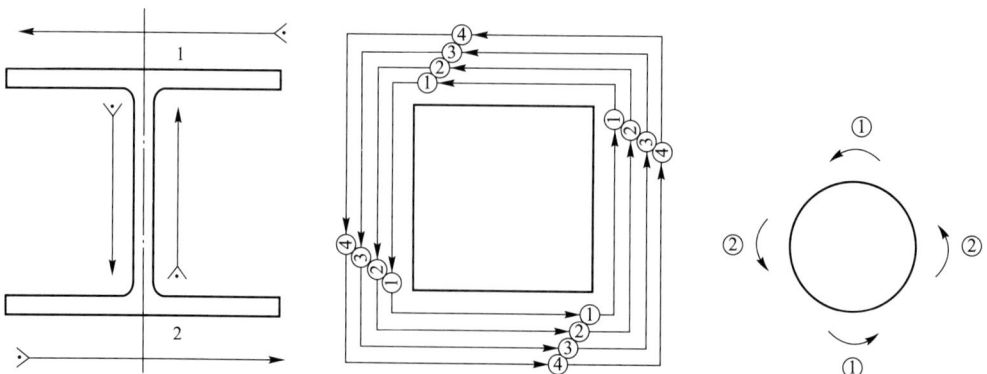

图 2.1.5　钢柱构件接头施焊顺序

（2）梁柱焊接顺序。当柱向某方向偏差超过 5mm（在允许偏差以内）时，先焊柱倾斜反方向的焊口；当柱垂直度偏差小于 5mm 时，柱、梁节点两侧对称的两支梁应同时施焊；同一支钢梁，先焊一端焊缝，待其冷却后，再焊接另一端；同一支梁，先焊下翼缘板，再焊上翼缘板，上下两翼缘板焊缝的焊接方向应相反；如果翼缘板厚度大于 30mm，上下翼缘应轮流施焊；焊接完成后，焊缝 100mm 范围内用角向磨光机打磨干净，以备探伤；焊工将自己钢印号打在焊缝左下角 100mm 处钢梁表面上；柱与梁连接平角焊缝、对接平焊缝，引、熄弧板采用工艺垫板每边加长 40mm，引、熄弧在垫板上进行；焊缝探伤合格后气割切除引、熄弧板，打磨、割除时应保留 5 ～ 10mm。

（3）桁架焊接顺序。桁架现场拼装时，按单杆双焊和双杆单焊焊接原则，从中间向两边对称焊接。

（4）钢板剪力墙焊接施工顺序。钢板剪力墙焊接时，先焊接收缩量大的焊缝；同类焊缝对称、同时、同向焊接；为减少焊接变形，原则上单片剪力墙相邻两个接头不要同时开焊，先焊接端焊缝，同时对另一端焊缝临时固定，待焊缝冷却到常温后，再进行另一端的焊接；先焊接纵向焊缝（图 2.1.6），纵向焊缝焊接完毕后进行横向焊缝焊接（图 2.1.7），最后再焊接与钢柱连接的焊缝；横焊缝临时连接板宜布设在钢板剪力墙暗柱处，每片钢板剪力墙至少布置两道；立焊缝临时连接板宜布设在钢板剪力墙上下两端，保留出足够的操作空间。

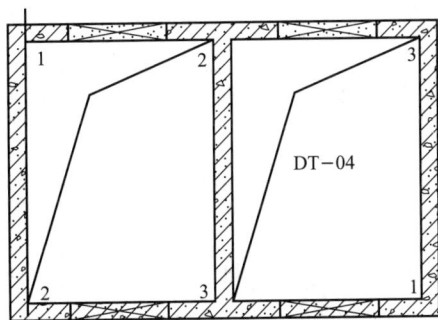

图 2.1.6 纵向焊缝对接焊接顺序

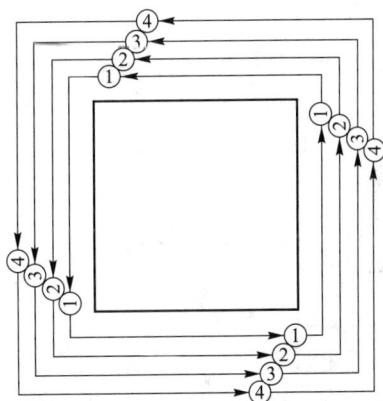

图 2.1.7 横向焊缝焊接顺序

▌2.1.5 点焊技术要点

焊接结构在拼接、安装时，需要确定零件、构件的准确位置，先进行定位点焊，定位点焊的尺寸参考有关手册。定位点焊采用的焊材型号应与焊件材质相匹配。定位点焊焊缝与最终焊缝有相同的质量要求。定位点焊应设引弧板，严禁在母材上引弧和收弧。定位点焊的位置布置在焊道以内，且尽量避开构件的端部、边角等应力集中处。为与正式焊缝搭接，定位点焊焊缝的余高不能过高，定位点焊的起点和终点要与母材平缓过渡，防止正式焊接时产生未焊透等缺陷。定位点焊时，焊条直径比正式焊缝的直径应小些；电流要比正式焊缝提高 10% ～ 15%，以防止焊缝出现夹渣缺陷。定位点焊焊缝厚度不宜超过设计焊缝厚度的 2/3，且不应大于 6mm；长焊缝焊接时，定位点焊焊缝长度不宜小于 50m，焊缝间距宜为 500～600mm，并应填满弧坑。

2.1.6 焊缝质量检查

1）焊缝的外观检查

焊缝质量的外观检查，应按设计文件规定的标准在焊缝冷却后进行。梁柱构件以及厚板焊接件，应在完成焊接工作 24h 后，对焊缝及热影响区是否存在裂缝进行复查。焊缝外表面应均匀、平滑，无褶皱、间断和未满焊，并与基体金属平缓连接，严禁有裂纹、夹渣、焊瘤、烧穿、弧坑、针状气孔和熔合性飞溅等缺陷。所有焊缝均应进行外观检查，当发现有裂纹疑点时，可用磁粉探伤或着色渗透探伤进行复查。对焊缝上出现的间断、凹坑、尺寸不足、弧坑、咬边等缺陷，应予补焊。修补后的焊缝应用砂轮进行修磨，并按要求重新进行检查。

2）焊缝的超声波探伤检查

超声波检查应做详细记录，并填写检查报告。

图纸和技术文件要求全熔透的焊缝，应进行超声波探伤检查。超声波探伤检查应在焊缝外观检查合格后进行。焊缝外表面不规则及有关部位不清洁的程度，应不阻碍探伤的进行和缺陷的识别，不满足上述要求时应事前对需要探伤的焊缝区域进行铲磨和修整。

全熔透焊缝的超声波探伤检查数量应达到设计文件要求。一级焊缝应 100% 检查；二级焊缝可抽查 20%，当发现有超过标准的缺陷时，应全部进行超声波检查。钢板焊接部位厚度超过 30mm 时在焊缝两侧 2 倍厚度＋ 30mm 范围内进行超声波探伤检查。

超声波探伤检查应根据设计文件规定的标准进行。超声波探伤的检查等级按《焊缝无损检测 超声检测 技术、检测 等级和评定》（GB/T 11345—2023）规定进行验收。

经检查发现的焊缝不合格部位，必须进行返修，并应按同样的焊接工艺进行补焊，再用同样的方法进行质量检查。

当焊缝出现裂纹、未焊透和超标准的夹渣、气孔时，必须将缺陷清除后重焊。清除可用碳弧气刨或气割进行。

焊缝出现裂纹时，应由焊接技术负责人主持进行原因分析，制定措施后方可返修。当裂纹界限清楚时，应从裂纹两端加长 50mm 处开始，沿裂纹全长进行清除，然后焊接。

低合金结构钢焊缝返修，在同一处返修次数不得超过 2 次。对经过 2 次返修仍不合格的焊缝需要更换母材，或由责任工程师会同设计和专业质量检验部门协商处理。

2.1.7 栓钉焊焊接工艺

栓钉又称焊钉，是指在各类结构工程中应用的抗剪件、埋设件和锚固件，由于栓钉焊具有施工方便、操作简单、效率高、焊接质量稳定等优点，在建筑工程的构件组合中已得到大量使用。与栓钉配套使用的瓷环在栓钉焊接过程中起电弧防护、减少飞溅的作用并参与焊缝成型，如图 2.1.8 所示。栓钉焊是指将夹持好的栓钉置于瓷环内部，通过焊枪或焊接机头的提升机构将栓钉提升起弧，经过一定时间的电弧燃烧，通过外力将栓钉顶插入熔池实现栓钉焊接的方法。

栓钉焊接方法分为两种：栓钉直接焊在工件上的为普通栓钉焊；栓钉在引弧后先熔穿具有一定厚度的压型钢板，然后再与构件熔成一体的为穿透栓钉焊。

栓钉焊接过程中具有瞬间电流大，产生火花、热量、飞溅物等特点，易于引发火灾和对焊工的身体造成伤害。因此，在施工过程中必须遵守国家现行安全技术和劳动保护的有关规定。栓钉焊在工程中的应用如图 2.1.9 所示。

图 2.1.8 栓钉配套瓷环

(a) 栓钉焊在钢柱中的应用

(b) 栓钉焊在楼承板中的应用

图 2.1.9 栓钉焊在工程中的应用

1）焊接前准备

焊接前栓钉不得带有油污，两端不得有锈蚀，若有油污或锈蚀应在施工前采用化学或机械方法进行清除；瓷环应保持干燥状态，若受潮，使用前应在 120 ～ 150℃ 范围内烘干 2h；母材或楼承钢板表面若存在水、氧化皮、锈蚀、非可焊涂层、油污、水泥灰渣等杂质，应清除干净；在准备进行栓钉焊接的构件表面不宜进行涂装，当构件表面已涂装对焊接质量有影响的涂层时，施焊前应全部或局部清除；栓钉焊接作业环境应符合《钢结构焊接规范》(GB 50661—2011) 等现行国家标准规定。

2）栓钉焊接施工

将栓钉放在焊枪的夹持装置中，并将相应直径的保护瓷环置于母材上，将栓钉插入瓷环内与母材接触；按动电源开关，栓钉自动提升，激发电弧；焊接电流增大，使栓钉端部和母材局部表面熔化；设定的电弧燃烧试件到达后，将栓钉自动压入母材；切断电流，熔化金属凝固，并使焊枪保持不动；冷却后，栓钉端部表面形成均匀的环状焊缝余高，敲碎并清除保护环。

3）注意事项

（1）施工单位首次使用新材料、新工艺进行栓钉焊接前，应进行工艺评定试验，确定

图 2.1.10　栓钉弯曲 30° 检验

焊接工艺参数。每班次焊接作业前，应试焊 3 个栓钉。

（2）正式焊接前试焊 1 个栓钉，用铁锤敲击使栓钉弯曲大约 30°，如图 2.1.10 所示。无肉眼可见裂纹方可开始正式焊接，否则应修改焊接工艺。

（3）焊接完的栓钉要在每根梁上选择 2 个用铁锤敲弯约 30°，无肉眼可见裂纹方可继续焊接，否则应修改焊接工艺；如果有不饱满或修补过的栓钉，要弯曲 15° 检验，铁锤敲击方向应从焊缝不饱满侧进行。

（4）焊接完毕后，应将套在栓钉上的瓷环或附着在焊缝上的药皮全部清除。

（5）进行穿透焊的组合楼板应在铺设施工后的 24h 内完成栓钉焊接。当遇有雨雪天气时，必须采取适当措施保证焊接区干燥。

▌任务流程

本任务是实体操作，要求分组进行，具体流程如下：

（1）教师讲解安全知识和本任务安全要求。

（2）教师布置任务，讲解焊接要点。

（3）学生分组分工，安排每人任务。

（4）每组各取两块钢板放在平整基面上进行焊接。

（5）完成陈列架焊接制作。

（6）焊件冷却后，各组进行焊缝质量交互检查。

（7）实训器材整理后放回原位，清理实训场地。

▌注意事项

（1）实训前每人发放安全帽、护眼罩和电焊手套等劳保用品 1 套。

（2）电弧焊机的技术要求。电弧焊机必须符合有关标准规定的安全要求。焊接作业中必须选用合格的电弧焊机。电弧焊机各导电部分之间要有良好的绝缘。初级与次级回路之间的绝缘电阻值不得小于 5MΩ，带电部分与机壳、机架之间的绝缘电阻不得低于 2.5MΩ。电弧焊机的电源输入线及二次输出线的接线柱必须有完好的隔离防护罩，且接线柱应牢固不松动。电弧焊机外壳应设有良好的保护接地（接零）装置，其螺钉不得小于 M8（φ8mm），并有明显的接地（接零）标志。调节焊接电流表、电压表的手柄或旋钮等，必须与焊机的带电体可靠绝缘，且调节方便、灵活。

（3）电焊钳。电焊钳的作用是夹持焊条和传导电流，是手工焊接的主要工具，而且直接关系到焊工的操作安全，因此必须符合安全要求。电焊钳应在所设置的任一角度都能夹紧焊条，并保证更换焊条时安全、方便。电焊钳的手柄等应有良好的绝缘和隔热性能。电焊钳与焊接电缆的连接应简便可靠、接触良好。电焊钳应轻便（质量不超过 0.6kg）、易于操作。焊接过程中，禁止将过热的电焊钳放入水中冷却和继续使用。禁止使用绝缘损坏或没有绝缘的电焊钳。

（4）焊接导线。焊接的电源线及焊接电缆等导线的作用是传导电流，对焊接安全作业至关重要，许多事故都是使用导线不当所致，因此必须符合安全要求。

▌提交成果

完成陈列架焊接制作，成果包括制作完成的陈列架、陈列架材料用量计算、制作设计方案、制作过程照片等。

任务2　高强度螺栓安装

▌任务描述

根据给定的图纸和装备，结合施工图，进行高强度螺栓安装，并对安装质量进行检验。本任务需要学生分组、分工协作完成，授课教师提供的图纸和安装部件须匹配，安装过程中学生须注意操作安全性和规范性，安装成果须拍照记录并形成实训报告。

▌任务分析

本任务要求学生在掌握高强度螺栓安装工艺、安装顺序及质量检验的前提下进行实操练习。实操过程中学生对用到的电动扳手等工具须提前进行使用方法的拓展学习；在做好安全防护措施的基础上，严格按照规范要求进行高强度螺栓安装，并全过程进行质量检验；实操过程中若出现安装失败、质检不合格等情况，要求学生会自主分析并解决问题。

▌知 识 点

高强度螺栓
连接

▌2.2.1　高强度螺栓连接类型

螺栓连接是钢结构构件安装连接的一种方法，分为普通螺栓连接和高强度螺栓连接两种。图 2.2.1 所示为高强度螺栓。

高强度螺栓连接按其传力方式可分为摩擦型连接和承压型连接两种。

摩擦型连接在受剪设计时，以外剪力达到板件接触面间的最大摩擦力为极限状态。由于摩擦型螺栓具有连接紧密、受力可靠、耐疲劳、可拆换、安装简单，以及动力荷载作用下不易松动等优点，目前在桥梁、工业与民用建筑结构中得到广泛应用。

图 2.2.1　高强度螺栓

承压型连接起初由摩擦传力，在连接件间的摩擦力被克服后则依靠螺杆抗剪和孔壁承压传力，以杆身剪切或孔壁承压破坏（即达到连接的最大承载力）作为连接受剪的极限状态。高强度螺栓承压型连接，由于摩擦力被克服产生相对滑移后可以继续承载，所以其设计承载力高于摩擦型；承压型高强度螺栓也具有连接紧密、可拆换、安装简单等优点，但与摩擦型相比，整体性和刚度较差，变形大，动力性能差，其实际强度储备小，只限用于承受静力或间接动力荷载结构中允许发生一定滑移变形的连接。

总之，摩擦型高强度螺栓和承压型高强度螺栓实际上是同一种螺栓，只不过是设计过程中是否考虑滑移。摩擦型高强度螺栓绝对不能滑移，螺栓不承受剪力，一旦滑移，设计就认为达到破坏状态；承压型高强度螺栓可以滑移，螺栓也能承受剪力，最终破坏相当于普通螺栓破坏（螺栓剪坏或钢板压坏）。

高强度螺栓是预应力螺栓，摩擦型高强度螺栓用扭矩扳手施加规定预应力，承压型高强度螺栓须拧掉梅花头。普通螺栓抗剪性能差，可在次要结构部位使用，且只需拧紧即可。

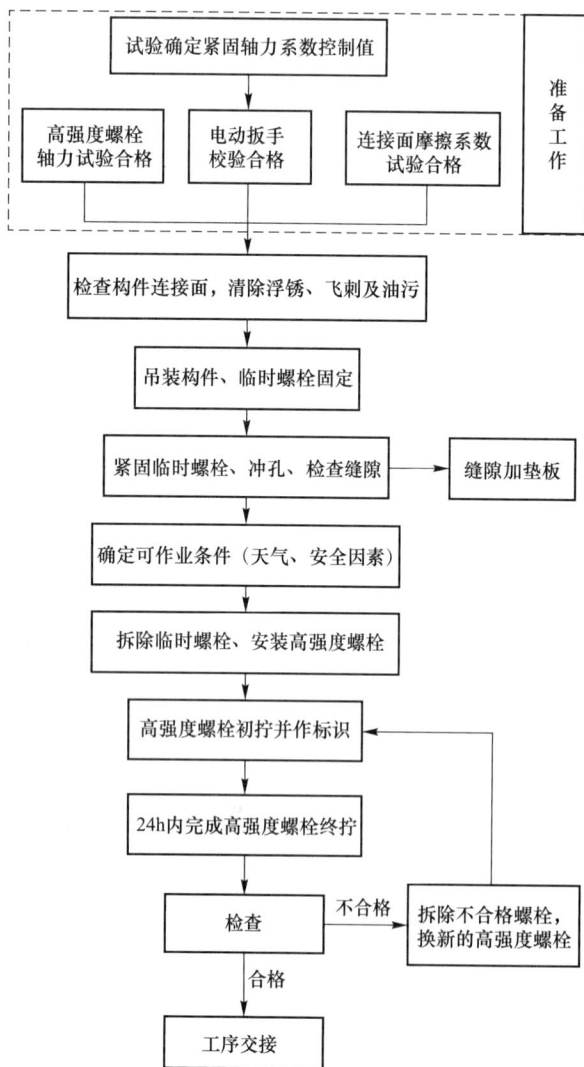

图 2.2.2　高强度螺栓连接施工工艺流程

2.2.2　高强度螺栓连接施工流程

高强度螺栓连接施工在钢结构安装中是一个必不可少的环节，钢结构通过高强度螺栓使构件连接成为整体承受结构荷载，因此，高强度螺栓连接施工质量对结构的安全性影响重大。高强度螺栓连接施工工艺流程如图 2.2.2 所示。

1）准备工作

高强度螺栓施工前应做好以下几方面准备工作：高强度螺栓摩擦面采用喷丸、砂轮打磨等方法进行处理，摩擦面表面要求不允许有残留氧化铁皮，无锈蚀，干燥平整，孔边无毛刺、飞边；局部摩擦面需要在现场处理，在现场采用砂轮打磨摩擦面时，打磨范围不小于螺栓直径的4倍，打磨方向应与受力方向垂直；摩擦面严禁被油污、油漆等污染，连接面摩擦系数值已进行试验，其结果符合设计要求和规范规定的摩擦系数值；检查各安装构件的位置是否正确，接头处应无翘曲和变形，应满足设计和规范规定的精度要求；检查安装母材的螺栓孔径及孔距尺寸，孔边的光滑度是否符合设计要求，必须彻底去掉毛刺、飞边；施工部位应有安全防护设施并已准备好操作设备及机具。

2）连接节点接触面缝隙处理

高强度螺栓安装时应清除摩擦面上的铁屑、浮锈等污染物，摩擦面上不允许存在钢材卷曲变形及凹陷等现象。安装时应注意连接板是否紧密贴合，对因钢板厚度偏差或制作误差造成的接触面间隙，按表2.2.1中方法进行处理。

表 2.2.1　节点接触面缝隙处理

序号	示意图	处理方法
1	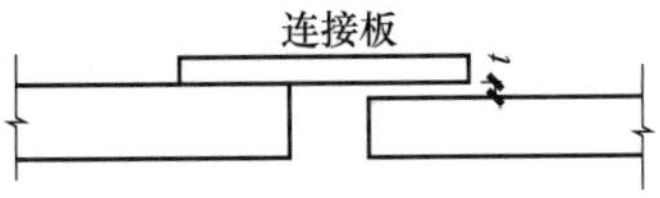 连接板	$t < 1\text{mm}$ 时，不予处理
2	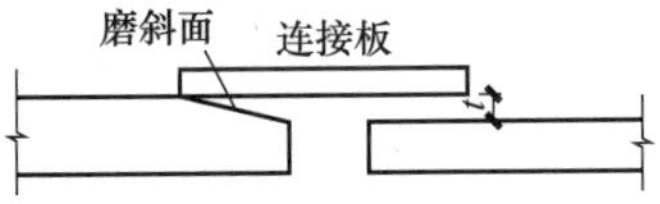 磨斜面　连接板	$1\text{mm} \leqslant t \leqslant 3\text{mm}$ 时，将厚板一侧按 $1:10$ 磨成缓坡，使间隙小于 1mm
3	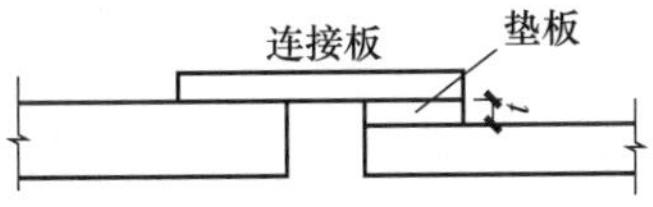 连接板　垫板	$t > 3\text{mm}$ 时，加垫板，垫板厚度不小于 3mm，最多不超过 3 层，垫板材质和摩擦面处理方法应与构件相同

3）临时螺栓的安装

在高强度螺栓安装前，构件应采用临时安装螺栓和冲钉进行临时固定，待高强度螺栓完成部分安装时，拆除临时安装螺栓，以高强度螺栓代替，如图2.2.3所示。每个节点上应穿入的临时螺栓和冲钉数量由安装时可能承担的荷载计算确定，并应符合下列规定：不得少于安装总数的1/3；不得少于两个临时螺栓；冲钉穿入数量不宜多于临时螺栓数量的30%；不得用高强度螺栓兼作临时螺栓，以防损伤螺纹引起扭矩系数的变化。

(a) 安装临时螺栓　　　　　　　　(b) 对校冲孔、替换临时螺栓

图 2.2.3　临时螺栓

4）高强度螺栓安装

钢构件吊装就位临时固定后，节点板上、下螺栓孔对齐，使螺栓能从孔内自由穿入，

图 2.2.4　高强度螺栓现场安装图

对余下的螺栓孔直接安装高强度螺栓，用手动扳手拧紧后拆除临时螺栓和冲钉，再进行该处高强度螺栓的安装。图 2.2.4 所示为高强度螺栓现场安装。

当个别螺栓孔不能自由穿入时，可用铰刀或锉刀进行扩孔处理，扩孔数量应征得设计单位同意，扩孔后的孔径不得大于螺栓直径的 1.2 倍，其四周可由穿入的螺栓拧紧，扩孔产生的毛刺等应清除干净，严禁气焊扩孔或强行插入高强度螺栓。

高强度螺栓穿入方向以设计要求为准，并尽可能便于施工操作。框架周围的螺栓穿向结构内侧，框架内侧的螺栓沿规定方向穿入，同一节点的高强度螺栓穿入方向须一致。

5）高强度螺栓紧固

高强度螺栓紧固时，应分为初拧、终拧；对于大型节点应分为初拧、复拧和终拧。

初拧：由于钢结构的制作、安装等原因发生翘曲、板层间不密贴的现象，当连接点螺栓较多时，先紧固的螺栓就有一部分轴力消耗在克服钢板的变形上，后紧固的螺栓则由于其周围螺栓紧固以后轴力分摊而降低。所以，为了尽量缩小螺栓在紧固过程中由于钢板变形等的影响，规定高强度螺栓紧固时，至少分两次紧固。第一次紧固称为初拧。初拧扭矩为终拧扭矩的 50% 左右。高强度螺栓初拧完毕后用黄色油漆在螺栓、螺母、垫片及连接板上进行画线标识。初拧后全部螺栓用 0.3kg 的小锤沿施拧方向逐个敲击进行初拧检查，防止漏拧。

复拧：对于大型节点高强度螺栓初拧完成后，在初拧的基础上，再重复紧固一次，称为复拧。复拧扭矩值等于初拧扭矩值。

终拧：对安装的高强度螺栓做最后的紧固，称为终拧。终拧的轴力值以达到标准轴力为准，并应符合设计要求。初拧完成 2h 后进行终拧，终拧顺序应与初拧顺序相同，终拧时施加扭矩应平稳连续，螺栓、垫片不得与螺母一起转动，如发生转动，应更换螺栓，重新完成初拧、终拧。终拧完成后，用红色油漆在螺栓上画线标识，并记录施拧班组人员、施拧位置、施工扳手编号，以便在扳手不合格时查找其施拧的螺栓，利于检查处理。

6）紧固顺序

为了使高强度螺栓连接处板层能更好密贴，高强度螺栓连接副初拧、复拧和终拧原则上应从接头刚度较大的部位向约束较小的部位进行：由螺栓群中央开始，依次由里向外、由中间向两边对称进行，逐个拧紧；钢箱梁螺栓施拧顺序为先腹板，再底板、顶板。高强度螺栓的紧固顺序示意图如图 2.2.5 所示。高强度螺栓和焊接并用的连接节点，当设计文件无特殊规定时，宜按先螺栓紧固、后焊接的施工顺序。

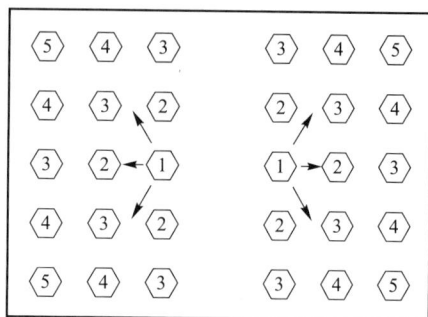

图 2.2.5　高强度螺栓的紧固顺序示意图

7）注意事项

高强度螺栓安装注意事项如下：在冲钉安装完毕后进行高强度螺栓安装；高强度螺栓严禁强行穿入，以防止损伤螺纹，影响预紧力；安装过程中注意垫圈及螺母的正反面，垫圈的正反面以垫圈内径处有无倒角来判别，螺母正反面以支撑面有无螺肩判别；垫圈使用要正确，即螺栓头一侧及螺母一侧各使用一个垫圈，垫圈有内倒角的一侧朝向螺栓头和螺母的支承面。冲钉拆除必须在高强度螺栓初拧完成后进行；高强度螺栓现场安装时若不能自由穿入螺栓孔，则可对螺栓孔进行扩孔，扩孔前将该孔四周高强度螺栓全部拧紧（初拧）；安装前应对钢构件的摩擦面进行除锈；螺栓穿入方向一致，并且品种规格应按设计要求进行安装；终拧检查完毕的高强度螺栓节点及时进行油漆封闭；高强度螺栓终拧后要保证有2～3扣的余丝露在螺母外圈；雨天不得进行高强度螺栓安装，摩擦面上和螺栓上不得有水、污垢等，并要注意气候变化对高强度螺栓的影响。

拓展阅读

普通螺栓连接

1）连接要求

普通螺栓在连接时应符合下列要求：永久螺栓的螺栓头和螺母的下面应放置平垫圈，垫置在螺母下面的垫圈不应多于1个，垫置在螺栓头下面的垫圈不应多于2个；对工字钢、槽钢等有斜面的螺栓连接，宜采用斜垫圈；承受动力荷载或重要部位的螺栓连接，设计有防松动要求时，应采取有防松动装置的螺母或弹簧垫圈，弹簧垫圈放置在螺母侧；螺栓紧固后外露丝扣应不少于2扣，紧固质量检验可采用锤敲检验。

2）普通螺栓紧固

普通螺栓可采用普通扳手紧固，螺栓紧固应使被连接件接触面、螺栓头和螺母与构件表面密贴。普通螺栓紧固应从中间开始，对称向两边进行，大型接头宜采用复拧。

3）施工注意事项

钢构件的紧固件连接接头，应经检查合格后，再进行紧固施工。永久性普通螺栓连接中的螺栓一端不得垫2个及以上垫圈，并不得采用大螺母代替垫圈。

▌任务流程

本任务是实体操作，要求分组进行，具体流程如下：

（1）集中学习高强度螺栓安装方法。

（2）分小组讨论组内分工、注意事项。

（3）高强度螺栓连接副的材质和型号检查。

（4）高强度螺栓外观检查。

（5）临时螺栓定位。

（6）高强度螺栓安装。

（7）高强度螺栓紧固。

（8）在教师指导下拆除高强度螺栓。

注意事项

（1）实训前每人发放安全帽、护眼罩和手套等劳保用品 1 套。

（2）教师集中讲解安全事项、电动扳手的使用方法。

（3）在实训前组长明确组内分工。

提交成果

高强度螺栓安装过程及成果拍照记录，并完成实训报告。

想一想： 钢结构建筑施工相比钢筋混凝土建筑施工还要考虑什么问题？

任务 3 钢结构防腐（防火）涂料涂装

任务描述

本任务是让学生进行钢结构防腐涂料的涂装，并完成涂装质量检验。涂装要求以及质量检验须按照规范要求进行。本任务也可替代为钢结构防火涂料的涂装。

任务分析

钢结构防腐及防火是建筑质量保证的两大关键。本任务要求学生对钢材进行防腐涂料的涂装，涂装前须进行钢材表面除锈处理和涂料的配置，涂装后须完成质量检验。实操过程中学生要学会查找相关规范、应用相关规范，以提升岗位规范责任意识和养成严谨细致的工作作风。

知 识 点

2.3.1 钢结构防腐

钢结构，如厂房、桥梁、铁塔、海上平台等，长期处于工业大气或海洋大气腐蚀环境下。

大气环境下的钢结构受阳光、风沙、雨雪霜露及长年的温度和湿度变化作用，其中大气中的氧和水分是造成户外钢结构腐蚀的重要因素。引起钢结构腐蚀的工业气体含有 SO_2、CO_2、NO_2、Cl_2、H_2S 及 NH_3 等，虽然它们的含量很小，但对钢铁的腐蚀危害都是不可忽视的，其中 SO_2 影响最大，Cl_2 可使金属表面钝化膜遭到破坏。这些气体溶于水中呈酸性，形成酸雨，腐蚀金属构件。

钢结构防腐

海洋大气的特点是含有大量的盐，主要是NaCl，盐颗粒沉降在金属表面上，由于它具有吸潮性及增大表面液膜的导电作用，同时Cl⁻本身又具有很强的侵蚀性，因而加重了金属表面的腐蚀。钢结构建筑离海岸越近腐蚀也就越严重，在海洋大气中的腐蚀速度比在内陆大气中高出许多倍。

钢结构要想长期使用而不进行大面积维修，长效涂层防护目前效果最佳，使用寿命可达20～30年，而且维修费用少，可获得明显的经济效益。

2.3.2 钢结构防腐方法

对于一个具体的工程项目，应根据腐蚀原因、要达到的防腐效果、施工难易与经济效益等进行综合考虑确定防腐方法。对大型钢结构而言，可以采用的防腐方法也是多种多样的，主要通过选材控制和表面覆盖进行防护，有时也常与阴极保护联合使用。目前，工程上实用的防腐处理方法主要有以下5种。

1）外加金属法

在钢材中加入铜、镍、铬、钛等金属，使钢材表面形成保护层（图2.3.1），形成耐腐蚀性能优于一般结构用钢的钢材，其低温冲击韧性也比一般的钢材料要好。

2）热浸锌法

热浸锌法是将除锈后的钢构件浸入600℃左右高温熔化的锌液中，使钢构件表面附着锌层（图2.3.2），5mm以下薄板锌层厚度不得小于65μm，对于较厚钢板锌层厚度不小于86μm，以此来达到防腐蚀的目的。

图2.3.1 双金属防腐钢管　　　　　　　图2.3.2 使用热浸锌法防腐的钢构件

这种方法的优点是耐久年限长、生产工业化程度高、质量稳定，因此被大量用于受大气腐蚀较严重且不易维修的室外钢结构中，如输电塔、通信塔和压型钢板等。

3）热喷涂铝（锌）复合涂层法

热喷涂铝（锌）复合涂层法与热浸锌法防腐蚀效果相当（图2.3.3）。具体做法是先对钢构件表面做喷砂除锈处理，使其表面露出金属光泽，并进行打毛；再用热喷涂设备的热源（氧-乙炔火焰、电弧、等离子弧等）将不断送出的铝（锌）丝熔化，并用压缩空气吹附到钢构件表面，以形成蜂窝状的铝（锌）喷涂层（厚度约80～100μm）；最后用环氧树脂或氯丁橡胶漆等涂料填充毛细孔，以形成复合涂层。

这种方法的优点是对构件尺寸适应性强，构件形状、尺寸几乎不受限制。与热浸锌法相比，这种方法的工业化程度较低，喷砂喷铝（锌）的劳动强度大。

从长效经济性考虑，喷铝涂层最为经济，但一次性投入大，施工良好的涂层可在10年内无须维修。

4）涂层法

涂层法（图2.3.4）防腐蚀性一般不如长效防腐蚀方法，所以用于室内钢结构或相对易于维护的室外钢结构较多。该方法一次成本低，但用于户外时的维护成本较高。

涂层法施工的关键环节是除锈。优质的涂层依赖于彻底的除锈，所以要求高的涂层一般多用喷砂喷丸除锈，除去所有的锈迹和油污。涂层的选择要考虑周围的环境，不同的涂层对不同的腐蚀条件有不同的耐受性。

图2.3.3　热喷涂铝（锌）复合涂层法现场喷铝（锌）涂层

图2.3.4　涂层法现场施工图

5）阴极保护法

阴极保护法常用于水下或地下结构。系统由钢材、牺牲阳极和外加电流阴极保护组成。在被保护金属上连接电位更低的金属牺牲阳极，这样优先腐蚀牺牲阳极，保护高电位金属。此外还需要保护回路中连接直流电源，形成电流回路，使被保护金属成为阴极（图2.3.5）。

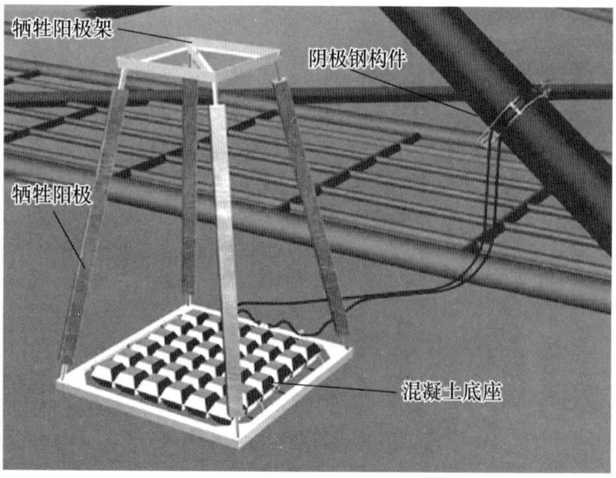

2.3.3　钢结构防腐材料

钢结构常用的防腐材料主要包括以下几种。

1）耐候钢材料

如前面描述的钢结构外加金属防腐法，通过加

图2.3.5　牺牲阳极架的阴极保护装置

钢结构防腐材料和防腐涂装

入某些合金元素，提高钢材的耐锈蚀性能。例如，在钢材中加入一定量的铬、镍、钛等合金元素，可制成耐候钢、不锈钢等。

2）金属覆盖材料

通过将金属材料用镀或喷镀等方法覆盖在钢材表面，可提高钢材的耐腐蚀能力。薄壁钢材可采用热浸镀锌（白铁皮）、镀锡（马口铁）、镀铜、镀铬或镀锌后加涂塑料涂层等措施进行防腐。

3）非金属覆盖材料

用涂料、塑料、搪瓷等材料，通过涂刷或喷涂等方法，在金属表面形成保护膜，使金属与腐蚀介质隔离，从而防止金属腐蚀。

4）钢材混凝土组合材料

混凝土与钢结构组成的混合结构中外包混凝土有防锈作用，由于混凝土是碱性材料，可以有效抵制酸性气体和液体的侵蚀。在使用过程中提高混凝土的密实度，保证足够的钢筋保护层厚度，并限制氯盐外加剂的掺入量，可有效防止钢材腐蚀。

拓展阅读

纳米防腐技术

纳米技术在钢结构重防腐产品中的应用还处于起步阶段。国内外均少见成型产品应用的报道。但普遍认为，纳米技术的应用无疑将会给该领域带来重大的改变。原因很简单，防腐所涉及的表面材料与自防护腐蚀产物的性质主要由其微观结构所决定，这里涉及界面问题，电化学历程的改变，传输行为、表层材料强度与塑性的变化等。例如，将某些铬类的纳米粒子引入有机涂层可以增强其抗老化性，无机涂层的塑性可由其结构的纳米化而改善。

1）无机覆盖层主体结构纳米化

在无机防腐涂层或表面处理层下，使用某些特殊方法，可以使覆盖层呈现纳米结构，从而带来一系列膜层性质的变化。通常，覆盖层在化学性质上相对钢基体总是惰性的。若要达到好的防腐蚀效果与长久不失效，就要求它与基体的结合强度高、覆盖完整、孔隙率小、缺陷少、均匀性好、耐冲击、具有高强度与一定的韧性。其中韧性与一定的形变能力是最重要的。许多情况下无机涂层失效的主要原因就是它的韧性差，与基体的结合强度低等。纳米结构无疑会使无机覆盖层的强度得到改善，从而提高它的抗失效能力。由于形变协调性增加，还会提高它与钢表面的结合强度。还应注意到，一般涂层防腐靠的是它对介质的传输减缓和界面键合的作用，有时通过合适组分加入，也可有钝化和阴极保护作用。

2）传统有机涂料性能的提升

通过向涂料中添加某些铬类的纳米粒子形成纳米复合涂料，可以使涂料性能大幅度提高。如 TiO_2、SiO_2、ZnO、Fe_2O_3 等纳米粒子通过对紫外线的散射作用，可以提高有机涂料的耐老化性；此外还可用以改善某些铬类涂料的流变性、附着力、膜的机械强度、硬度、光洁度、耐光性和耐候性等。纳米粒子在这些方面的作用，对于钢结构防腐涂料与其他用途的涂料来说在本质上并无差别，但距离在重防腐中得到有效应用还有一段路要走。

　　3）钢结构自防护腐蚀产物形态控制

　　耐候钢相对于碳钢有较好的耐大气腐蚀性能，一般不需要进行表面处理就具有抗蚀性，因此得到广泛应用。原因在于其表面形成的腐蚀产物阻碍了腐蚀介质的进入，从而保护了基体，但它也存在防腐失效问题。近几年研究发现，通过一定的表面处理，可以得到更加致密的腐蚀产物层，使材料防腐蚀性能得到大幅度提高。研究表明，所得产物具有纳米结构。这里的关键是如何能够有效地人为控制腐蚀产物的形态。

2.3.4　防腐涂装施工

　　构件在加工、运输、存放等过程中，表面往往带有氧化皮、铁锈、制模残留的型砂、焊渣、尘土以及油和其他污物。要使涂料能牢固地附着在构件的表面上，在涂装前就必须对构件表面进行清理，否则，不仅影响涂层与基体金属的结合力和抗腐蚀性能，而且还会使基体金属继续腐蚀，使涂层剥落，影响构件的机械性能和使用寿命。因此构件涂漆前的表面处理是获得质量优良的防护层、延长产品使用寿命的重要保证和措施。为提供良好的构件表面，涂漆前应对构件表面的油污及水分、锈迹及氧化物、黏附性杂质、酸碱等残留物进行处理，并保证构件表面有一定的粗糙度。

2.3.5　钢材表面除锈等级与除锈方法

　　钢结构构件制作完毕，经质量检验合格后应进行防腐涂料涂装。涂装前钢材表面应进行除锈处理，以提高底漆的附着力，保证涂层质量。除锈处理后，钢材表面不应有焊渣、焊疤、灰尘、油污、水和毛刺等。

　　钢结构采用人工除锈结合机械打磨除锈的方式除去表面的锈层，清洁度要求达到《涂覆涂料前钢材表面处理 表面清洁度的目视评定 第 1 部分：未涂覆过的钢材表面和全面清除原有涂层后的钢材表面的锈蚀等级和处理等级》（GB/T 8923.1—2011）的规定，粗糙度要求达到《涂覆涂料前钢材表面处理 喷射清理后的钢材表面粗糙度特性 第 2 部分：磨料喷射清理后钢材表面粗糙度等级的测定方法 比较样块法》（GB/T 13288.2—2011）的规定。

　　国家标准《涂覆涂料前钢材表面处理 表面清洁度的目视评定 第 1 部分：未涂覆过的钢材表面和全面清除原有涂层后的钢材表面的锈蚀等级和处理等级》（GB/T 8923.1—2011）适用于喷射或抛射除锈、手工和动力工具除锈、火焰除锈三种类型。

　　（1）喷射或抛射除锈用字母"Sa"表示，分为四个等级。①Sa1：轻度的喷射或抛射除锈。在不放大的情况下观察时，钢材表面无可见的油、脂和污物，并且没有附着不牢的氧化皮、铁锈、涂层和外来杂质。②Sa2：彻底的喷射或抛射除锈。在不放大的情况下观察时，钢材表面无可见的油、脂和污物，并且几乎没有氧化皮、铁锈、涂层和外来杂质。任何残留污染物应是牢固附着的。③ Sa2 ½：非常彻底的喷射或抛射除锈。在不放大的情况下观察时，钢材表面无可见的油、脂和污物，并且没有氧化皮、铁锈、涂层和外来杂质。任何污染物的残留痕迹应仅是点状或条纹状的轻微色斑。④ Sa3：使钢材表观洁净的喷射或抛射除锈。在不放大的情况下观察时，钢材表面无可见的油、脂和污物，并且无氧化皮、铁锈、涂层和外来杂质，该表面应显示均匀的金属色泽。

（2）手工和动力工具除锈用字母"St"表示，分为两个等级。① St2：彻底的手工和动力工具除锈。在不放大的情况下观察时，钢材表面无可见的油、脂和污物，没有附着不牢的氧化皮、铁锈、涂层和外来杂质。② St3：非常彻底的手工和动力工具除锈。在不放大的情况下观察时，钢材表面应无可见的油、脂和污物，并且没有附着不牢的氧化皮、铁锈、涂层和外来杂质。除锈应比 St2 更为彻底，底材显露部分的表面应具有金属光泽。

（3）火焰除锈以字母"F1"表示，火焰清理前，应铲除全部厚锈层；火焰清理后表面应以动力钢丝刷清除加热后附着在钢材表面的产物。只有一个等级，即 F1：在不放大的情况下观察时，钢材表面应无氧化皮、铁锈、涂层和外来杂质。任何残留的痕迹应仅为表面变色（不同颜色的阴影）。

喷射或抛射除锈通常采用机械处理法，采用的设备有空气压缩机、喷射或抛射机、油水分离器等。该方法能控制除锈质量、获得不同要求的表面粗糙度，但设备复杂、费用高、污染环境。手工和动力工具除锈采用的工具有砂布、钢丝刷、铲刀、尖锤、平面砂轮机、动力钢丝刷等。该方法工具简单、操作方便、费用低，但劳动强度大、效率低、质量差。

《钢结构工程施工质量验收标准》（GB 50205—2020）规定，钢材表面的除锈方法和除锈等级应与设计文件采用的涂料相适应。目前，国内各大中型钢结构加工企业一般都具备喷射、抛射除锈的能力，所以应将喷射、抛射除锈作为首选的除锈方法，而手工和电动工具除锈仅作为喷射、抛射除锈的补充手段。随着科学技术的不断发展，很多喷射、抛射除锈设备已采用微机控制，具有较高的自动化水平并配有除尘器，以消除粉尘污染。

2.3.6　钢结构防腐涂料概念与配制

钢结构防腐涂料是一种含油或不含油的胶体溶液，涂敷在钢材表面结成一层薄膜，使钢材与外界腐蚀介质隔绝。涂料分底漆和面漆两种。底漆是直接涂在钢材表面上的漆，含粉料多、基料少、成膜粗糙，与钢材表面黏结力强，与面漆结合性好；面漆是涂在底漆上的漆，含粉料少、基料多、成膜后有光泽，主要功能是保护下层底材。面漆对大气和湿气有高度的不渗透性，并能抵抗由腐蚀介质、紫外线所引起的风化分解。

钢结构的防腐涂层可由几层不同的涂料组合而成。涂料的层数和总厚度是根据使用条件来确定的，一般室内钢结构要求涂层总厚度为 125pm，即底漆和面漆各二道。高层建筑钢结构一般处在室内环境中，而且需要喷涂防火涂层，所以通常只刷二道防锈底漆。

防腐涂料配制前，应先搅拌均匀，如有结皮或其他杂物，必须清除后方可使用。涂料开桶后必须密封保存。配制好的涂料要搅拌均匀，并进行试涂。涂料配制要根据被涂面积、漆膜厚度确定配制量。涂料配制时要控制好黏度，不能过稀或过稠。调整黏度时要使用被调油漆的专用稀释剂，不得乱用。涂料配制使用的工具应保持干净，不得混用。

2.3.7 防腐涂装方法

涂装操作须遵循《涂装作业安全规程 涂漆前处理工艺安全及其通风净化》（GB 7692—2012）相关规定。钢结构防腐涂装常用的施工方法有刷涂法和喷涂法两种。

1）刷涂法

刷涂法（图 2.3.6）应用较广泛，适宜于油性基料施涂。油性基料虽干燥得慢，但渗透性大，流平性好，不论面积大小，刷起来都会平滑流畅。一些形状复杂的构件，使用刷涂法也比较方便。施工时应注意：当气温低于 5℃时，应选用相应的低温涂层材料施涂；当气温高于 40℃时，应停止涂层作业；当空气湿度大于 85%，或构件表面有结露时，不宜进行涂层作业。

涂刷时先上后下；毛刷不应浸入涂料太多，一般以 1/2 为宜；涂刷时不能用力过大；回刷次数不宜过多；涂刷时应纵横交织涂刷，以增加每层涂料的相互黏结，以及补充相互之间涂刷不足之处。

为保证涂层涂膜厚度，可以控制涂料的用量，即一定面积使用一定量的涂料。

图 2.3.6　刷涂法

为保证漆膜颜色符合设计要求，在涂装面漆前要进行试涂，确认漆膜颜色达到设计标准时再进行整体涂装。为使整体颜色一致、无色差，面漆应统一采用同一厂家、同一生产批号的油漆。

施工时应按照从上到下、由里到外的施工顺序；施工时，每道漆的涂敷间隔应严格按照厂家提供的涂料产品说明书执行，下一道漆宜在上道涂层表干后涂敷。每一遍涂料表干后，经甲方现场管理人员验收合格，办理隐蔽记录后方可进行下一遍涂料的涂装施工。最后一遍面漆涂装应按顺光方向涂装。涂装时应精心操作，达到涂层涂刷均匀一致，无漏涂、起泡、变色、失光等缺陷。

施工后的涂层表面，必须膜厚均匀、光滑，表面没有灰尘及流挂等缺陷；如果有，须进行修补。

钢构件涂装后应隔离围护，防止踩踏；在 4h 之内如遇大风或下雨天气，应加以覆盖，防止沾染尘土和水汽，影响涂层的附着力。运输涂装后的构件时，应注意避免磕碰，避免在地面上拖拉，以防止涂层损坏。

2）喷涂法

喷涂法施工效率高，适于大面积施工，对于快干和挥发性强的涂料尤为适合。喷涂的漆膜较薄，为了达到设计要求的厚度，有时需要增加喷涂的次数。喷涂施工比刷涂施工涂料损耗大，一般要增加 20% 左右。

一般工程中常采用滚涂和刷涂相结合的方法进行施工，大面积构件采用滚涂，小构件采用刷涂，具体施工方法根据现场的条件合理选择。

▌2.3.8 防腐涂装质量要求

（1）涂料、涂装遍数、涂层厚度均应符合设计要求。当设计对涂层厚度无要求时，涂层干漆膜总厚度要求如下：室外应为 150 μm，室内应为 125 μm，其允许偏差为 −25 μm。每遍涂层干漆膜厚度的允许偏差为 −5 μm。

（2）配制好的涂料不宜存放过久，涂料应在使用的当天配制。稀释剂的使用应按说明书的规定执行，不得随意添加。

（3）涂装时的环境温度和相对湿度应符合涂料产品说明书的要求，当产品说明书无要求时，环境温度宜在 5 ~ 38℃之间，相对湿度不应大于 85%。涂装时构件表面不应有结露；涂装后 4h 内应保护免受雨淋。

（4）施工图中注明不涂装的部位不得涂装。焊缝处、高强度螺栓摩擦面处，暂不涂装，待现场安装完成后，再对焊缝及高强度螺栓接头处补刷防腐涂料。

（5）涂装应均匀，无明显起皱、流挂、针眼和气泡等，附着应良好。

（6）防腐涂装完成后，应在构件上标注构件的编号。大型构件应标明其重量、构件重心位置和定位标记。

▌2.3.9 钢结构防火

钢材由于导热快、比热小，虽然是一种不燃材料，但极不耐火。未进行防火处理的钢结构构件在火灾下，温度上升很快，只需要十几分钟，自身温度就可达到 540℃以上，此时钢材的力学性能（如屈服点、抗拉强度、弹性模量及载荷能力等）都将急剧下降；达到 600℃时，强度几乎为零，钢构件不可避免地扭曲变形，最终导致整个结构的垮塌毁坏。因此，根据钢结构所处的环境及工作性能采取相应的防火措施，是钢结构设计与施工的重要内容。目前，国内外主要采用涂料涂装的方法进行钢结构的防火。图 2.3.7 所示为钢结构防火涂料涂装施工现场图。

图 2.3.7 钢结构防火涂料涂装施工现场图

钢结构建筑的防火措施分为主动防火和被动防火。主动防火主要指结合火灾探测而进行的主动灭火，以改变火灾现场情况，如喷淋装置和消防员的灭火行为等；被动防火主要指在结构设计和构造上采取合理措施，提高结构的抗火性能，并不改变火灾现场情况。下面主要介绍被动防火保护，其主要分为以下5类。

1）包敷法防火

包敷法主要是用固体耐火材料将钢结构整体彻底包起来。固体耐火材料不但具有不燃

性，还有较大热容量，将它用作耐火保护层能让构件升温减缓。目前，工程中一般多采用无机防火板，如硅酸钙板、石膏板、蛭石板等。此方法主要用于形状规则的梁、柱等构件，对落灰洁净度要求极高的制药车间以及低、多层轻钢结构房屋中。

2）喷涂法防火

喷涂法是指在钢结构表面涂一层防火涂料，使钢结构表面形成一层保护膜，利用材料本身的防火性或者发泡产生的致密绝热、隔热保护层，延缓钢结构温升时间，以提高钢结构构件的耐火极限。

3）屏蔽法防火

屏蔽法通常用于钢屋盖的防火，通过屋盖下的耐火吊顶来延缓下部火灾造成钢屋盖的升温时间。屏蔽法造价高，需要占用较大的建筑空间，而且接缝处容易出现蹿火等问题，因此在工程上应用不多。

4）充水冷却法防火

钢结构充水冷却是指向空心的封闭柱中充满水，出现火灾时，构件将把从火中吸收来的热量转给柱中的水，从而使构件温度保持在100℃左右。这是理论上最为理想的防火保护方法，但在实际中由于使用管结构较少且循环系统造价高，须考虑防锈防冻等问题，因此应用很少。

5）耐火钢防火

耐火钢是通过在结构钢中加入铬、钼、铌等合金元素，使钢材在规定的耐火时间内保持较高的强度。无涂覆防火层时耐火钢能达到耐火等级4级梁的耐火极限，其他情况时须配合防火涂料等防火措施，防火涂层厚度可大大减小，从而降低了防火造价。例如，国家大剧院成功应用了武汉钢铁集团公司生产的耐火钢，既保证了防火安全，又实现了建筑师对美的追求。

综合考虑施工难易程度、适用范围、造价等因素评价各种防火措施，耐火钢目前尚处于研究推广阶段，屏蔽法和充水冷却法适用范围小，目前常用的钢结构防火措施主要为包敷法和喷涂法。综合考虑工期、异形截面处理难度、占用建筑空间等因素，在多高层公共建筑中绝大多数采用的是喷涂法。

2.3.10 防火相关技术标准

建筑防火涉及多个专业，相关规定主要涵盖各类型建筑结构的火灾危险性分类、建筑耐火等级、结构或非结构构件燃烧性能和耐火极限要求、建筑防火分区、防火间距、疏散、建筑构造、灭火救援设施和水风暖电设备等基本要求，主要规范为《建筑防火通用规范》(GB 55037—2022)、《建筑设计防火规范（2018年版）》（GB 50016—2014）等。《住宅建筑规范》（GB 50368—2005）规定了住宅建筑构件的耐火极限和燃烧性能要求。此外体育建筑、村镇建筑、车库、飞机库、地铁、灾后安置点等均有相应的防火设计要求，建筑内部装修设计也有相应的设计要求。国外涉及防火的规范有美国《建筑施工和安全规范》(NFPA 5000)、《国际建筑规范》（*International Building Code*）、《国际防火规范》（*International Fire Code*）、英国防火标准BS 476系列等，这些规范中涉及防火的内容主要是针对建筑防火功能和布局的基本规定，以及各类型建筑的耐火等级和结构构件耐火极限的基本内容，但并未涵盖基于计算的结构防火设计方法。

对于普通建筑材料或制品，《建筑材料及制品燃烧性能分级》（GB 8624—2012）规定了材料燃烧性能分级，其试验检测依据和判别准则由《建筑材料不燃性试验方法》（GB/T 5464—2010）、《建筑材料难燃性试验方法》（GB/T 8625—2005）和《建筑材料可燃性试验方法》（GB/T 8626—2007）给出；对于复合夹芯板材，《复合夹芯板建筑体燃烧性能试验 第1部分：小室法》（GB/T 25206.1—2014）和《复合夹芯板建筑体燃烧性能试验 第2部分：大室法》（GB/T 25206.2—2010）给出了相应的试验方法和判别准则，《建筑材料或制品的单体燃烧试验》（GB/T 20284—2006）等规范提供了相关试验方法和规定。对于承重结构构件或非承重构件等建筑构件的耐火极限，《建筑构件耐火试验方法 第1部分：通用要求》（GB/T 9978.1—2008）、《建筑构件耐火试验方法 第2部分：耐火试验试件受火作用均匀性的测量指南》（GB/T 9978.2—2019）等一系列规范详细规定了火灾试验设备以及墙、梁、柱、板等形式建筑构件的试验方法。

建筑钢结构防火涂料应满足《钢结构防火涂料》（GB 14907—2018）的要求，相关的试验检测规范有《建筑构件用防火保护材料通用要求》（XF/T 110—2013）。建筑钢结构防火涂料的施工和验收可以参考《建筑钢结构防火技术规范》（GB 51249—2017）、《钢结构工程施工质量验收标准》（GB 50205—2020）、《建筑工程施工质量验收统一标准》（GB 50300—2013）、《钢结构防火涂料应用技术规程》（T/CECS 24—2020）、《消防产品现场检查判定规则》（XF 588—2012）等相关条文。当采用防火砂浆、混凝土等材料作为钢结构构件的防火包裹材料时，可以参考《钢结构防火涂料》（GB 14907—2018）的相关检测规定。当采用防火板材、棉或卷材（如石膏板、硅酸钙板、镁质水泥材料、岩棉、硅酸铝棉等）作为钢结构构件防火保护措施时，构件的耐火极限可以通过耐火试验确定，板材的防火性能应符合相关的材料标准。

与建筑防火相关的验收规范还有《建筑内部装修防火施工及验收规范》（GB 50354—2005）。当建筑发生火灾后，对幸存建筑结构进行鉴定评估以《火灾后工程结构鉴定标准》（T/CECS 252—2019）相关规定为依据。

除上述规范文件外尚有大量各类材料和设备专业相关的防火规范和检测规范。

2.3.11　钢结构防火涂料

在工程开发应用中，钢结构防火涂料主要按涂层厚度分为厚涂型防火涂料、薄涂型防火涂料及超薄型防火涂料。

根据国家市场监督管理总局和国家标准化管理委员会在2018年11月19日发布的《钢结构防火涂料》（GB 14907—2018），按防火机理分类，钢结构防火涂料分为膨胀型钢结构防火涂料和非膨胀型钢结构防火涂料。

膨胀型钢结构防火涂料：涂层在高温时膨胀发泡，形成耐火隔热保护层的钢结构防火涂料。行业习惯沿用旧规范称呼，即膨胀型防火涂料为超薄型钢结构防火涂料与薄型钢结构防火涂料的集合。

非膨胀型钢结构防火涂料：涂层在高温时不膨胀发泡，其自身成为耐火隔热保护层的钢结构防火涂料。行业习惯沿用旧规范称呼，即非膨胀型防火涂料为厚型钢结构防火涂料。

1）超薄型钢结构防火涂料（膨胀型钢结构防火涂料）

超薄型钢结构防火涂料是指涂层厚度3mm（含3mm）以内，装饰效果较好，高温时能膨胀发泡，耐火极限一般在2h以内的钢结构防火涂料。该类钢结构防火涂料一般为溶剂型涂料，具有优越的黏结强度、耐候耐水性好、流平性好、装饰性好等特点；在受火时膨胀发泡形成致密坚硬的防火隔热层，该防火隔热层具有很强的耐火冲击性，延缓了钢材的温升，有效保护了钢构件。超薄型钢结构防火涂料施工可采用喷涂、刷涂或滚涂，一般使用在耐火极限要求在2h以内的钢结构建筑上。现已出现了耐火性能达到或超过2h的超薄型钢结构防火涂料新品种，它主要是以特殊结构的聚甲基丙烯酸酯或环氧树脂与氨基树脂、氯化石蜡等复配作为基料黏合剂，附以高聚合度聚磷酸铵、双季戊四醇、三聚氰胺等为防火阻燃体系，添加钛白粉、硅灰石等无机耐火材料，以200#溶剂油为溶剂复合而成。各种轻钢结构、网架等多采用该类型防火涂料进行防火保护。该类防火涂料涂层超薄，使用量较厚型、薄型钢结构大大减少，从而降低了工程总费用，同时使钢结构得到了有效的防火保护，防火效果很好。

2）薄型钢结构防火涂料（膨胀型钢结构防火涂料）

薄型钢结构防火涂料是指涂层厚度大于3mm、小于等于7mm，有一定装饰效果，高温时膨胀增厚，耐火极限在2h以内的钢结构防火涂料。这类钢结构防火涂料一般是用合适的水性聚合物作基料，再配以阻燃剂复合体系、防火添加剂、耐火纤维等，其防火原理同超薄型防火涂料。对于这类防火涂料，要求选用的水性聚合物必须对钢基材有良好的附着力，以及良好的耐久性和耐水性；其装饰性优于厚型防火涂料，逊色于超薄型钢结构防火涂料，一般耐火极限在2h以内。因此常用在小于2h耐火极限的钢结构防火保护工程中，常采用喷涂施工。随着超薄型钢结构防火涂料的出现，该类型防火涂料市场份额逐渐被替代。

3）厚型钢结构防火涂料（非膨胀型钢结构防火涂料）

厚型钢结构防火涂料是指涂层厚度大于7mm、小于等于45mm，呈粒状面，密度较小，热导率低，耐火极限在2h以上的钢结构防火涂料。由于厚型防火涂料的成分多为无机材料，因此其防火性能稳定，长期使用效果较好，但其涂料组分的颗粒较大，涂层外观不平整，影响建筑的整体美观，因此大多用于结构隐蔽工程。该类防火涂料在火灾中利用材料粒状表面，密度较小，热导率低或涂层中材料的吸热性，延缓了钢材的温升，保护了钢材。这类防火涂料是用合适的无机胶结料（如水玻璃、硅溶胶、磷酸铝盐、耐火水泥等），再配以无机轻质绝热骨料材料（如膨胀珍珠岩、膨胀蛭石、海泡石、漂珠、粉煤灰等）、防火添加剂、化学药剂和增强材料（如硅酸铝纤维、岩棉、陶瓷纤维、玻璃纤维等）及填料等混合配制而成，具有成本较低的优点。该类涂料施工常采用喷涂，适用于耐火极限要求在2h以上的室内外隐蔽钢结构、高层全钢结构及多层厂房钢结构。例如，高层民用建筑的柱、一般工业与民用建筑中支承多层的柱的耐火极限均应达到3h，须采用厚型防火涂料保护。

4）矿物棉类建筑防火隔热涂料

矿物棉类建筑防火隔热涂料是继厚涂型建筑防火涂料——珍珠岩系列、氯氧镁水泥系列防火涂料之后的又一重要防火涂料系列。它与珍珠岩类防火涂料相比，主要特点是作为隔热填料的矿物纤维对涂层强度可起到增强作用，可应用于地震多发地区或常受震动作用的建筑物，并能起到防火、隔热、吸音的作用。矿物棉类建筑防火隔热涂料主要有矿物纤维防火隔热涂料、隔热填料，其主要成分是矿物棉，黏结材料一般是水泥，在现场采用干法喷涂施工，即纤维经分散后与黏结材料一起用高压空气输送至喷口处，然后与分布于喷口周围的高雾化水混合喷射至待涂表面。该涂料能够获得密度较小的涂层，从而能减轻整个建筑物的重量，降低建筑物负荷。国外已广泛使用快干型矿物棉类防火涂料，在施工条件差的建筑工地使用时，具有施工方便、成本低、干燥时间短等优点。

在实际工程应用中，要求防护时间 2h 以上时，如高层建筑中的钢柱，只能选用厚型，其他情况可以根据项目情况选择厚、薄或者超薄型涂料喷涂。由于组成材料的不同，薄型、超薄型防火涂料在火灾下会分解出有毒有害气体，会对火场人员及消防员产生危害。因此，如无特殊要求，均建议选用厚涂型。

▌2.3.12　防火涂料施工

防火涂料施工前应对基材表面按要求进行除锈、防锈处理，务求全面彻底，防火涂料施工前还应对基材表面做尘土、油污等杂质清除，采用高压气体或高压水枪进行表面除尘清理，待基材表面无水、除尘、除杂物、除油污等检查合格后方可进行防火涂料施工。

防火涂料的施工与防腐涂装类似，一般采用喷涂方式。搅拌均匀后方可施工，施涂第一遍后，表干后 18～24h 进行第二遍施工，以后各遍次依次施工，涂层厚度应根据需求控制，直至达到规定厚度。每次施工时间间隔为 18～24h 以上，施工环境温度为 0～40℃，基材温度为 5～45℃，空气相对湿度不大于 90%，施工现场应保持空气流通，风速不大于5m/s，室外作业遇大风、雨雪天气或施工构件表面结露时不宜施工。

为提高涂料与钢梁基层的黏结强度，应在底层的浆料中添加少量的水性胶黏剂。涂层表面有明显的凸起、凹坑，应用抹刀修平。喷涂前应进行试喷并制作样板。通过试喷确定喷涂气压、喷距、喷枪移动速度等最优工艺参数，并经监理用标准样板比对确认后，方可进行大面积喷涂。喷涂时，喷枪要垂直于被喷钢构件表面，喷距 6～10mm，保持在0.4～0.6MPa，喷枪运行速度要保持稳定，不能在同一位置久留，避免造成涂料堆积和流淌。喷涂过程中，向喷涂机内加料要连续进行，不得停留。底层涂料表面干燥（底层涂料施工 18～24h）后，方可进行面层涂料的喷涂，对于明显凹凸不平处，应用抹刀进行抹平处理，以确保涂层表面均匀光洁。

防火涂料施工时要注意以下问题：

（1）防火涂料在运输存放过程中要防雨防潮，出现固化、结块时不得使用。

（2）刚施工完的涂层应防止雨水冲淋。

（3）混配好的浆液熟化 15～25min 后再施工，配制好的涂料应在 120min 内用完，凝固后不能再用。

（4）室外涂刷，须在防火涂料表面再涂刷耐酸碱的改性丙烯酸涂料加以维护。

（5）涂料喷涂后，宜用塑料布或其他物品遮挡，以免强风直吹和日光暴晒，造成涂层开裂。

（6）施工期间，以及施工后24h之内，施工周围环境及钢构件温度均应保持在5～38℃，相对湿度以不大于85%为宜。若不能满足此温湿度条件时，应另采取其他特殊措施，防止涂层受冻等。

（7）防火涂料理化性能检验养护期为28d，耐火性能检验养护期为40d。初期强度较低，容易碰坏。因此，喷涂应在相关钢结构施工完成后再进行，防止强烈震动和碰撞。

▌任务流程

本任务是实体操作，要求分组进行，具体流程如下：

（1）集中学习防腐涂料涂装工艺及相关规范要求。

（2）教师明确任务主要内容及要求。

（3）学生分组分工，进行任务细化。

（4）涂装前作业准备。

（5）钢材表面除锈处理。

（6）防腐涂料配料、搅拌。

（7）防腐涂料涂装。

（8）涂装完成后质量检查。

（9）整理实训器材，完成实训场地清理。

▌注意事项

（1）实训前每人发放安全帽、护眼罩、口罩和手套等劳保用品1套。

（2）教师集中讲解安全事项和操作规范。

（3）在实训前组长明确组员工作分工。

▌提交成果

涂装过程及成果拍照记录，并完成实训报告。

――――――――――――― 模块小结 ―――――――――――――

本模块主要介绍了钢结构安装的主要连接方式，并对其中最常用的连接方式——焊接和高强度螺栓连接进行了连接类型、施工工艺、技术要点以及质量检验等方面比较详尽的介绍。其中，焊接施工工艺流程主要介绍了柱与柱的焊接、梁与柱的焊接、桁架焊接及钢板剪力墙焊接等，高强度螺栓连接施工流程主要包括准备工作、连接节点接触面缝隙处理、临时螺栓安装、高强度螺栓安装、高强度螺栓紧固等。此时，本模块对钢结构防腐和防火的相关措施、使用材料及施工方法等进行了系统阐述。

习　题

1. 下列不是气体保护电弧焊的特点的是（　　）。

A. 电弧和熔池的可见性好，焊接过程中可根据熔池情况调节焊接参数

B. 焊接过程操作方便，没有熔渣或很少有熔渣，焊后基本上不需要清渣

C. 在室外作业时，须设挡风装置，否则气体保护效果不好，甚至很差

D. 焊接设备简单，价格低廉

2. 不属于埋弧自动焊的特点的是（　　）。

A. 焊缝质量好　　　　　　　　　　B. 生产效率高

C. 适用范围广，劳动条件好　　　　D. 电弧的光辐射很强

3. 在钢结构的现场安装中，柱与柱的连接方式及柱与梁的连接方式为（　　）。

A. 横坡口焊；横坡口焊　　　　　　B. 横坡口焊；平坡口焊

C. 平坡口焊；平坡口焊　　　　　　D. 平坡口焊；横坡口焊

4. 焊接母材厚度不大于20mm时，一般采用（　　）。

A. 气体保护电弧焊　　B. 埋弧自动焊　　C. 手工电弧焊　　D. 栓钉焊

5. 焊接母材厚度大于20mm时，一般采用（　　）。

A. 气体保护电弧焊　　B. 埋弧自动焊　　C. 手工电弧焊　　D. 栓钉焊

6. 焊接工作场所周围（　　）以内不得存在易燃、易爆物品。

A. 3m　　　　　　B. 4m　　　　　　C. 5m　　　　　　D. 6m

7. 正式焊接前试焊栓钉个数，以及用铁锤敲击使栓钉弯曲的大约度数分别为（　　）。

A. 1；30°　　　　B. 2；15°　　　　C. 1；15°　　　　D. 2；30°

8. 焊接完的栓钉要从每根梁上选择2个用铁锤敲弯约30°，无肉眼可见裂纹方可继续焊接，否则应修改焊接工艺；如果有不饱满或修补过的栓钉，要弯曲（　　）检验，铁锤敲击方向应从焊缝不饱满侧进行。

A. 30°　　　　　　B. 15°　　　　　　C. 20°　　　　　　D. 45°

9. 临时螺栓的数量不得少于（　　）。

A. 1个　　　　　　B. 2个　　　　　　C. 3个　　　　　　D. 4个

10. 当个别螺栓孔不能自由穿入时，可用铰刀或锉刀进行扩孔处理，扩孔数量应征得设计单位同意，扩孔后的直径不得大于原直径的（　　）倍。

A. 1.2　　　　　　B. 1.4　　　　　　C. 1.5　　　　　　D. 1.6

11. 高强度螺栓初拧完毕（　　）后进行终拧。

A. 1h　　　　　　B. 2h　　　　　　C. 3h　　　　　　D. 4h

12. 高强度螺栓终拧后要保证有（　　）扣的余丝露在螺母外圈。

A. 0～1　　　　　B. 1～2　　　　　C. 2～3　　　　　D. 3～4

13. 高强度螺栓初拧扭矩取终拧扭矩的（　　）。

A. 30%　　　　　　B. 40%　　　　　　C. 50%　　　　　　D. 60%

14. 喷射或抛射除锈用字母"Sa"表示，分（　　）个等级。

A．一 B．二 C．三 D．四

15. 手工和动力工具除锈用字母"St"表示，分（　　）个等级。

A．一 B．二 C．三 D．四

16. 火焰除锈以字母"F1"表示，分（　　）个等级。

A．一 B．二 C．三 D．四

17. 涂刷法施工时应注意：当气温低于5℃时，应选用相应的低温涂层材料施涂；当气温高于（　　）时，应停止涂层作业；当空气湿度大于85%，或构件表面有结露时，不宜进行涂层作业。

A．10℃ B．20℃ C．30℃ D．40℃

18. 薄涂型钢结构防火涂料是指涂层厚度大于3mm、小于等于7mm，高温时能膨胀发泡，耐火极限一般在（　　）以内的钢结构防火涂料。

A．1h B．2h C．3h D．4h

19. 厚型钢结构防火涂料涂层厚度为（　　）。

A．7～30mm B．7～40mm C．7～45mm D．7～50mm

20. 当风速大于（　　），或雨天和构件表面有结露时，防火涂料施工不宜作业。

A．4m/s B．5m/s C．6m/s D．7m/s

21. 防火涂料理化性能检验养护期及耐火性能检验养护期分别为（　　）天。

A．28；30 B．28；40 C．30；30 D．30；40

答案

1．D	2．D	3．B	4．C
5．A	6．C	7．A	8．B
9．B	10．A	11．B	12．C
13．C	14．D	15．C	16．A
17．D	18．B	19．C	20．B
21．B			

3 模块

高层钢结构建筑

■价值目标　1. 科学严谨，培养工匠精神

2. 了解中国速度，培养爱国主义精神

3. 提倡创新精神

4. 培养绿色施工理念

■知识目标　1. 了解高层钢结构的概念和特点

2. 了解高层钢结构的结构类型和结构体系

3. 掌握高层钢结构受力构件的构造要求

4. 掌握高层钢结构连接节点的构造要求

5. 掌握高层钢结构施工工艺

■能力目标　1. 能熟练查找高层钢结构设计的各类规范

2. 能准确识读高层钢结构施工图

3. 能编制装配式高层钢结构的安装方案

■素质目标　1. 养成科学创新的思维习惯

2. 知技兼备，能熟练运用专业知识解决实际问题

3. 加强团队合作，增强沟通交流能力

学习引导

　　从深圳国贸大厦的160m，到地王大厦的383.95m（总高度），再到京基100大厦的441.8m和平安金融中心的600m……作为中国建筑集团有限公司旗下中建科工集团有限公司华南大区总工程师，拥有近40年建筑从业经验的陆建新，创造了3600m的超高层建筑施工总高度，见证了中国超高层建筑从无到有、高度不断攀升的全过程。

　　"中国的超高层钢结构建筑从落后、赶超再到世界领先，靠的就是创新。有时候，技术创新要敢于天马行空。"陆建新说。

在地王大厦项目中，陆建新摸索出新的测量技术，将钢柱总垂直偏差控制在内倾25mm、外倾17mm范围之内，是美国钢结构协会制定的标准允许偏差的1/3，创造了中国超高层钢结构施工测量的世界奇迹。

经过反复钻研，陆建新发明的斜钢柱无缆风绳临时固定技术，助力时为华南第一高楼的广州西塔，创造了"两天一层楼"的世界高层建筑施工最快纪录。

在从业历程中，陆建新主持研究了巨型钢管柱开孔泄水等技术，带领团队创下了"国内第一立焊""国内第一仰焊""国内第一厚焊"等施工技术纪录。陆建新主持研发的11项科技成果被鉴定为国际领先或先进水平，主持及参与完成的国家专利有400余项。在中建科工获得的7项国家科技进步奖中，他参与了4项，个人还荣获国家科技进步奖二等奖1项。

从一名普通测量员，成长为总工程师，陆建新不只有天马行空的灵感，更有持之以恒的探索、思考和突破，在一次次工程淬炼中，不断挑战中国建筑新高度。

接下来，让我们一起走进高层装配式钢结构建筑，了解其构造做法和施工方法。

想一想：钢材的受力特点如何与结构形式相配合？

任务 4 认识高层钢结构建筑

高层钢结构
建筑概述

▌任务描述

通过观看教学视频，查阅资料，分组收集全世界各地具有代表性的高层钢结构建筑信息，教师组织各组学生进行课堂PPT汇报，汇报高层钢结构建筑的名称、建筑高度、结构类型、结构体系、建筑特点等相关信息。

▌任务分析

学生需要了解高层建筑的定义，了解高层钢结构建筑不同结构类型的特点和不同结构体系的受力特点。本任务主要通过课内学习和课外查找资料来获取知识，同时培养学生团队合作精神，增强沟通交流能力。

▌知 识 点

▌3.1.1 高层建筑的分类

根据《民用建筑设计统一标准》（GB 50352—2019），民用建筑按使用功能可分为居住建筑和公共建筑两大类。其中，居住建筑可分为住宅建筑和宿舍建筑。民用建筑按地上建筑高度或层数进行分类应符合下列规定：建筑高度不大于27.0m的住宅建筑、建筑高度不大于 24.0m 的公共建筑及建筑高度大于 24.0m 的单层公共建筑为低层或多层民用建筑；建筑高度大于 27.0m 的住宅建筑和建筑高度大于 24.0m 的非单层公共建筑，且高度不大于 100.0m 的，为高层民用建筑；建筑高度大于 100.0m 为超高层建筑。

建筑高度的计算应符合下列规定：

（1）平屋顶建筑高度应按建筑物主入口场地室外设计地面至建筑女儿墙顶点的高度计算，无女儿墙的建筑物应计算至其屋面檐口。

（2）坡屋顶建筑高度应按建筑物室外地面至屋檐和屋脊的平均高度计算。

（3）当同一座建筑物有多种屋面形式时，建筑高度应按上述方法分别计算后取其中最大值。下列突出物不计入建筑高度内：①局部突出屋面的楼梯间、电梯机房、水箱间等辅助用房占屋顶平面面积不超过 1/4 者；②突出屋面的通风道、烟囱、装饰构件、花架、通信设施等；③空调冷却塔等设备。

《高层民用建筑钢结构技术规程》（JGJ 99—2015）适用于 10 层及 10 层以上或房屋高度大于 28m 的住宅建筑以及房屋高度大于 24m 的其他高层民用建筑钢结构的设计、制作与安装。

3.1.2　高层钢结构建筑的特点

1）高层钢结构建筑的优缺点

钢结构之所以在高层建筑工程中得到广泛应用，是由于它具有以下优点。

（1）材料强度高，韧性好和可塑性强。高层建筑钢结构材料更加适用于一些跨度大和荷载大的结构和部件。

（2）材料材质比较均匀。因为钢材内部组织都是比较均匀的，所以钢结构的实际受力情况和计算的理论数据大致相同。钢材在冶炼过程中能够被很好地控制，材质的波动范围较小。

（3）高层建筑钢结构的制造比较简单，施工的周期比较短。因为钢结构所使用的材料比较单一，而且大部分都是成型的材料，所以在进行现场加工和使用时比较简单和方便。一般情况下，高层建筑钢结构的材料都可以使用机械进行加工，大大缩短了施工周期。

（4）钢结构的质量比较轻。相对于其他的建筑施工材料，钢结构的质量较轻，这也为施工建设降低了难度，更加有利于一些远距离的吊装和拆卸工作。

钢结构也有耐火性、耐腐蚀性差，造价稍高等不足之处。但综合评定钢结构仍是结构体系中重要的组成部分，值得扩大推广应用。

2）高层钢结构建筑施工的特殊要求

钢结构的施工大体上可分为两大部分，一是钢结构构配件的制作，二是现场的拼接安装，除此之外还有防腐、防火处理等。从技术层面上看，钢结构施工有以下特殊要求。

（1）对测量、定位、放线工序要求高。这在制作和安装阶段都是较为重要的问题。钢结构力学计算模型比较明确，对尺寸变化比较敏感。下料不精确会造成构件的变形，安装时不能准确就位，影响承载效果；同时，在高层建筑中，房屋高、体型大，误差累积非常显著，柱子或其他构件微小的偏移会造成上部很大的变位，极大地改变了结构的受力，影响设计效果，甚至产生工程事故。

（2）安装过程中对天气、温度等条件敏感。钢材具有热胀冷缩特性，尺寸变化较大，温度过高或过低都会对安装精度产生影响。在钢材连接过程中，焊接和栓接的质量与天气、温度息息相关，刮风、下雨、下雪都不适宜作业。钢结构焊接有其专门的技术规程要求，在实际工作中，当自然条件不能满足作业要求时，往往要采取措施为施工创造条件，如焊条的预热、钢板的预热加温等。

（3）钢结构安装对机械设备要求高。钢结构施工是一种预制化、装配式的施工，对起重、运输等机械的性能要求高。由于钢构件重量大、体型大，高层建筑施工中高空作业多，对吊装过程中的技术要求高，吊装的施工荷载必须与其自身设计承载力相吻合，钢构件在运输、堆放、起吊、就位及安装过程中，要按事先模拟设计的条件进行。另外，一些特殊的施工方法（如同步顶升法、高空滑移法等）对机械设备性能有更高的要求。

（4）防腐、防火要求严。钢结构构件防腐、防火分为施工过程中的防腐、防火和安装完成后的防腐、防火。

（5）钢结构工程量大，要求堆场大。钢结构构件多，现场必须设置临时堆放场地及相应的中转堆场。

3.1.3 高层钢结构建筑的结构类型

高层建筑按材料可分为钢筋混凝土结构、钢结构、钢结构-钢筋混凝土组合结构等；按结构受力情况可分为框架结构、框架剪力墙结构、剪力墙结构、筒结构、框架筒结构、其他组合结构等。

高层建筑钢结构的结构类型主要有以下3种。

1）纯钢结构

高层建筑纯钢结构一般是指6层（或30m）以上，主要采用型钢、钢板连接或焊接成构件，再经连接、焊接而成的结构体系。高层建筑纯钢结构常采用钢框架结构体系，其主要构件由工字钢组成。

2）钢-混凝土结构

钢-混凝土结构是指钢构件、钢与混凝土组合构件和钢筋混凝土构件结合而成的结构类型。这一结构类型能够有效发挥钢构件、钢与混凝土组合构件和混凝土构件的各自特长。目前最常用的结构形式是钢框架-混凝土核心筒结构形式。在现代高层、超高层钢结构中应用较为广泛。

3）钢管混凝土结构

钢管混凝土结构就是把混凝土灌入钢管中并捣实以加大钢管的强度和刚度。一般把混凝土强度等级在C50以下的钢管混凝土称为普通钢管混凝土；混凝土强度等级在C50以上的钢管混凝土称为高强钢管混凝土；混凝土强度等级在C100以上的钢管混凝土称为超高强钢管混凝土。钢管混凝土由于其承载力高、塑性和韧性好等优点，被广泛应用于单层和多层工业厂房柱、设备构架柱、送变电杆塔、桁架压杆、桩、空间结构、高层和超高层建筑以及桥梁结构中。钢管混凝土结构具有比普通钢筋混凝土结构更优越的承载性能和抗震性能，更好的延性、耐久性，在转换结构中采用钢管混凝土转换梁将会有效地提高转换结构的整体功能。

3.1.4　高层钢结构建筑的结构体系

建筑的基本功能就是抵御可能遭遇的各种荷载（作用），保持结构的完整性，以满足建筑的使用要求。高层建筑承受的荷载主要有：建筑物及其内部人员、设施等引起的重力，风或地震引起的侧向力。因此，高层钢结构建筑的功能要求是：在重力作用下，结构水平构件不发生破坏，结构整体不发生失稳；在侧向力作用下，结构不倾覆，结构不发生整体弯曲或剪切破坏，结构侧向变形不能过大，以免影响建筑或结构的功能要求。

由建筑结构的功能要求可知，高层钢结构体系应区分抗重力结构体系和抗侧力结构体系。高层钢结构建筑是通过楼盖体系抵抗重力的。高层钢结构建筑除需要承受由重力引起的竖向荷载外，更重要的是承受由风或地震引起的水平荷载，因此通常所说高层建筑钢结构体系一般根据其抗侧力结构体系的特点进行分类。

高层钢结构抗侧力结构体系按其组成形式，可分为框架结构体系、支撑结构体系、框架 - 支撑结构体系、框架 - 剪力墙板结构体系、筒体结构体系和巨型结构体系等，见表 3.1.1。

表 3.1.1　高层钢结构常用体系

结构体系		支撑、墙体和筒形式
框架结构		
支撑结构	中心支撑	普通钢支撑，屈曲约束支撑
框架 - 支撑结构	中心支撑	普通钢支撑，屈曲约束支撑
	偏心支撑	普通钢支撑
框架 - 剪力墙板结构		钢墙板、延性墙板
筒体结构	筒体	普通桁架筒 密柱深梁筒 斜交网格筒 剪力墙板筒
	框筒	
	筒中筒	
	束筒	
巨型结构	巨型框架	
	巨型框架 - 支撑	普通钢支撑，屈曲约束支撑

为增加结构刚度，高层钢结构可设置伸臂桁架或环带桁架，伸臂桁架设置处应同时设置环带桁架，伸臂桁架贯穿整个楼层，伸臂桁架与环带桁架构件的尺寸应与相连构件的尺寸相协调。

高层民用建筑钢结构的高宽比不宜超过表 3.1.2 中所列的数值。

表 3.1.2　高层民用建筑钢结构适用的最大高宽比

烈度	6、7	8	9
最大高宽比	6.5	6.0	5.5

注：1. 计算高宽比的高度从室外地面算起；
　　2. 当塔形建筑底部有大底盘时，计算高宽比的高度从大底盘顶部算起。

非抗震设计和抗震设防烈度为 6 度至 9 度的乙类和丙类高层民用建筑钢结构适用的最大高度应符合《高层民用建筑钢结构技术规程》（JGJ 99—2015）中的规定（表 3.1.3）。

表 3.1.3　高层民用建筑钢结构适用的最大高度　　　　　　（单位：m）

结构体系	6 度，7 度（0.10g）	7 度（0.15g）	8 度		9 度（0.40g）	非抗震设计
			0.20g	0.30g		
框架	110	90	90	70	50	110
框架 – 中心支撑	220	200	180	150	120	240
框架 – 偏心支撑 框架 – 屈曲约束支撑 框架 – 延性墙板	240	220	200	180	160	260
筒体（框筒、筒中筒、桁架筒、束筒） 巨型框架	300	280	260	240	180	360

注：1. 房屋高度指室外地面到主要屋面板板顶的高度（不包括局部突出屋顶部分）；
　　2. 超过表内高度的房屋，应进行专门研究和论证，采取有效的加强措施；
　　3. 表内筒体不包括混凝土筒；
　　4. 框架柱包括全钢柱和钢管混凝土柱；
　　5. 甲类建筑，6 度、7 度、8 度时宜按本地区抗震设防烈度提高 1 度后符合本表要求，9 度时应专门研究。

在高层建筑混合结构中，钢结构主要应用形式有 3 种：一是作为钢框架与混凝土核心筒组成受力结构体系，是高层混合结构中常用的形式，如上海金茂大厦、深圳信兴广场等；二是作为劲性骨架与混凝土一起组成受力构件，如钢管混凝土等；三是组成网架、桁架等大跨屋盖结构体系。

混合结构兼有钢与混凝土二者的优点，整体强度大、刚性好、抗震性能良好，当采用外包混凝土构造形式时，具有更好的耐火和耐腐蚀性能。混合结构构件一般可降低用钢量 15% ～ 20%。混合楼盖及钢管混凝土构件还具有少支模或不支模、施工方便快速等优点。因此混合结构在高层钢结构建筑中所占比重较多。

▌任务流程

本任务分为 3 个阶段，即课前自学并制作 PPT、课中进行 PPT 汇报、课后总结。任务重点是让学生学会自学，并能通过资料查询和小组讨论，完成收集世界各地高层钢结构建筑的任务。本任务主要流程如下：

（1）学生自学，学完本课程教学视频。

（2）查阅资料，分组制作 PPT，每组至少介绍 3 种不同结构的高层钢结构建筑。

（3）课堂上各个小组进行 PPT 汇报，分享本小组收集的世界各地高层钢结构建筑的信息。

（4）教师听取每个小组汇报，并进行点评。

（5）学生课后进行归纳总结，统计不同组介绍的高层钢结构建筑的结构类型和结构体系。

注意事项

（1）各组独立收集资料，介绍的建筑不得相同。

（2）介绍的建筑必须真实存在，建筑信息不得虚构。

提交成果

每个小组提交一份 PPT 讲义。

想一想：装配式钢结构住宅中的受力构件有哪些？各受力构件怎么连接？

任务 2　创建某高层钢结构住宅 BIM 模型

某高层钢结构住宅项目简介

任务描述

本项目以北京某安置小区的 12# 住宅楼为例。该安置小区包括 14 栋住宅楼、2 栋增配商业楼、3 栋配套楼，如图 3.2.1 所示。建设用地面积 98422.09m²，总建筑面积 373222.21m²，其中地下建筑面积 127167.04m²。

本项目设计使用年限 50 年，建筑结构的安全等级为二级，建筑抗震设防烈度为 8 度（0.2g），抗震设防类别为丙类，设计地震分组为第二组，场地土类别为Ⅲ类，场地特征周期为 0.55s，地面粗糙度类别为 C 类，基本风压为 0.45kN/m²。12# 住宅楼地下 2 层，地上 15 层，首层层高 4.8m，其余层高 2.9m，建筑总高度为 43.4m，采用了钢框架 - 防屈曲钢板剪力墙结构体系。框架柱为钢管混凝土柱，梁采用 H 型钢，混凝土强度等级为 C20 ～ C40，柱、梁、剪力墙钢材材质均为

图 3.2.1　北京某安置小区

Q355B。楼板采用钢管桁架预应力混凝土叠合板和钢筋桁架楼承板，以及少量的现浇楼板。项目采用了预制楼梯、预制阳台板、预制外挂板和预制女儿墙等附属构件。

学生通过教学视频学习，了解钢框架–防屈曲钢板剪力墙结构体系各个受力构件构造，完成本项目 BIM 模型的创建。

任务分析

学生需要了解钢框架–防屈曲钢板剪力墙结构体系各个受力构件的构造。本任务主要通过课内学习和项目 CAD 施工图（CAD 施工图通过登录 www.abook.cn 网站下载），完成项目 BIM 模型的创建。培养学生准确识读高层钢结构施工图的能力。

知 识 点

钢柱　　　　钢梁

3.2.1　钢框架梁柱

本项目采用钢框架–防屈曲钢板剪力墙结构体系，如图 3.2.2 所示。它是一种融合了钢框架和防屈曲钢板剪力墙结构优点的新型结构体系，该体系由边框架、内嵌钢板、预制混凝土板、对拉螺栓、鱼尾板构成。内嵌钢板与框架构成了双重抗侧力体系，其初始刚度和承载力较大，具有良好的耗能能力，被证明是优秀的抗震结构，适合于高烈度地区。结构基本受力构件有钢柱、钢梁、钢板剪力墙和楼板等。

1）钢柱

工业厂房、大跨度公共建筑、高层房屋、轻型活动房屋、工作平台、栈桥和支架等的柱，大多采用钢柱。钢柱按截面形式可分为实腹柱、空腹柱和钢管柱，如图 3.2.3 所示。

图 3.2.2　钢框架–防屈曲钢板剪力墙结构体系

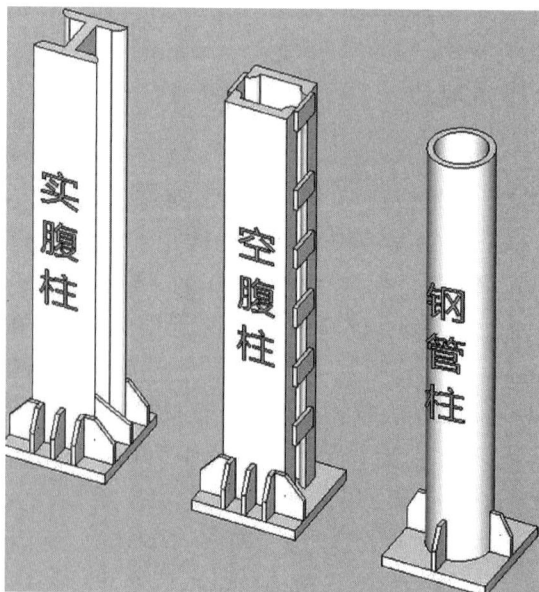

图 3.2.3　钢柱截面形式

高层钢结构常用的钢柱类型有焊接 H 型钢柱、热轧 H 型钢柱、焊接箱形钢柱、圆钢管柱、方钢管柱、十字形截面钢柱、钢管混凝土钢柱、型钢混凝土钢柱等，如图 3.2.4 所示。本项目主要采用 400mm×400mm、350mm×350mm 方管柱和焊接箱形柱，并内灌 C50 自密实混凝土。

(a) 焊接H型钢柱   (b) 热轧H型钢柱   (c) 焊接箱形钢柱   (d) 圆钢管柱   (e) 方钢管柱

(f) 十字形截面钢柱   (g) 钢管混凝土钢柱   (h) 型钢混凝土钢柱

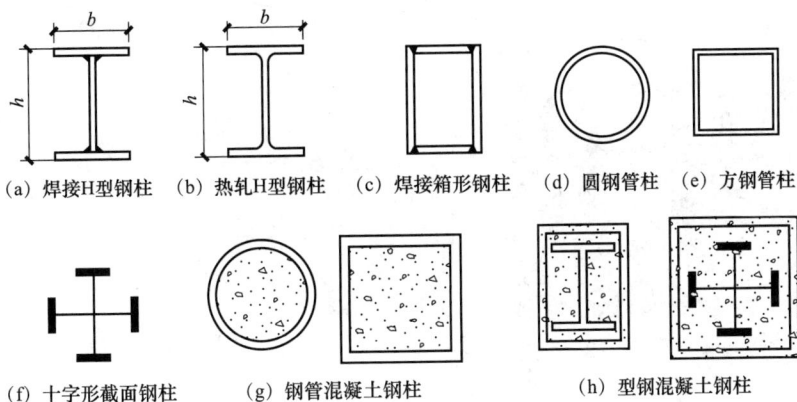

图 3.2.4   常用钢柱类型

2）钢梁

高层钢结构常用的钢梁类型有槽钢梁、工字钢梁、焊接 H 型钢梁、热轧 H 型钢梁、焊接箱形钢梁等，如图 3.2.5 所示。本项目钢梁主要采用 H350×150 焊接 H 型钢，并将梁偏心布置，以保证室内无梁无柱。

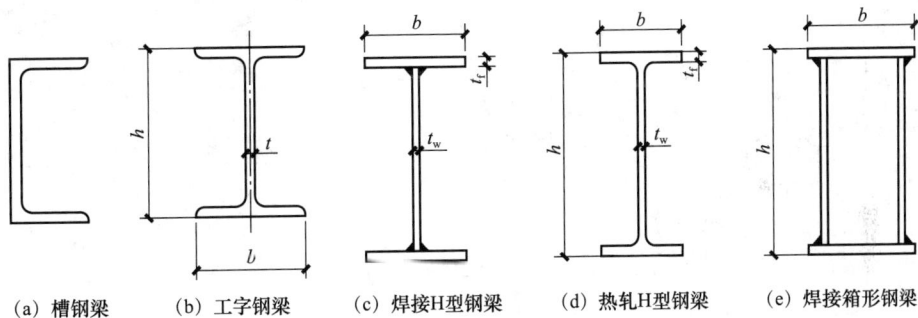

(a) 槽钢梁   (b) 工字钢梁   (c) 焊接H型钢梁   (d) 热轧H型钢梁   (e) 焊接箱形钢梁

图 3.2.5   常用钢梁类型

3.2.2   钢板剪力墙

普通钢板剪力墙在水平剪力的作用下容易发生面外屈曲，如图 3.2.6 所示。防屈曲钢板剪力墙是在钢板剪力墙的基础上产生的一种新型抗侧力、减震耗能构件，该构件在钢板两侧增加混凝土盖板，采用对拉螺栓（抗剪连接件）将钢板与两块混凝土板连接，如图 3.2.7 所示。防屈曲钢板剪力墙的钢筋混凝土预制盖板结构使防屈曲钢板剪力墙在中震或大震下起到耗能减震作用，预制混凝土板为钢板提供持续的面外约束，由此提高了钢板剪力墙的抗震性能。在高层钢结构住宅中门窗洞口较多，抗侧力构件布置比较困难，防屈曲约束钢板剪力墙的平面布置更加灵活。

钢筋混凝土预制盖板结构由预制混凝土盖板、双层双向钢筋、拉筋、焊接钢筋网片、垫片、镀锌钢套管、暗柱纵筋和箍筋、吊件埋件、脱模埋件等组合而成。预埋垫片和预埋钢套管的间距须满足设计要求（图 3.2.8）。

钢板剪力墙

图 3.2.6　普通钢板剪力墙面外屈曲

钢柱H型钢
或方钢管
钢框梁
钢柱H型钢
或方钢管
抗剪连接件
内嵌钢板
预制混凝土板
钢框梁

图 3.2.7　防屈曲钢板剪力墙

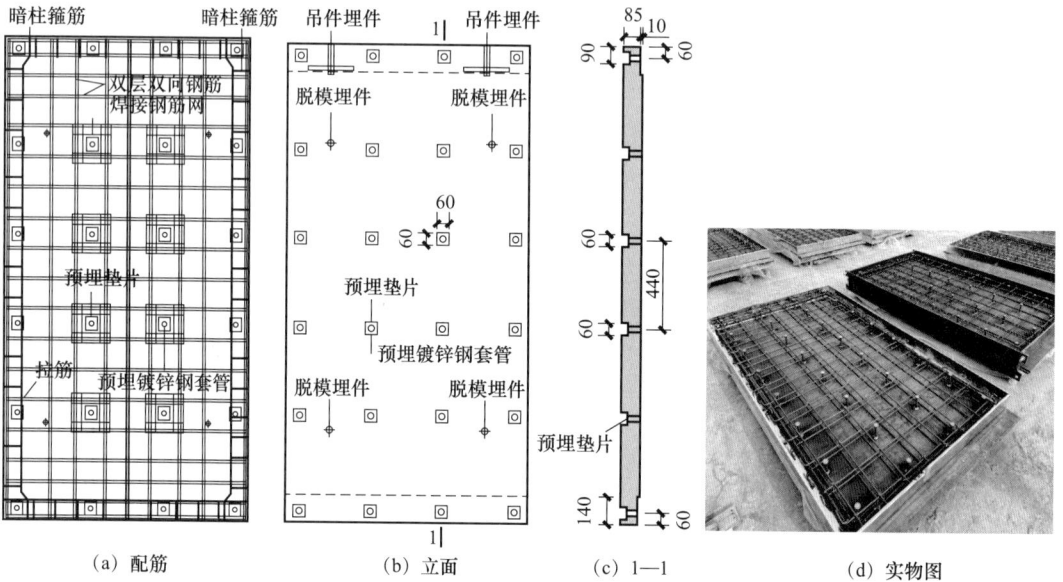

暗柱箍筋　　暗柱箍筋
双层双向钢筋
焊接钢筋网
预埋垫片
拉筋
预埋镀锌钢套管

（a）配筋

吊件埋件　吊件埋件
脱模埋件　脱模埋件
预埋垫片
预埋镀锌钢套管
脱模埋件　脱模埋件

（b）立面

85　10
90　　60
60
440
60
140　　60

（c）1—1

（d）实物图

图 3.2.8　钢筋混凝土预制盖板

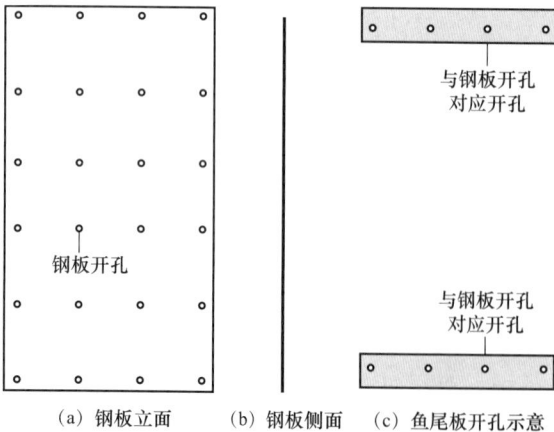

钢板开孔

（a）钢板立面

与钢板开孔
对应开孔

与钢板开孔
对应开孔

（b）钢板侧面　（c）鱼尾板开孔示意

图 3.2.9　钢板与鱼尾板

防屈曲钢板剪力墙由厚钢板开孔制作而成，钢板的孔径及间距须满足设计要求；鱼尾板由 2 块厚夹板开孔制作而成，鱼尾板的孔径及间距与钢板的孔径与间距对应（图 3.2.9）。

本项目防屈曲钢板剪力墙采用 10mm、16mm 厚的钢板，材质为 Q355B，和防屈曲钢板剪力墙相连接的上下钢梁材质为 Q355B，其余未注明钢材材质均为 Q355B；预制盖板混凝土强度等级为 C30；鱼尾板由 2 块 12mm 厚夹板开孔制作而成；鱼尾板间距为防屈曲钢板厚度＋3mm；鱼尾板和防屈曲钢板端部做倒圆角处理，以保证防屈曲钢板的安装，如图 3.2.10 所示；防屈曲钢板剪力墙钢板上部与钢梁翼缘采用全熔透等强焊接，如图 3.2.11 所示；防屈曲钢板剪力墙应配合建筑设置墙体外保温锚爪；防屈曲钢板剪力墙预埋套管须配合设备专业施工。本项目防屈曲钢板剪力墙具体的构造如图 3.2.12 所示，钢筋混凝土预制盖板的配筋图如图 3.2.13 所示。

图 3.2.10 鱼尾板倒圆角

图 3.2.11 防屈曲钢板剪力墙钢板上部与钢梁焊接连接

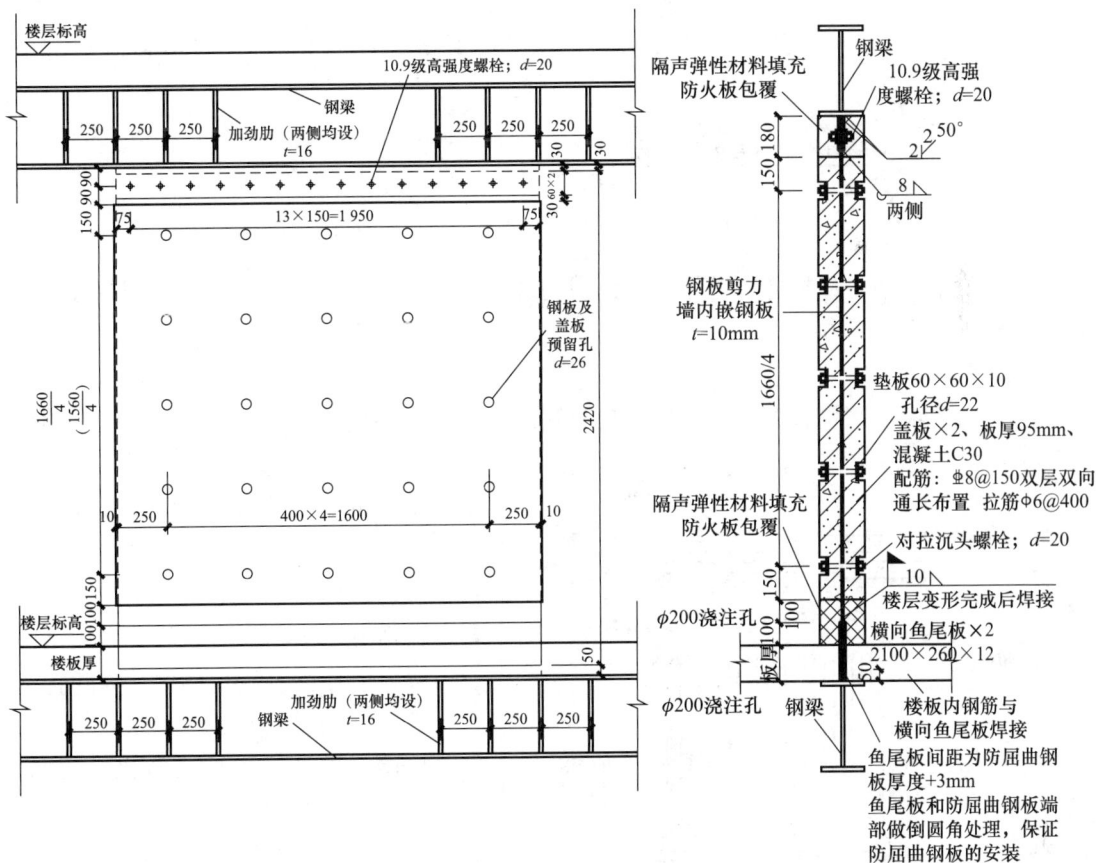

图 3.2.12 防屈曲钢板剪力墙构造

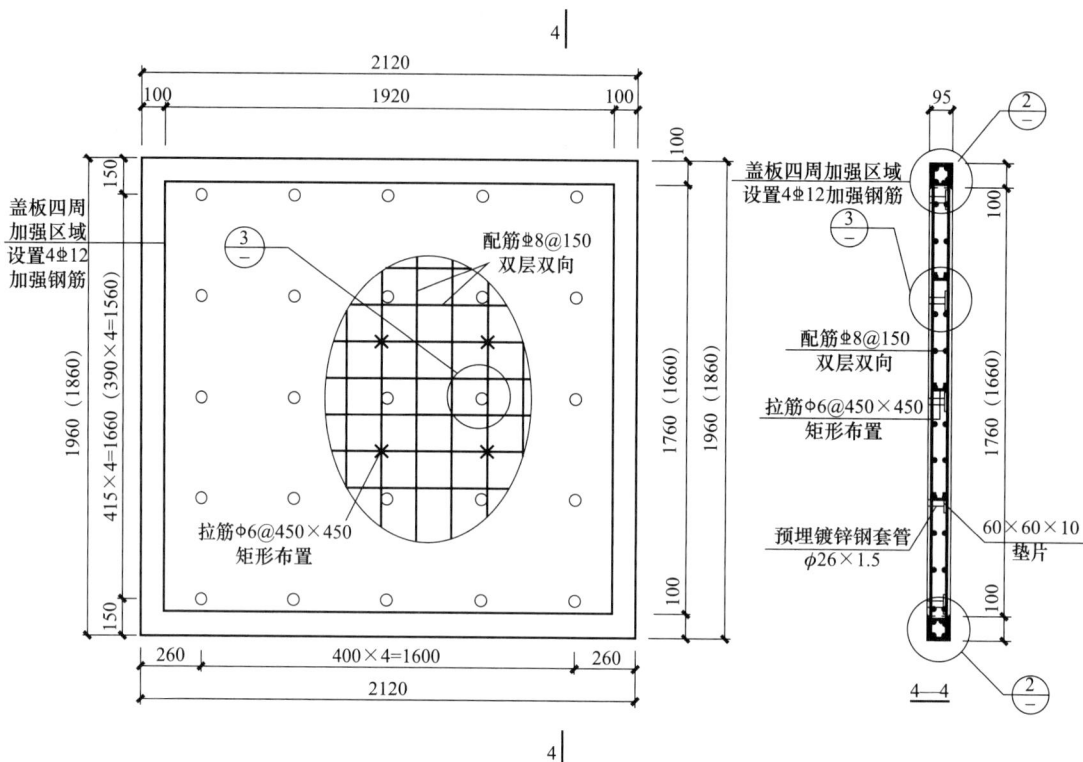

GBQ1预制混凝土盖板配筋大样

注：钢筋排布需要避开对穿螺栓孔

图 3.2.13　钢筋混凝土预制盖板配筋图

此外，钢框架－钢板剪力墙结构中的剪力墙板的类型还有钢板剪力墙、内藏钢板支撑剪力墙、组合钢板剪力墙。

1）钢板剪力墙

钢板剪力墙用钢量较大，一般用于公共建筑。住宅钢结构出于成本考虑，通常采用框

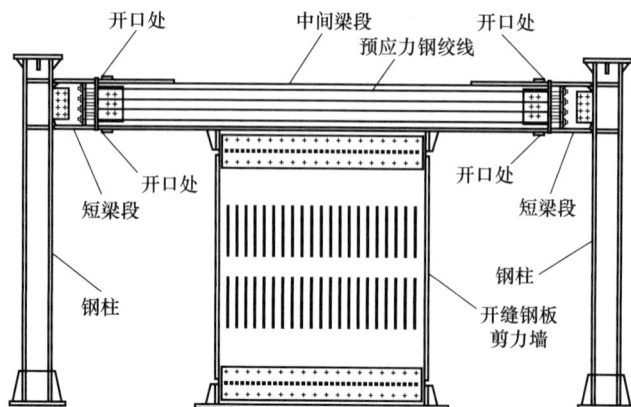

图 3.2.14　带竖缝钢板剪力墙构造图

架－支撑体系，但是与钢支撑相比，钢板剪力墙刚度大、延性好、抗震性能好，且与建筑设计较容易协调，因此在高抗震设防烈度区，已经有住宅项目开始尝试采用钢板剪力墙作为抗侧力构件。为防止钢板过早屈曲，可在钢板中开竖缝，将墙板的变形由剪切转化为弯曲，以提高墙板的延性，如图3.2.14所示，目前这种剪力墙形式已成功应用于多个住宅项目。

2）内藏钢板支撑剪力墙

内藏钢板支撑剪力墙是以钢板为基本支撑，外包钢筋混凝土墙板的预制装配式抗侧力构件，是高层钢结构的一种有效抗侧力体系，如图 3.2.15 所示。它只在支撑节点处与钢框架相连，墙板与框架间留有缝隙，因而受力明确，施工方便。

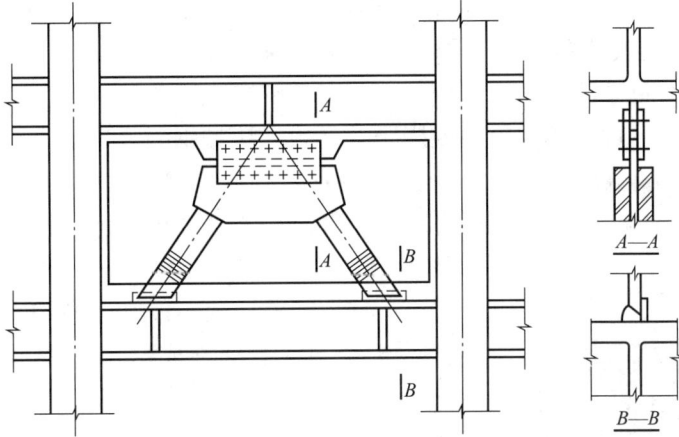

图 3.2.15　内藏钢板支撑剪力墙

3）组合钢板剪力墙

为提高钢板剪力墙的延性，采用钢板组合方式来约束钢板的屈曲变形，这就是组合钢板剪力墙，如图 3.2.16 所示。

图 3.2.16　组合钢板剪力墙

提高钢板剪力墙延性的另一条途径是利用混凝土来约束钢板的屈曲变形，这就是钢板 – 混凝土组合剪力墙，如图 3.2.17 所示。在双钢板内填充混凝土，可以充分发挥钢和混凝土两种材料的优势，改善传统钢筋混凝土剪力墙延性和耗能能力较差的缺点。

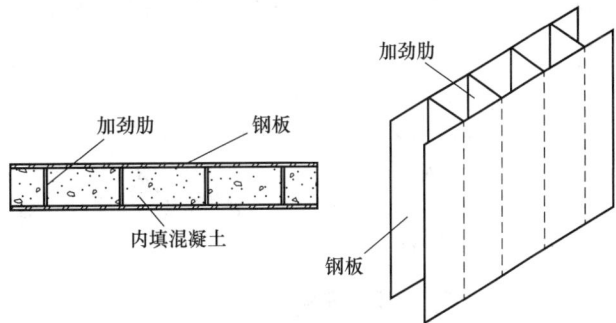

图 3.2.17　钢板 – 混凝土组合剪力墙

3.2.3 楼板

楼板的设计需要满足以下基本要求：承受和传递荷载（水平荷载和竖向荷载），满足一定的强度和刚度要求；保证住宅私密性，满足隔声的要求；采取防火措施保护钢梁和楼板，满足防火要求；楼面和屋面均应进行防水处理，满足防水要求；满足管线敷设要求，水平管线一般敷设在楼板内。

楼板

根据做法的不同，常用楼板可分为现浇钢筋混凝土楼板、预制钢筋混凝土楼板、钢筋桁架叠合楼板、钢管桁架预应力混凝土叠合板、压型钢板混凝土楼板和钢筋桁架楼承板。图3.2.18所示为压型钢板混凝土楼板的楼盖构造。本项目楼板主要采用了钢管桁架预应力混凝土叠合板和钢筋桁架楼承板。叠合板具有整体性好，抗震能力强，抗裂性好，节省模板、钢筋，施工方便，能降低工程造价并缩短工期等优点，是一种非常成熟的技术。它符合国家节能、环保、低碳以及可持续发展的战略，能充分发挥预制构件与现浇混凝土的双重优势，减少了现场混凝土作业量，降低了施工现场的噪声和环境污染，从而达到绿色施工。

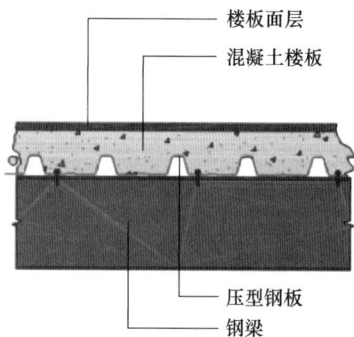

图3.2.18 压型钢板混凝土楼板的楼盖构造

1）钢管桁架预应力混凝土叠合板

钢管桁架预应力混凝土叠合板简称PK板（Ⅲ型）（图3.2.19），主要由预应力混凝土底板和灌浆钢管桁架组成。图3.2.20为钢管桁架剖面图，钢管桁架预应力混凝土叠合板结合了钢筋桁架叠合板与预应力混凝土叠合板各自的特点，扬长避短，预应力的施加解决了前者底板开裂问题，钢管桁架则解决了后者反拱问题。该叠合板桁架的上弦钢筋优化为灌浆钢管，有效提高了预制底板的刚度，减小了底板厚度，具有质量轻、承载力高、抗裂性能好以及生产效率高等优点。钢管桁架预应力混凝土叠合板可以与装配式混凝土框架结构、钢框架结构、

图3.2.19 钢管桁架预应力混凝土叠合板

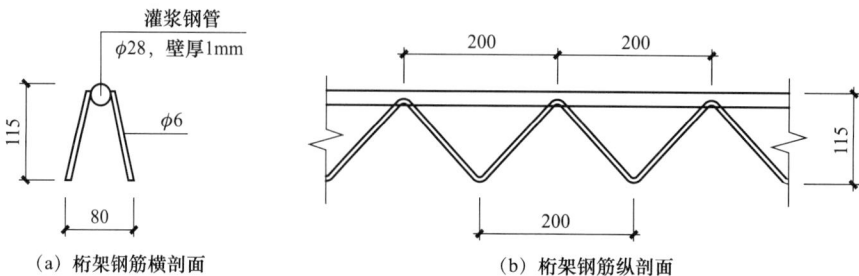

装配式剪力墙结构组合形成一系列装配整体式结构体系，也可以取代现浇结构体系中的现浇楼盖，可广泛应用于公共建筑、住宅建筑以及工业建筑。

（a）桁架钢筋横剖面　　　　（b）桁架钢筋纵剖面

图3.2.20 钢管桁架剖面图

钢管桁架预应力混凝土叠合板的材料宜采用高强预应力钢丝与适宜的高强混凝土。钢管桁架预应力混凝土预制底板混凝土强度等级不宜低于C40，叠合层的混凝土强度等级不应低于C30。钢管内灌浆材料宜采用微膨胀高强砂浆，抗压强度标准值不应低于40MPa。底板所用钢材性能指标如表3.2.1所示。

表3.2.1　底板所用钢材性能指标

使用部位	底板预应力筋	底板构造钢筋	桁架上弦钢管	桁架腹弦钢筋
材料种类	消除应力螺旋肋钢丝	热轧光圆钢筋 HPB300	≥ Q195 壁厚 1mm	热轧光圆钢筋 HPB300
符号（直径）	$\phi^H 5.0$	$\phi 5$	$\phi 20$	$\geq \phi 6$
抗拉强度标准值 / （N/mm^2）	1570	300	260	300
抗拉强度设计值 / （N/mm^2）	1110	270	215	270
弹性模量 / （N/mm^2）	2.05×10^5	2.10×10^5	2.01×10^5	2.10×10^5

注：1. 消除应力螺旋肋钢丝的性能应符合《预应力混凝土用钢丝》(GB/T 5223—2014）中的相关规定，本表选用钢筋应力松弛按低松弛计算；
　　2. 受力预埋件锚筋宜采用 HRB400 或 HPB300 级钢筋。

钢管桁架预应力混凝土叠合板可根据预制底板支座构造、长宽比按单向板或双向板设计。对于长宽比不大于3的4边支承钢管桁架预应力混凝土叠合板，宜按双向板设计。

钢管桁架预应力混凝土预制底板的厚度不宜小于35mm；跨度不小于6.6m时，预制底板厚度不应小于40mm。钢管桁架预应力混凝土叠合板后浇混凝土叠合层厚度不宜小于75mm，且不应小于60mm和1.5倍底板厚度的较大值。叠合层中垂直于预应力钢筋方向的板底钢筋应紧贴预制底板上表面放置；按双向板设计时，受力钢筋面积应按计算确定；按单向板设计时，应配置分布钢筋。

钢管桁架预应力混凝土预制底板的搁置长度应符合下列规定：与混凝土梁或混凝土剪力墙同时浇筑时，伸入梁或墙内不应小于10mm；搁置在钢梁或预制混凝土梁上时不应小于40mm；搁置在承重砌体墙时不应小于80mm；当在承重砌体墙上设混凝土圈梁，利用胡子筋拉结时，搁置长度不应小于40mm。

当胡子筋影响钢管桁架预应力混凝土预制底板安装施工时，可仅在一端预留胡子筋，并在不预留胡子筋一端的预制底板上方设置端部连接钢筋，端部连接钢筋应沿板端交错布置。

钢管桁架预应力混凝土预制底板侧边的密拼式接缝宜为紧密接缝，构造形式可采用斜平边、部分斜平边等形式。钢管桁架预应力混凝土预制底板侧边的接缝应采用无机材料嵌填，嵌缝无机材料宜采用微膨胀高强水泥砂浆。

2）钢筋桁架楼承板

以钢筋为上弦、下弦及腹杆，通过电阻点焊连接而成的桁架叫作钢筋桁架。钢筋桁架与底板通过电阻点焊连接成整体的组合承重板叫作钢筋桁架楼承板，如图 3.2.21 和图 3.2.22 所示。上弦、下弦钢筋一般采用 HRB400、HPB300 级钢筋；腹杆钢筋采用 HPB400 级钢筋或性能等同 CPB550 的冷轧光圆钢筋；支座横筋采用 HRB400、HPB300 级钢筋；底板一般为镀锌平板或微压纹镀锌板，镀锌量双面不小于 120g/m^2。

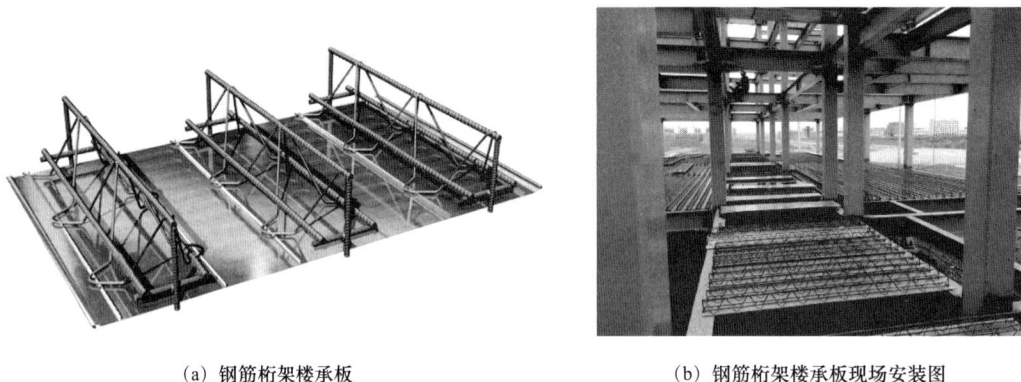

(a) 钢筋桁架楼承板   (b) 钢筋桁架楼承板现场安装图

图 3.2.21　钢筋桁架楼承板及其安装图

(a) 钢筋桁架楼承板横剖面图

(b) 钢筋桁架楼承板纵剖面图

图 3.2.22　钢筋桁架楼承板剖面图

注：c——混凝土保护层厚度；h_t——钢筋桁架高度。

钢筋桁架楼承板无底模、免支撑，大大提高了楼屋面板的施工效率，比传统脚手架支模现浇楼板节省 40% 以上的工期。

钢筋桁架受力模式合理，选材经济，综合造价优势明显。钢筋桁架楼承板作为新的楼板形式，不再单纯依靠钢板提供施工阶段强度及刚度，而是由受力更为合理的钢筋桁架提供，可大大减少或无须用施工用临时支撑。在使用阶段，钢筋桁架和混凝土共同工作；镀锌底板仅作施工阶段模板用，不考虑结构受力，但在正常使用情况下，钢板的存在增加了楼板的刚度，改善了楼板下部混凝土的受力性能。可将钢筋桁架楼承板设计为双向板，通过调整桁架高度和钢筋直径用作跨度较大的楼板。

钢筋桁架用价格比较便宜的材料提供楼板施工阶段的刚度，以最大限度减少价格较贵的材料用量，从而降低了成本。现场钢筋绑扎量在 2 ~ 3kg/m² 之间，工作量可减少 60% ~ 70%，并可进一步缩短工期。钢筋桁架采用高频电阻点焊组合，形成结构稳定的三角桁架，底部压型钢板板肋明显减小，只有 2mm，几乎等于平板。

钢筋桁架楼承板抗裂性能好，耐火性能与传统现浇楼板相当，优于压型钢板组合楼板。钢筋桁架楼承板在最小厚度 100mm 且无刷涂防火涂料时，耐火时限为 1.68h，满足楼板防火要求。钢筋桁架楼承板的防腐性能与传统现浇混凝土楼板等同，满足设计使用年限要求。底模不参与使用阶段受力，不需要考虑防腐问题；相反，镀锌钢板具有一定的防腐蚀性能，对底部混凝土起到保护作用，使钢筋桁架楼承板的防腐蚀性能优于传统的现浇混凝土楼板。

钢筋桁架楼承板的构造要求如下：

（1）桁架节点与底模接触点均应点焊，且焊点实测承载力不应小于表 3.2.2 中的要求。

表 3.2.2　电阻焊点抗剪承载力标准值

钢板厚度 /mm	0.4	0.5	0.6	0.8
焊点抗剪承载力 /N	750	1000	1350	2100

（2）钢筋桁架杆件钢筋直径应按计算确定，但弦杆直径不应小于 6mm，腹杆直径不应小于 4mm。

（3）支座水平钢筋和竖向钢筋直径，当钢筋桁架高度不大于 100mm 时，直径不应小于 10mm 和 12mm；当钢筋桁架高度大于 100mm 时，直径不应小于 12mm 和 14mm。当考虑竖向支座钢筋承受施工阶段的支座反力时，应按计算确定其直径。

（4）两个钢筋桁架相邻上弦杆间距为 188mm，两个钢筋桁架相邻下弦杆间距及一榀桁架的两个下弦杆之间的间距均不应大于 200mm。

（5）钢筋桁架腹杆钢筋在支座起焊处，应焊在上弦钢筋的端部两侧（与支座竖筋相交处）。

（6）钢筋桁架下弦钢筋混凝土保护层厚度为 20mm。

（7）确定板长时，桁架下弦钢筋伸入梁边的锚固长度不应小于 5 倍的下弦钢筋直径，且不应小于 50mm。

放置钢筋桁架时，先确定一端支座为起始端，钢筋桁架端部伸入钢梁内的距离应符合设计图纸要求，且不小于 50mm。钢筋桁架另一端伸入梁内长度不小于 50mm。钢筋桁架端部节点构造如图 3.2.23 所示。钢筋桁架两端

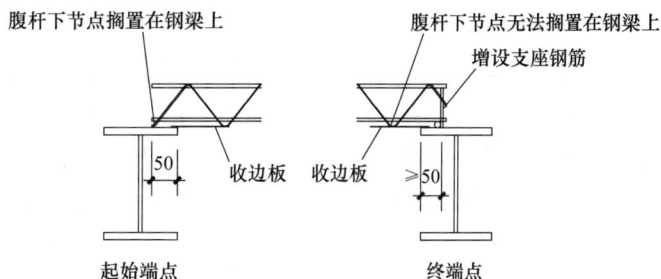

图 3.2.23　钢筋桁架端部节点构造

的腹杆下节点应搁置在钢梁上，搁置距离不小于 20mm；无法满足时，应设置可靠的端部支座措施。

3.2.4 柱脚连接构造

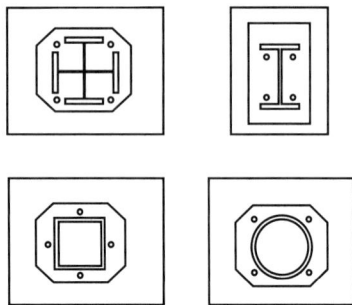

柱脚是柱下端与基础相连的部分。柱脚的作用是将柱身的内力可靠地传给基础，并和基础有牢固的连接。由于混凝土的强度远比钢材低，所以，必须把柱的底部放大，以增加其与基础顶部的接触面积。

柱脚处的水平力由底板与混凝土基础间的摩擦力或通过设置抗剪键承受，《钢结构设计标准》（GB 50017—2017）规定锚栓不得用以承受柱脚底部的水平反力；同时柱脚锚栓埋置在基础中的深度，应使锚栓的内力通过其和混凝土之间的黏结力传递。当埋置深度受到限制时，锚栓应牢固地固定在锚板或锚梁上，以传递锚栓的全部内力。

钢柱柱脚的底板均应布置锚栓，按抗弯连接设计（图 3.2.24），锚栓埋入长度不应小于其直径的 25 倍，锚栓底部应设锚板或弯钩，如图 3.2.25 所示，锚板厚度宜大于 1.3 倍锚栓直径。应保证锚栓四周及底部的混凝土有足够的厚度，避免基础遭冲切破坏。锚栓应按混凝土基础要求设置保护层。

图 3.2.24　抗弯连接钢柱底板形状和锚栓布置　　图 3.2.25　锚栓底部设置锚板

柱脚锚栓固定支架构造如图 3.2.26 所示，三维示意图如图 3.2.27 所示。

柱脚按其受力情况又可分为铰接柱脚和刚接柱脚两种。铰接柱脚只传递轴心压力和剪力，刚接柱脚除传递轴心压力和剪力外，还要传递弯矩（此部分内容详见门式刚架柱脚）。柱脚按其构造做法不同也可分为外露式柱脚［图 3.2.28（a）］、外包式柱脚［图 3.2.28（b）］、埋入式柱脚［图 3.2.28（c）］及插入式柱脚。多高层结构框架柱的柱脚可采用埋入式柱脚、插入式柱脚以及外包式柱脚，多层结构框架柱尚可采用外露式柱脚，单层厂房刚接柱脚可采用插入式柱脚和外露式柱脚。对于荷载较大、层数较多的，宜采用外包式和埋入式柱脚。进行抗震设计时，宜优先采用埋入式柱脚；外包式柱脚可在有地下室的高层民用建筑中采用。

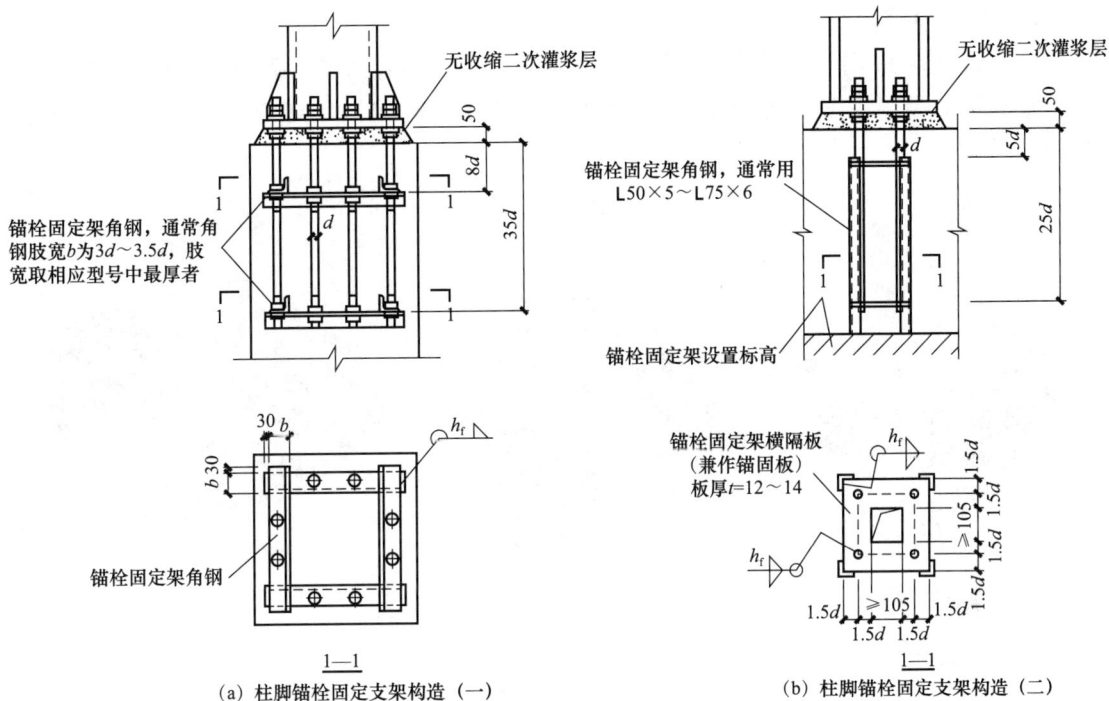

无收缩二次灌浆层

锚栓固定架角钢，通常角
钢肢宽*b*为3*d*～3.5*d*，肢
宽取相应型号中最厚者

无收缩二次灌浆层

锚栓固定架角钢，通常用
L50×5～L75×6

锚栓固定架设置标高

锚栓固定架角钢

锚栓固定架横隔板
（兼作锚固板）
板厚*t*=12～14

1—1
（a）柱脚锚栓固定支架构造（一）

1—1
（b）柱脚锚栓固定支架构造（二）

图 3.2.26 柱脚锚栓固定支架构造

图 3.2.27 柱脚锚栓固定支架三维图

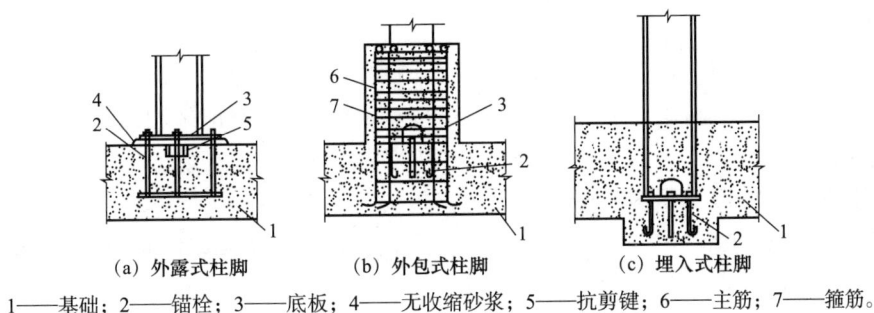

（a）外露式柱脚 （b）外包式柱脚 （c）埋入式柱脚

1——基础；2——锚栓；3——底板；4——无收缩砂浆；5——抗剪键；6——主筋；7——箍筋。

图 3.2.28 柱脚形式

1）外露式柱脚

本项目柱脚采用外露式柱脚。钢柱外露式柱脚应通过底板锚栓固定于混凝土基础上。常见的外露式柱脚三维示意图如图 3.2.29 所示。高层民用建筑的钢柱应采用刚接柱脚。

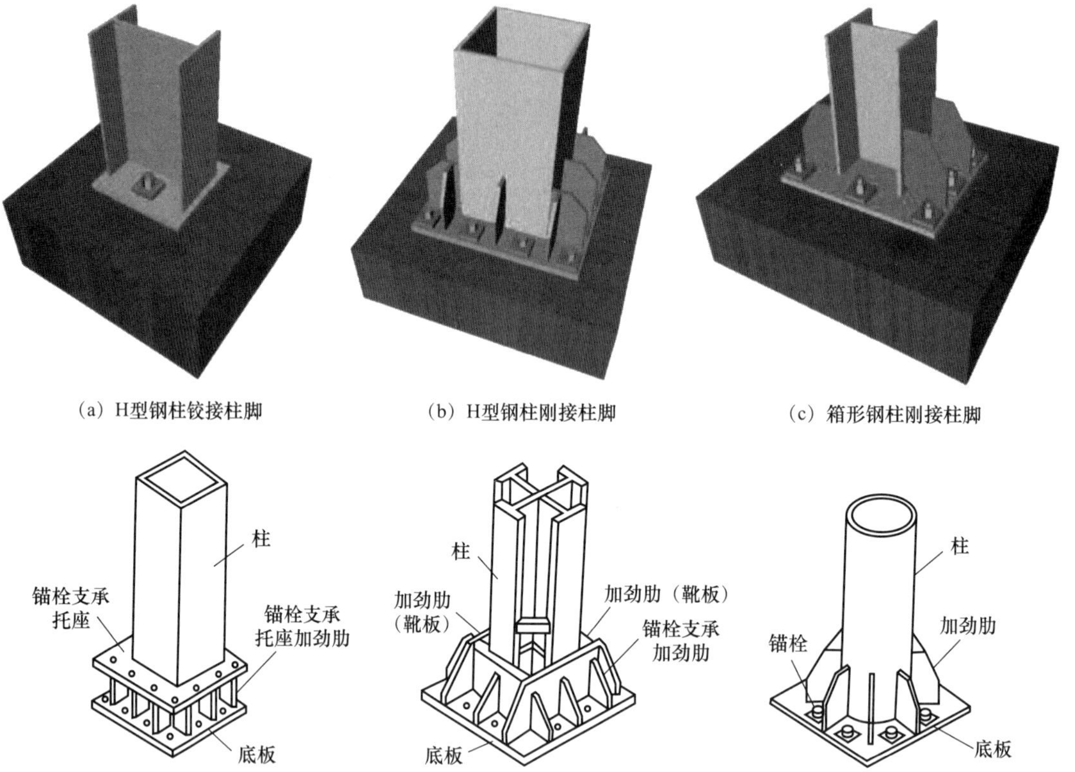

(a) H 型钢柱铰接柱脚　　　　　(b) H 型钢柱刚接柱脚　　　　　(c) 箱形钢柱刚接柱脚

(d) 箱形钢柱刚接柱脚（加锚栓支承托座）　(e) 十字形钢柱刚接柱脚（加靴板）　(f) 圆钢管柱刚接柱脚

图 3.2.29　常见的外露式柱脚三维示意图

外露式柱脚中钢柱轴力由底板直接传至混凝土基础。钢柱底部的剪力可由底板与混凝土之间的摩擦力传递，摩擦系数取 0.4；当剪力大于底板下的摩擦力时，应设置抗剪键，由抗剪键承受全部剪力；也可由锚栓抵抗全部剪力，此时底板上的锚栓孔直径不应大于锚栓直径加 5mm，且锚栓垫片下应设置盖板，盖板与柱底板焊接，并计算焊缝的抗剪强度。

外露式柱脚抗剪键可采用 H 型钢、方钢、槽钢以及角钢等，如图 3.2.30 所示。锚栓宜采用 Q345、Q390 钢材制作，也可采用 Q235 钢材制作。安装时应采用固定架定位，锚栓固定架角钢通常用 L50×5 ～ L75×6，肢厚取相应型号最厚者。三级抗震时，刚接式柱脚锚栓截面积不宜小于柱截面积的 20%。

外露式柱脚在地面以下时，采用强度等级较低的混凝土包裹高出地面 150mm（图 3.2.31）；在地面以上（室外）时，柱脚高出地面 150mm 以上（图 3.2.32）。

（a）外露式柱脚抗剪键（一）　　　　（b）外露式柱脚抗剪键（二）

图 3.2.30　外露式柱脚抗剪键

图 3.2.31　外露式柱脚在地面以下时的防护

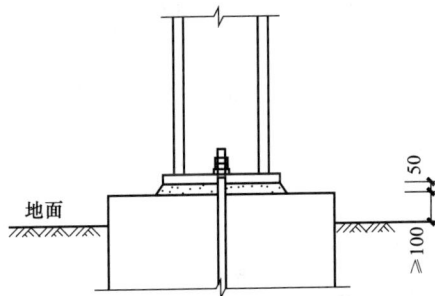

图 3.2.32　外露式柱脚在地面以上（室外）时的防护

2）埋入式柱脚

钢柱埋入式柱脚是将柱脚埋入混凝土基础内，H 形截面柱的埋置深度不应小于钢柱截面高度的 2 倍，箱形柱的埋置深度不应小于柱截面长边的 2.5 倍，圆管柱的埋置深度不应小于柱外径的 3 倍；钢柱脚底板应设置锚栓与下部混凝土连接。埋入式柱脚底板常位于基础梁底面，柱脚有部分带栓钉埋入外包钢筋混凝土。钢柱埋入部分的四角应设置竖向钢筋，四周应配置箍筋。箍筋直径不应小于 10mm，其间距不大于 250mm。

3）外包式柱脚

钢柱外包式柱脚由钢柱脚和外包混凝土组成，位于混凝土基础顶面以上，钢柱脚与基础应采用抗弯连接，如图 3.2.33 所示。外包混凝土的高度不应小于钢柱截面高度的 2.5 倍，且从柱脚底板到外包层顶部箍筋的距离与外包混凝土宽度之比不应小于 1.0。外包层内纵向受力钢筋在基础内的锚固长度应根据现行国家标准《混凝土结构设计规范（2015 年版）》（GB 50010—2010）的有关规定确定，且四角主筋的上、下都应加弯钩，弯钩投影长度不应小于 15d，下弯段宜与钢柱焊接，顶部箍筋应加强加密，并不应小于 3 根直径为 12mm 的 HRB400 级钢筋。外包层中应配置箍筋，箍筋的直径、间距和配箍率应符合现行国家标准

《混凝土结构设计规范（2015 年版）》（GB 50010—2010）中对钢筋混凝土柱的要求；外包层顶部箍筋应加密且不应少于 3 道，其间距不应大于 50mm。外包部分的钢柱翼缘表面宜设置栓钉。当框架柱为圆管或矩形管时，应在管内浇灌混凝土，混凝土强度等级不应小于基础混凝土。浇灌高度应高于外包混凝土，且不宜小于圆管直径或矩形管的长边。

4）插入式柱脚

插入式柱脚施工时先浇筑部分混凝土使锚栓固定，混凝土养护达到规定强度后立首节钢柱，再二次灌入细石混凝土，如图 3.2.34 所示。

图 3.2.33　外包式柱脚

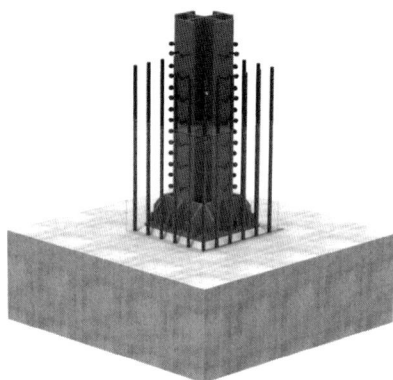

图 3.2.34　插入式柱脚

本项目柱脚为箱形柱刚接柱脚，节点构造和三维图如图 3.2.35 和图 3.2.36 所示。

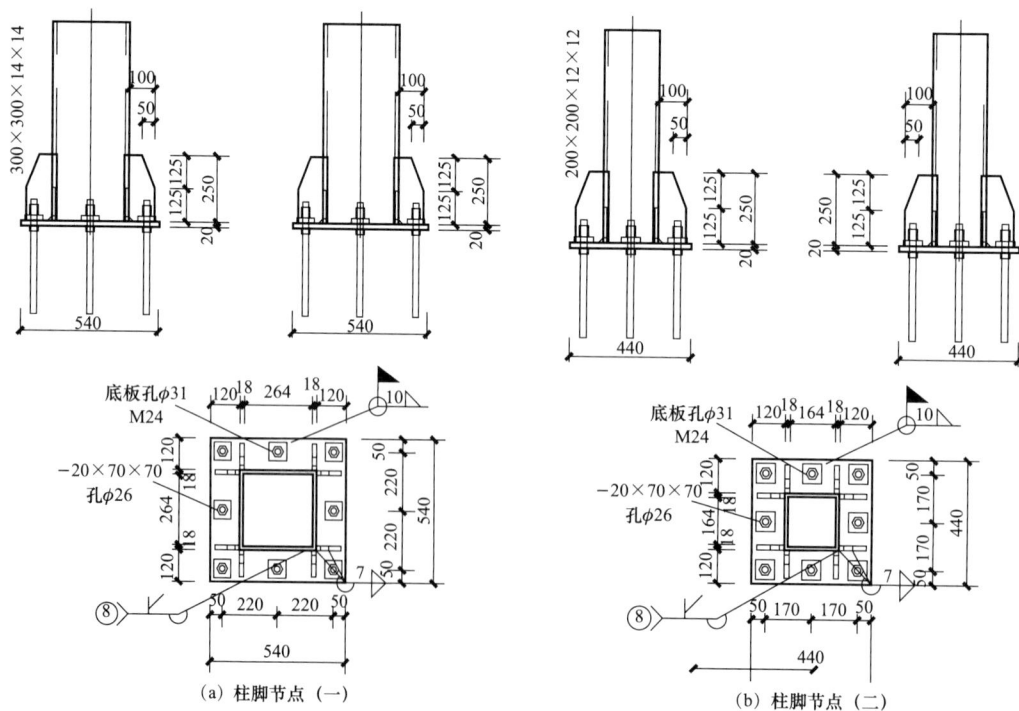

（a）柱脚节点（一）

（b）柱脚节点（二）

图 3.2.35　本项目柱脚节点构造

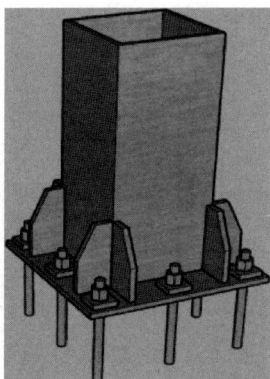

图 3.2.36 本项目柱脚节点三维图

3.2.5 钢柱拼接构造

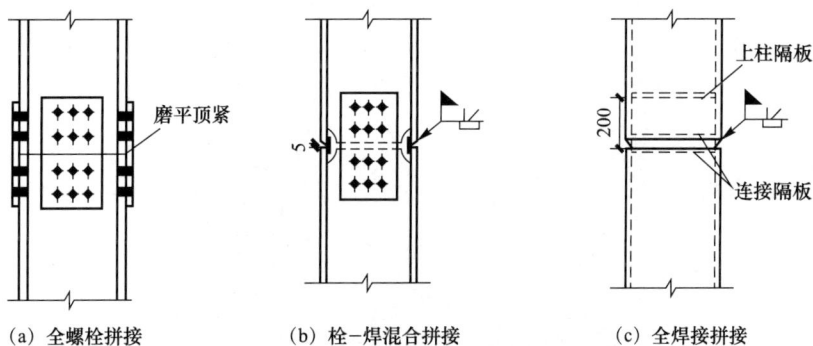

钢柱可以采用全螺栓拼接［图 3.2.37(a)］、栓－焊混合拼接［图 3.2.37(b)］及全焊接拼接［图 3.2.37（c）］3 种连接形式。在非抗震设计的高层民用钢结构建筑中，柱的弯矩小且不产生拉力时，柱接头可以采用部分熔透焊缝；否则，必须采用熔透对接焊缝或高强度螺栓摩擦型连接，按等强度设计。

钢柱拼接构造

(a) 全螺栓拼接　　　　　(b) 栓－焊混合拼接　　　　　(c) 全焊接拼接

图 3.2.37 钢柱拼接形式

柱的连接分工厂连接和工地连接两种。工厂连接时，连接接头宜采用全焊接连接，且翼缘和腹板的接头应相互错开 500mm 以上，以避免在同一截面有过多的焊缝。工地连接时，理想的情况应是接头设置在内力较小的位置。但是，从现场施工的难易程度和提高安装效率方面考虑，通常框架柱的拼接接头宜设置在框架梁上方 1.2 ～ 1.3m 处或柱净高的一半处，取两者的较小值位置处。

H 形截面柱在工地拼接时，翼缘宜采用坡口全熔透焊缝，腹板可采用高强度螺栓连接。柱的板件较厚，多采用全焊接接头时，上柱翼缘应开 V 形坡口，腹板应开 K 形坡口。

箱形截面柱通常是在工厂采用四块钢板组合焊接而成，其四个角部的组装焊缝可采用 V 形坡口部分熔透焊缝和全熔透焊缝两种。其中接头的上下侧各 1100mm 范围内，截面组装应采用坡口全熔透焊缝。箱形柱在工地拼接时，应全部采用焊接，箱形柱连接处的上下端应设置隔板，如图 3.2.38 所示。下节箱形柱的上端应设置隔板，隔板厚度不宜小于

16mm，其边缘应与柱口截面一起刨平。上节箱形柱安装单元的下部附近应设置上柱隔板，其厚度不宜小于 10mm。

十字形截面柱（图 3.2.39）应由钢板或两个 H 型钢焊接组合而成，组装焊缝均应采用部分熔透的 K 形坡口焊缝，每边焊接深度不应小于 1/3 板厚。

图 3.2.38　箱形柱工地焊接拼接　　　　　图 3.2.39　十字形截面柱

柱的拼接连接，当采用完全焊透的坡口对接焊缝连接时，为确保柱的拼接连接节点的安装质量和架设的安全，在柱的拼接处须适当设置安装耳板作为临时固定，如图 3.2.40 所示。此时安装耳板的长度、宽度和厚度及其连接焊缝、临时固定的螺栓数目，应根据柱安装单元的自重、安装时可能出现的最大阵风以及其他施工荷载来确定。但无论如何，安装耳板的厚度不应小于 10mm；安装耳板与柱的连接，当采用双面角焊缝时，其焊缝尺寸不宜小于 8mm；上柱和下柱的连接螺栓数目各为 3 个，且直径不应小于 20mm。

图 3.2.40　钢柱用耳板临时固定

钢柱拼接节点主要有以下两种：

（1）等截面拼接节点。等截面钢柱在工地拼接时，为了确保拼接连接节点的安装质量和架设的安全，在柱的拼接处须安装耳板作为临时固定。现场吊装就位后，用临时安装螺栓将耳板与连接板连接安装就位，然后切除耳板与连接板。等截面柱在工厂拼接时，应采用焊接连接，且都应设置隔板，在箱形截面柱中设置内隔板，在圆管柱中设置贯通式隔板。

（2）变截面拼接节点。变截面柱在工厂拼接时，当柱需要改变截面时，宜改变翼缘厚度而保持截面高度不变，如图 3.2.41 所示。当需要改变柱截面高度时，可以采用图 3.2.42

中的连接形式。对边柱宜采用图 3.2.42（a）的做法，对中柱宜采用图 3.2.42（b）的做法，变截面的上下端均应设置隔板。当变截面段位于梁柱接头时，可采用图 3.2.42（c）的做法，变截面两端距梁翼缘不宜小于 150mm。

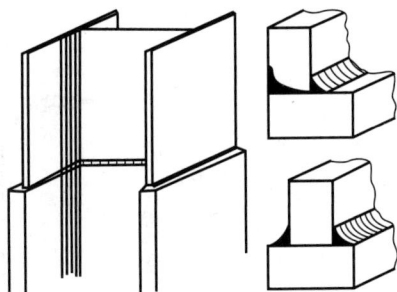

图 3.2.41　H 形变截面柱接头（截面高度不变）

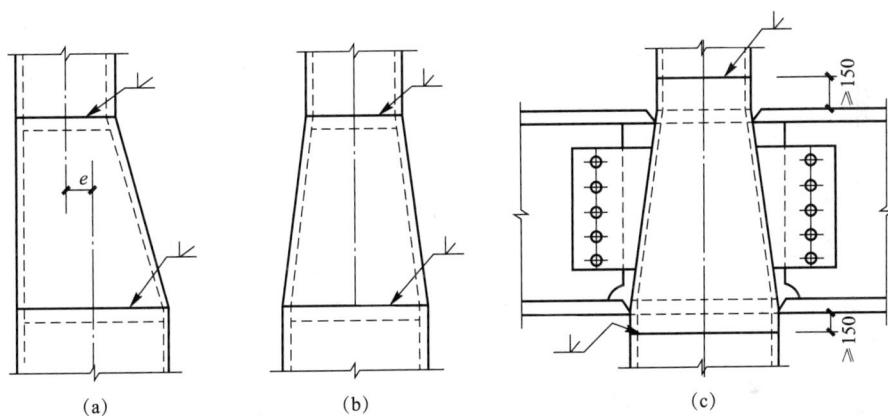

图 3.2.42　H 形变截面柱连接（截面高度改变）

十字形柱与箱形柱相连处，有两种截面过渡段，十字形柱的腹板应伸入箱形柱内，如图 3.2.43 所示，伸入长度不应小于钢柱截面高度加 200mm；与上部钢结构相连的钢筋混凝土柱，沿其全高应设栓钉，栓钉间距和列距在过渡段内宜采用 150mm，最大不得超过 200mm，在过渡段外不应大于 300mm。

图 3.2.43　十字形柱与箱形柱连接

本项目柱为箱形柱，型钢柱内灌自密实混凝土，强度等级为 C40。每个楼层的柱钢管壁均应设置直径 20mm 的排气孔，其位置宜位于柱与楼板相交位置上方 100mm 处，并应沿柱身对称布设。本项目柱的拼接节点如图 3.2.44 ～图 3.2.46 所示。

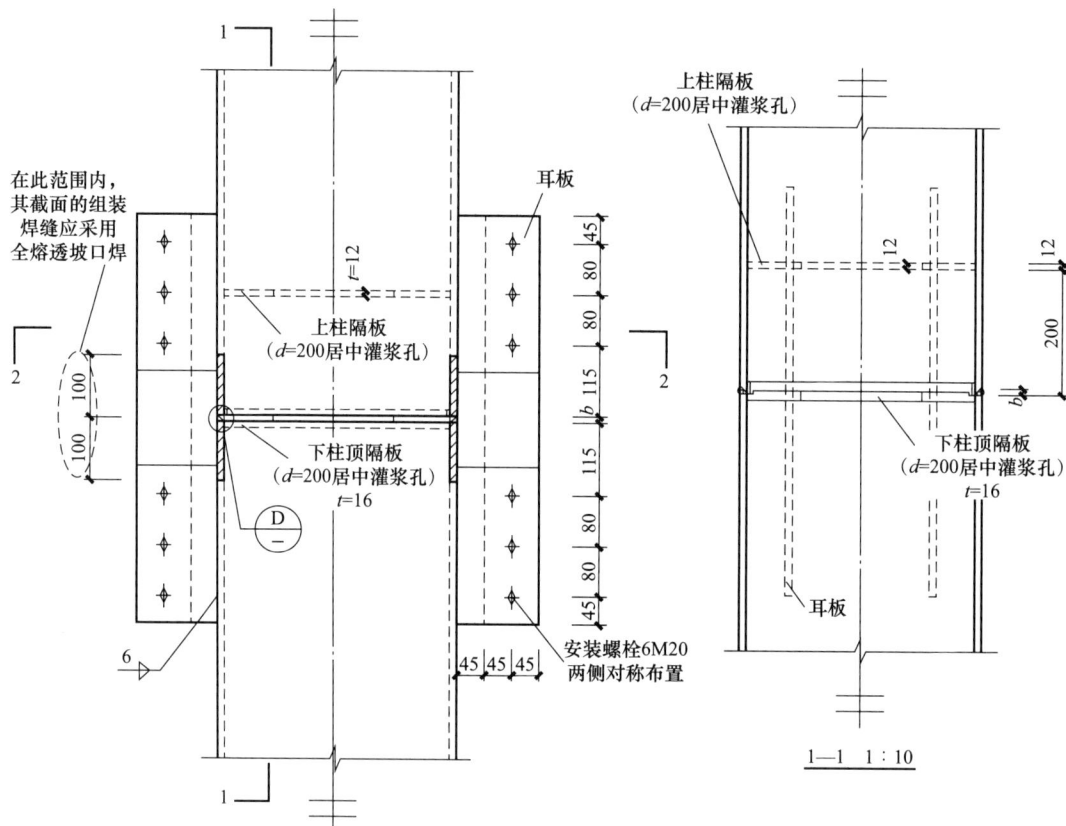

箱形柱工地拼接节点大样 1：10

注：连接板未注板厚均为12mm。

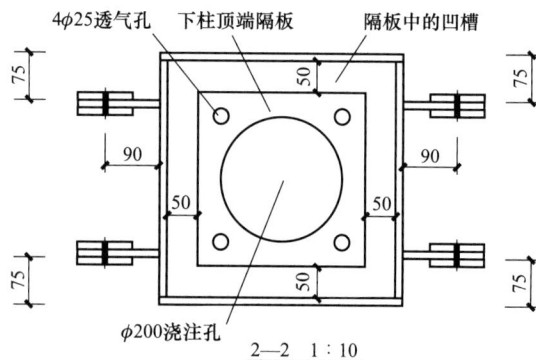

图 3.2.44　本项目箱形柱工地拼接节点构造

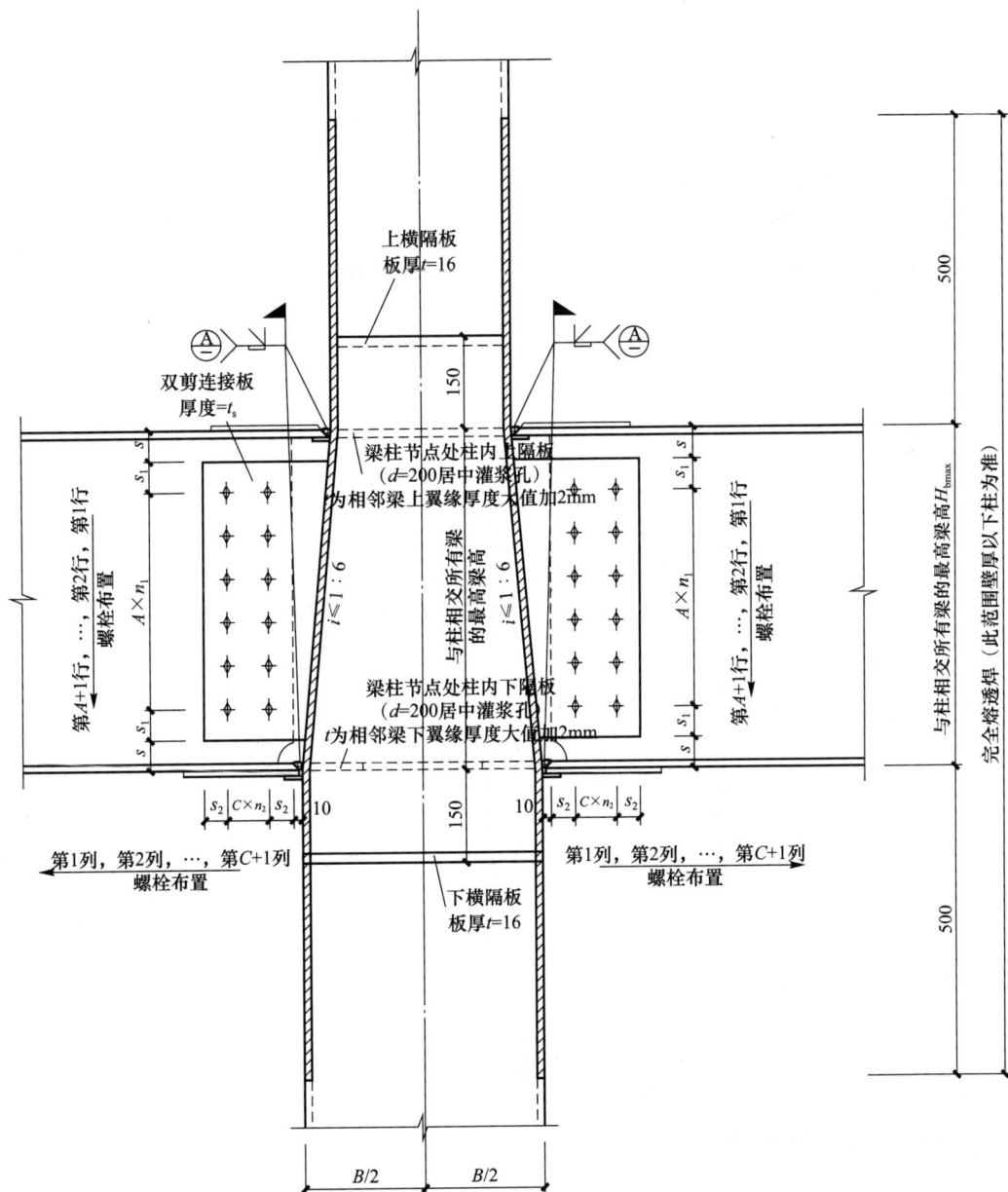

图 3.2.45 本项目变截面箱形柱工厂拼接构造

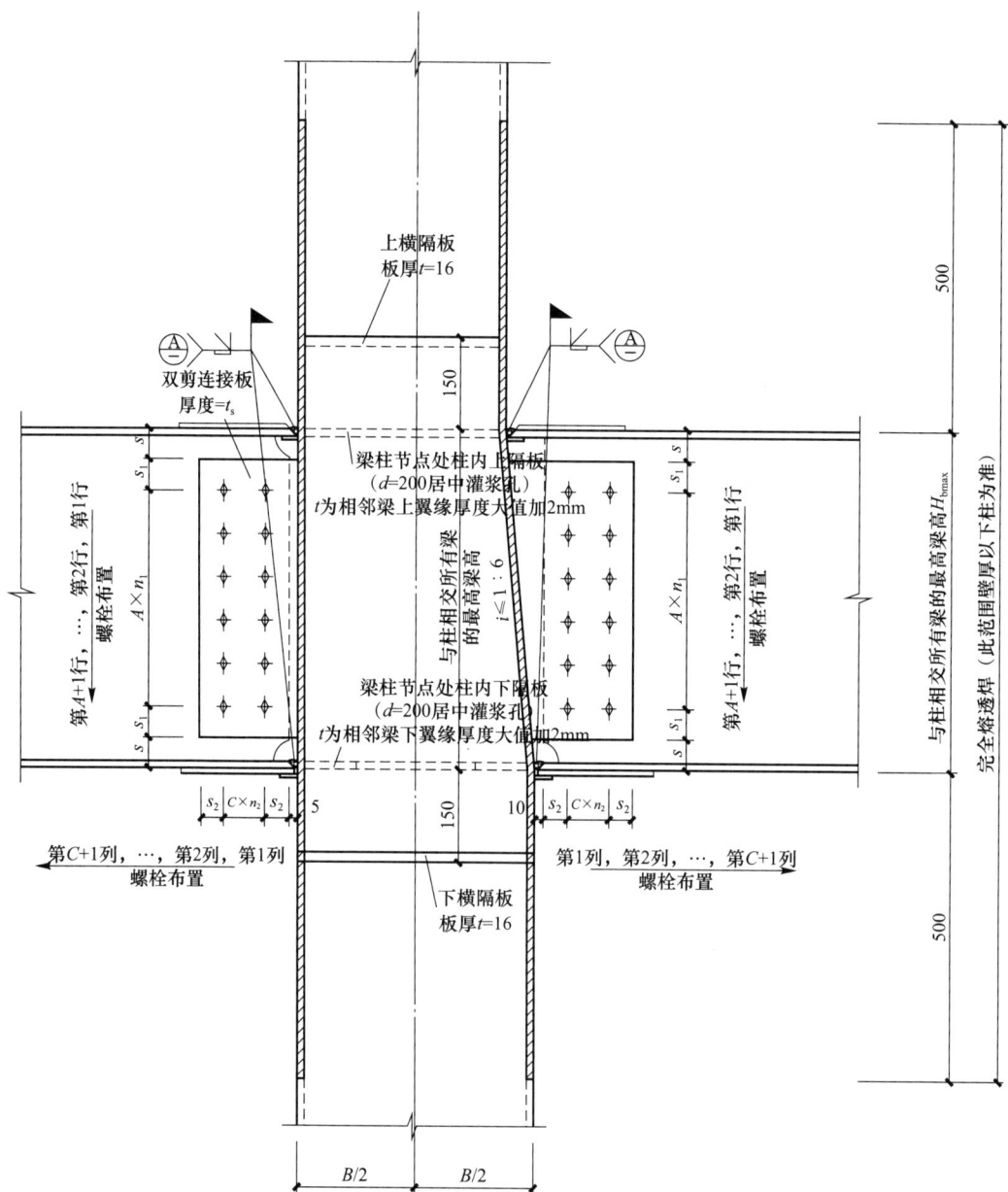

图 3.2.46　本项目变截面箱形边柱的工厂拼接构造

3.2.6　钢梁拼接构造

依据施工条件的不同，梁的拼接有工厂拼接和工地拼接两种。由于钢材尺寸的限制，必须将梁接长或拼长，这种拼接常在工厂中进行，称为工厂拼接。由于运输或安装条件的限制，梁必须分段运输，然后在工地拼装连接，称为工地拼接。

型钢梁的拼接可采用对接焊缝连接，如图 3.2.47（a）所示，但由于翼缘与腹板连接处

钢梁拼接构造

不易焊透，故有时采用拼接板连接，如图 3.2.47（b）所示。拼接位置均宜放在弯矩较小处。

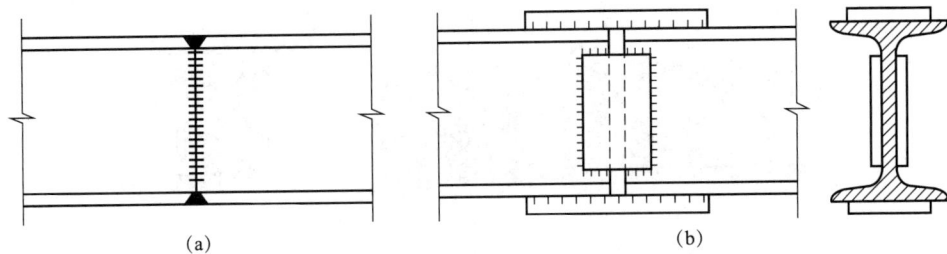

图 3.2.47　型钢梁的拼接

　　梁进行拼接时翼缘采用全熔透对接焊缝，腹板采用高强度螺栓摩擦型连接；或翼缘和腹板均采用高强度螺栓摩擦型连接；当在三、四级抗震和非抗震设计时可采用全截面焊接。

　　次梁与主梁宜采用简支连接，必要时也可采用刚性连接。焊接组合梁的工厂拼接，翼缘与腹板的拼接位置最好错开并用直对接焊缝。腹板的拼接焊缝与横向加劲肋之间至少相距 $10t_w$（t_w 为腹板厚度），如图 3.2.48 所示。对接焊缝施焊时宜加引弧板，并采用一级或二级焊缝，使其与板材等强。

　　梁在工地拼接时应使翼缘与腹板基本上在同一截面处断开，以便分段运输。高大的梁在工地施焊时不便翻身，应将上、下翼缘的拼接边缘均做成向上开口的 V 形坡口，以便俯焊，如图 3.2.49 所示。有时将翼缘和腹板的接头略微错开一些，如图 3.2.49（a）所示，这样受力情况较好，但运输单元突出部分应特别保护，以免碰损。在图 3.2.49（b）中，为了减少焊缝收缩应力，将翼缘焊缝留一段不在工厂施焊。图 3.2.49 中注明的数字是工地施焊的适宜顺序。

图 3.2.48　组合梁的工厂拼接

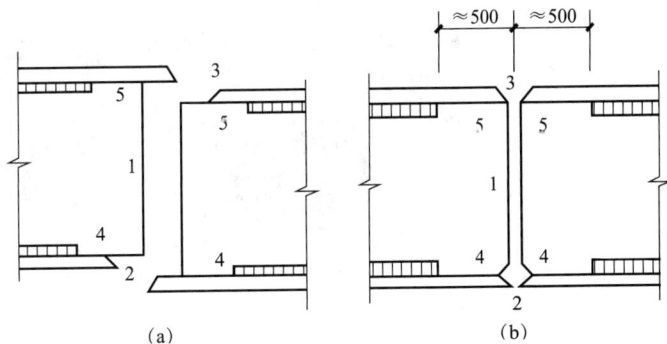

图 3.2.49　组合梁的工地拼接

　　由于现场施焊条件较差，焊缝质量难以保证，所以较重要或受动力荷载的大型梁，其工地拼接宜采用高强度螺栓，如图 3.2.50 所示。

　　次梁与主梁的连接形式有叠接和平接两种。

　　叠接是将次梁直接搁在主梁上面，用螺栓或焊缝连接。叠接构造简单，但结构高度高，使用常受到限制。图 3.2.51 所示是次梁为简支梁时与主梁的连接构造。若次梁为连续梁时，则次梁在主梁上不断开，连续通过。

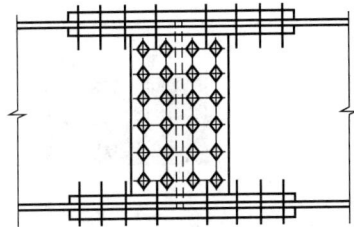

图 3.2.50　采用高强度螺栓进行梁工地拼接

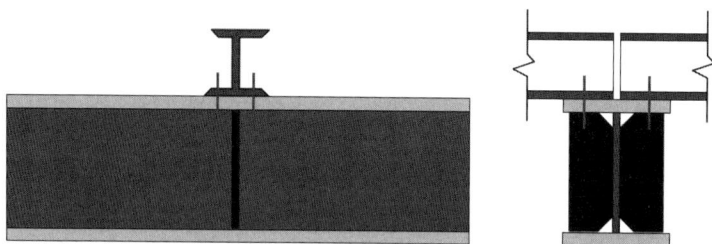

图 3.2.51　简支次梁与主梁的叠接

　　平接是使次梁顶面与主梁相平或略高、略低于主梁顶面，从侧面与主梁的加劲肋或腹板上专设的短角钢或支托相连接。图 3.2.52 所示是次梁为简支梁时与主梁的连接构造。图 3.2.52（a）所示是次梁直接连接于加劲肋上，此种连接形式适用于次梁反力较小时。图 3.2.52（b）所示形式适用于次梁反力较大时，是将次梁放在焊于主梁的支托上。图 3.2.53 所示是连续次梁与主梁平接的构造，上翼缘设置盖板并焊接，下翼缘与承托顶板用安装螺栓定位、焊接。

(a)　　　　　　　　　　　　　　　　(b)

图 3.2.52　简支次梁与主梁的平接

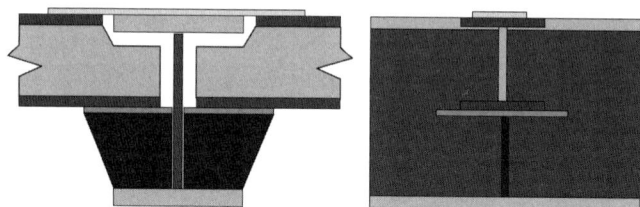

图 3.2.53　连续次梁与主梁的平接

　　平接虽然构造复杂，但是可降低结构高度，故在实际工程中应用较广泛。图 3.2.54 为主次梁平接时楼盖构造。

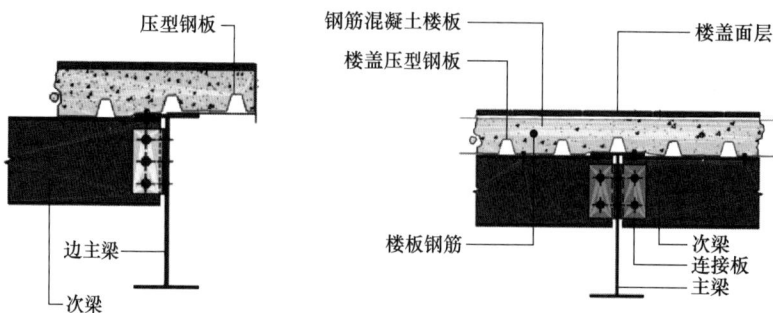

图 3.2.54　主次梁平接时楼盖构造

抗震设计时，框架梁受压翼缘须设置侧向支承，即隔撑。当梁上翼缘与楼板有可靠连接时，楼板连接可以阻止梁受压翼缘侧向位移，则仅在梁下翼缘设置隔撑。当梁上翼缘与楼板无可靠连接时，楼板连接不足以阻止梁受压翼缘侧向位移，梁上、下翼缘都应设置隔撑。隔撑的设置如图 3.2.55 所示。

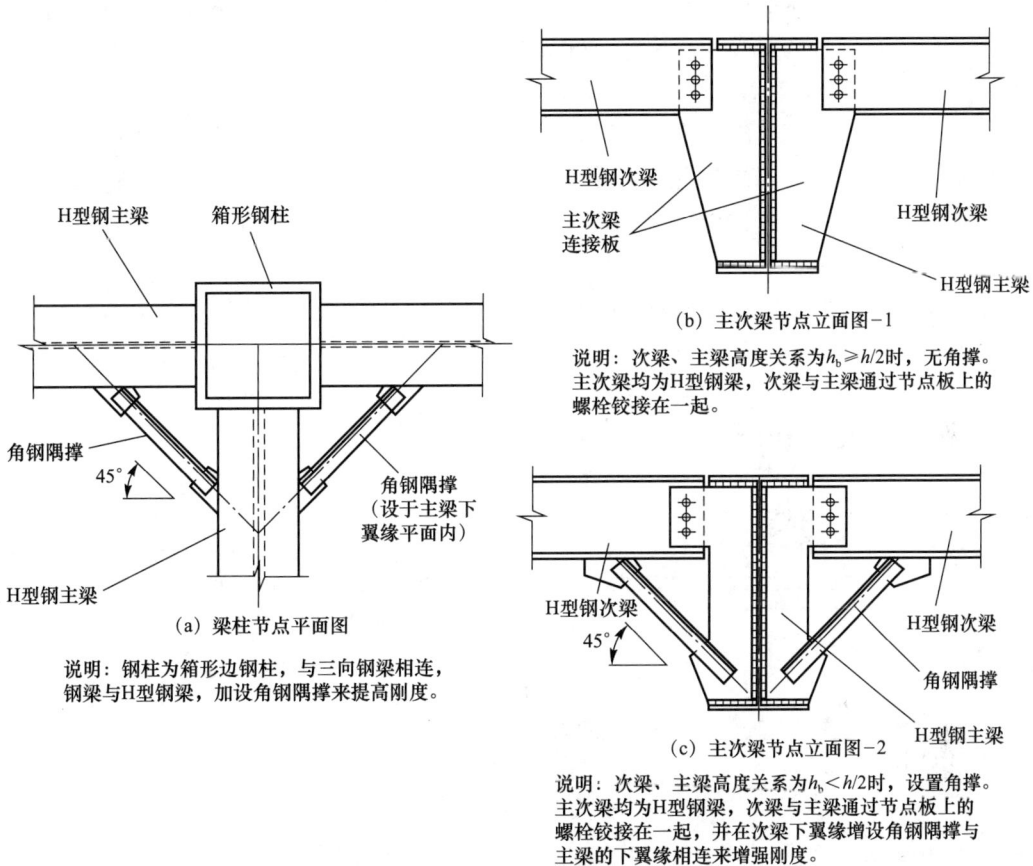

（a）梁柱节点平面图

说明：钢柱为箱形边钢柱，与三向钢梁相连，钢梁与H型钢梁，加设角钢隔撑来提高刚度。

（b）主次梁节点立面图－1

说明：次梁、主梁高度关系为$h_b \geq h/2$时，无角撑。主次梁均为H型钢梁，次梁与主梁通过节点板上的螺栓铰接在一起。

（c）主次梁节点立面图－2

说明：次梁、主梁高度关系为$h_b < h/2$时，设置角撑。主次梁均为H型钢梁，次梁与主梁通过节点板上的螺栓铰接在一起，并在次梁下翼缘增设角钢隔撑与主梁的下翼缘相连来增强刚度。

图 3.2.55 梁的侧向隔撑设置示意图

一般情况下，下面几种情况可认为梁的上翼缘与楼板是可靠连接：

（1）现浇混凝土楼板可认为能阻止受压翼缘侧移。

（2）预制混凝土楼板，通过钢梁上的抗剪件或预制板上的预埋件与钢梁连接，且数量足够多。

（3）压型钢板组合楼板有足够的连接件和钢梁连接。

梁端采用加强型连接或骨式连接时，应在塑性区外设置竖向加劲肋。隔撑与偏置 45°的竖向加劲肋在梁下翼缘附近相连，该竖向加劲肋不应与翼缘焊接。

一般来讲，当有管道穿过钢梁时，可以在腹板上开孔，但腹板中的孔口应予补强。在抗震设防结构中，不应在有隔撑范围内的梁腹板上设孔。补强杆件应采用与母材强度等级相同的钢材。

《高层民用建筑钢结构技术规程》(JGJ 99—2015)中关于梁腹板开孔的规定如下:

当开圆形孔,且圆形孔直径小于或等于 1/3 梁高时,可不予孔口补强。当圆形孔直径大于 1/3 梁高时,可用环形加劲肋加强,也可用套管或环形补强板加强。圆形孔口加劲肋截面不宜小于 100mm×10mm,加劲肋边缘至孔口边缘的距离不宜大于 12mm;圆形孔口用套管补强时,其厚度不宜小于梁腹板厚度;用环形板补强时,若在梁腹板两侧设置,环形板的厚度可稍小于腹板厚度,其宽度可取 75 ~ 125mm。补强时,弯矩可仅由翼缘承担,剪力由孔口截面的腹板和补强板共同承担。

开矩形孔口时,应对孔口位置进行补强,矩形孔口上下边缘的水平加劲肋端部宜伸至孔口边缘以外 300mm。当矩形孔口长度大于梁高时,其横向加劲肋应沿梁全高设置。矩形孔口加劲肋截面不宜小于 125mm×18mm。当孔口长度大于 500mm 时,应在梁腹板两侧设置加劲肋。

梁腹板开洞补强示意图如图 3.2.56 所示。

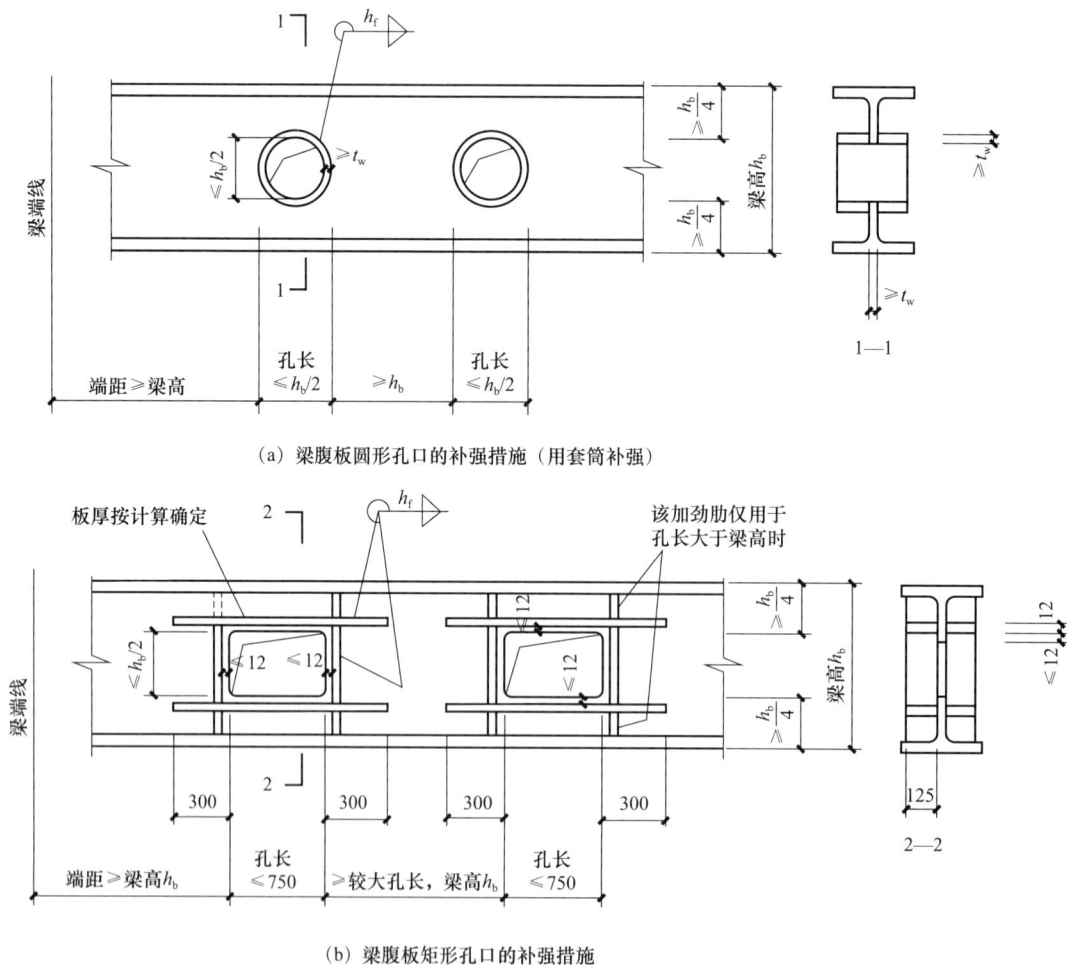

(a) 梁腹板圆形孔口的补强措施(用套筒补强)

(b) 梁腹板矩形孔口的补强措施

图 3.2.56 梁腹板开洞补强示意图

本项目主次梁连接节点图如图 3.2.57 所示。

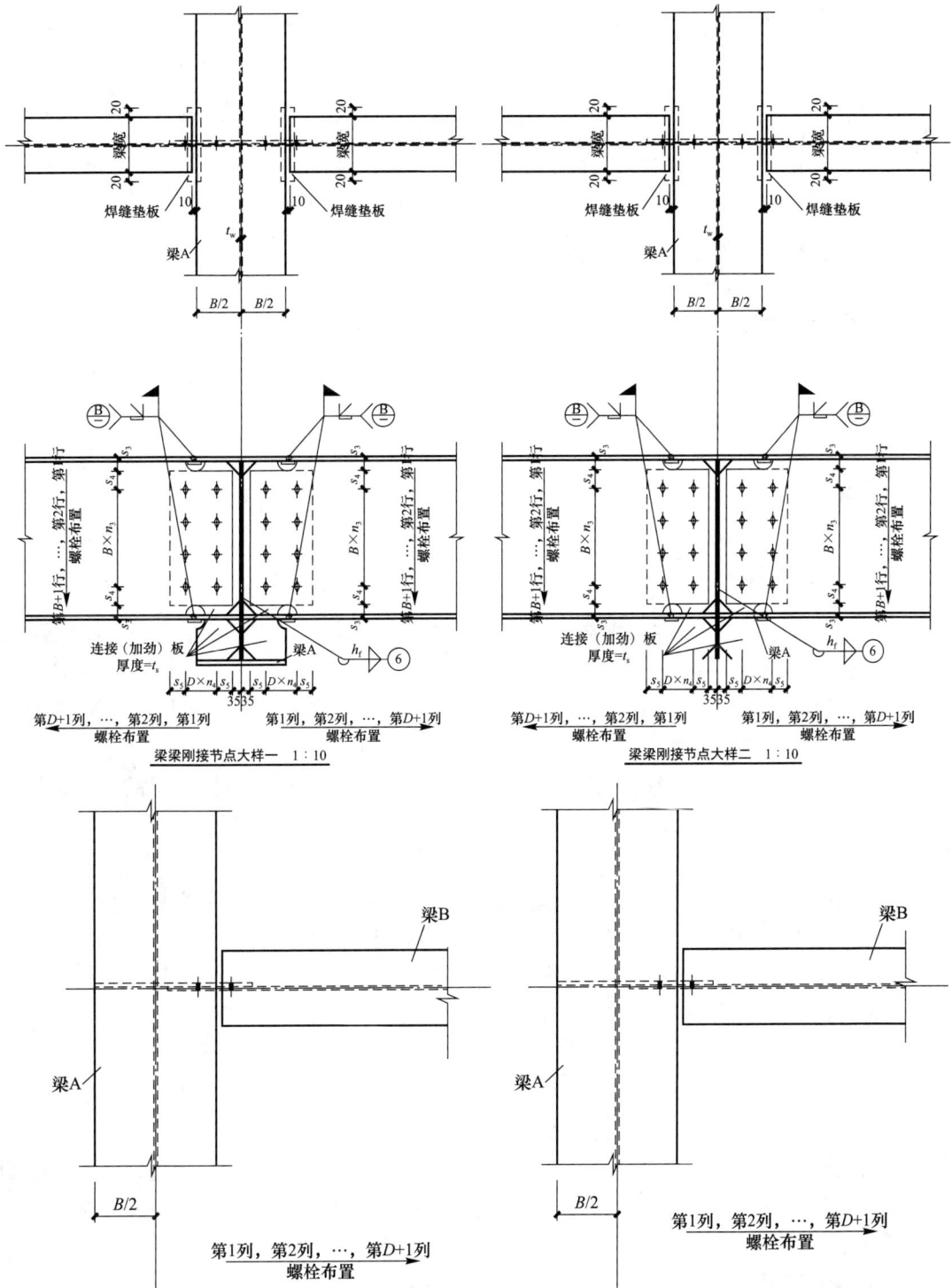

图 3.2.57　本项目主次梁连接节点图

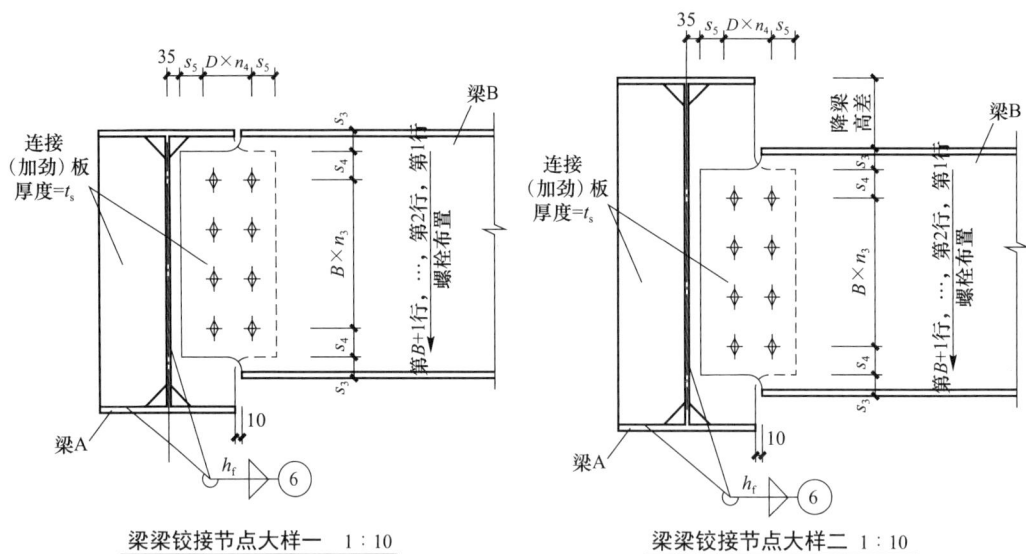

梁梁铰接节点大样一 1:10 　　　　　　梁梁铰接节点大样二 1:10

图 3.2.57（续）

3.2.7 梁柱连接构造

梁与柱的连接可以归纳为铰接连接、半刚性连接和刚性连接三大类。

1）梁与柱的铰接连接

轴心受压柱主要承受由梁传来的荷载，与梁连接时可用铰接。轴心受压柱与梁的铰接连接一般有两种方案：梁支承于柱顶，和梁连接于柱的侧面；梁支承于柱侧，与柱铰接连接。图 3.2.58 所示是梁支承于柱顶的铰接构造图。梁的反力通过柱的顶板传给柱身，顶板一般取 16～20mm 厚，与柱通过焊接连接；梁与顶板用普通螺栓连接，以便安装就位。

图 3.2.58（a）所示是将梁支承加劲肋对准柱的翼缘，使梁的支承反力直接传递给柱的翼缘。两相邻梁之间留一空隙，以便安装时有调节余地，最后用夹板和构造螺栓相连，有助于防止单梁的倾侧。这种连接形式传力明确、构造简单、施工方便，其缺点是当两相邻梁反力不等时即引起柱的偏心受压，一侧梁传递的反力很大时，还可能引起柱翼缘的局部屈曲。

图 3.2.58（b）所示是将梁的反力通过突缘加劲肋作用于柱的轴线附近，即使两相邻梁反力不等，柱仍接近轴心受压。突缘加劲肋底部应刨平并顶紧柱顶板。由于梁的反力大部分传给柱的腹板，因此腹板厚度不能太薄。柱顶板下方应设置加劲肋，加劲肋要有足够的长度，以满足焊缝长度的要求和应力均匀扩散的要求。两相邻梁之间应留一些空隙便于安装时调节，最后嵌入合适尺寸的填板并用螺栓相连。格构式柱如图 3.2.58（c）所示，为了保证传力均匀并托住顶板，应在两柱肢之间设置竖向隔板。

梁柱连接构造

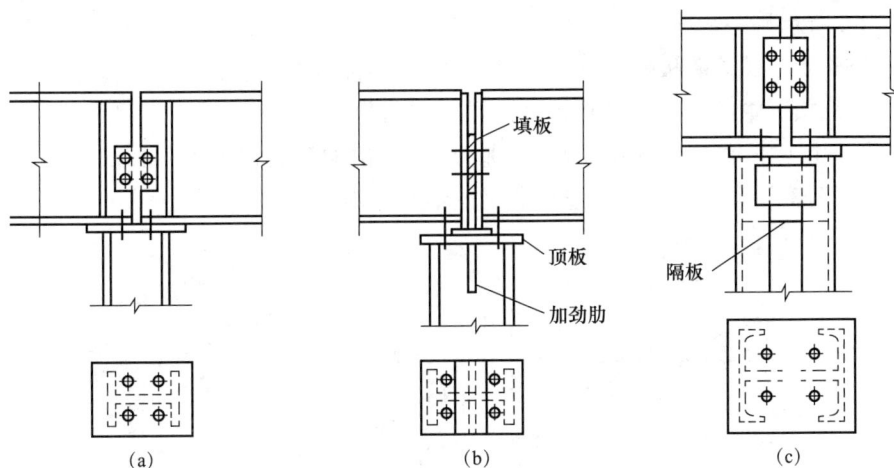

图 3.2.58 梁支承于柱顶的铰接构造图

图 3.2.59（a）所示为梁支承于柱侧的铰接连接，常用承托、端板、连接角钢进行连接。该连接方式适用于梁反力较大时，梁的反力由端加劲肋传给承托。承托采用厚钢板（其厚度应大于加劲助的厚度）或 T 形钢，与柱侧用焊缝连接。梁与柱侧仍留一空隙，安装后用垫板和螺栓相连。

图 3.2.59（b）所示的连接只能用于梁的反力较小的情况，在该连接中梁可不设支承加劲肋，直接搁置在柱的牛腿上，用普通螺栓连接。梁与柱侧间留一空隙，用角钢和构造螺栓连接。这种连接形式构造简单、施工方便。

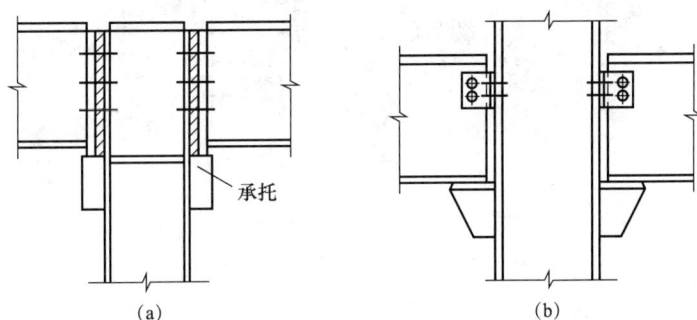

图 3.2.59 梁支承于柱侧的铰接连接构造图

梁柱铰接连接允许非框架柱和梁连接使用。若框架柱和梁连接使用铰接（多层可用，高层不宜采用），应在结构体系中设置支撑等抵抗侧力的构件。在多层框架的中间梁柱连接中，横梁与柱只能在柱侧相连。

多层框架中可由部分梁和柱刚性连接组成抗侧力结构，而另一部分梁铰接于柱，这些柱只承受竖向荷载；设有足够支撑的非地震区，多层框架原则上可全部采用铰接。

2）梁与柱的半刚性连接

对于多层框架梁柱组成的刚架体系，在层数不多或水平力不大的情况下，梁与柱可以做成半刚性连接。显然，半刚性连接必须有抵抗弯矩的能力，但无须像刚性连接那么大。

图 3.2.60 所示是一些典型的梁柱半刚性连接形式。图 3.2.60（a）、（b）、（c）表示端板 –
高强度螺栓连接方式，端板在大多数情况下伸出梁高度之外（或是上侧伸出，下侧不伸
出）。图 3.2.60（a）中的虚线表示必要时设置的加劲肋。图 3.2.60（d）为四角钢 – 高强度螺
栓连接方式，由上下角钢一起传递弯矩，腹板上的角钢则传递剪力。图 3.2.60（e）为用连
于翼缘的上下角钢和高强度螺栓来连接的梁柱半刚性连接形式。

（a）   （b）   （c）

（d）   （e）

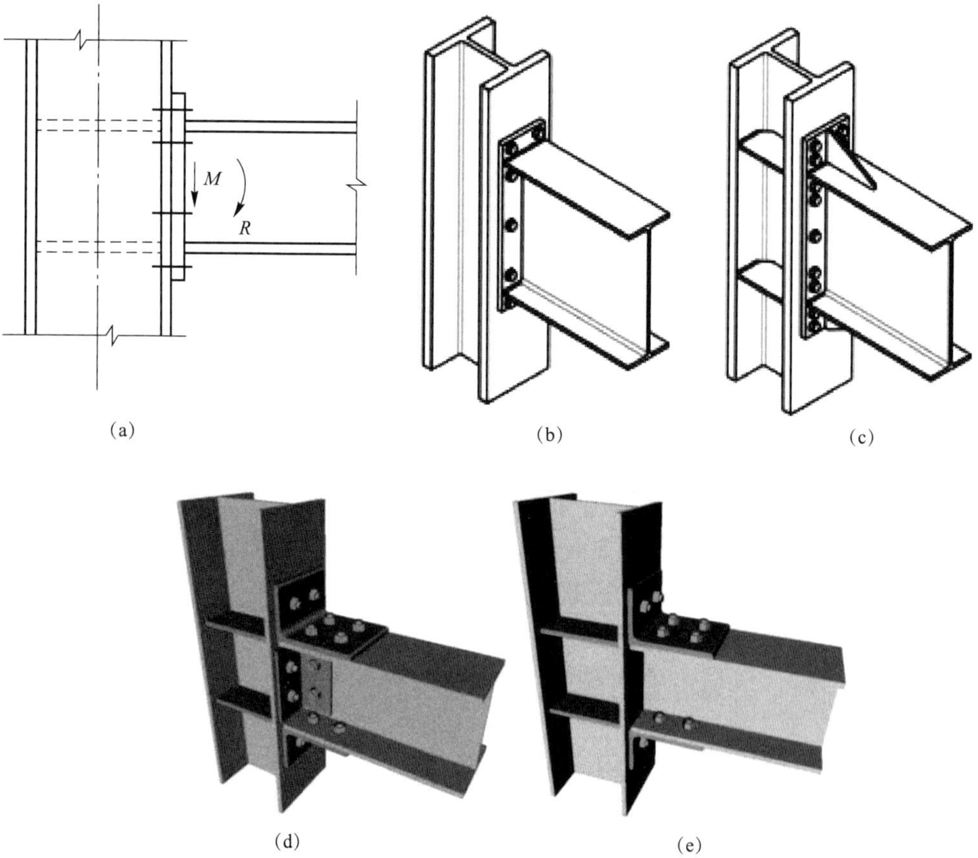

图 3.2.60　梁与柱半刚性连接构造

3）梁与柱的刚性连接

在钢框架结构中，梁与柱的连接节点一般用刚接，这样可以减小梁跨中的弯矩，但制
作、施工较复杂。梁与柱的刚性连接要求连接节点能够可靠地传递剪力和弯矩。图 3.2.61
和图 3.2.62 所示为梁与柱的刚性连接构造图。

图 3.2.61 所示为栓焊混合连接，仅在梁的上下翼缘用全熔透焊缝，腹板用高强度螺栓
与柱翼缘上的剪力板连接。通过上下两块水平板将弯矩全部传给柱，梁端剪力则通过承托
传递。

图 3.2.62 所示为完全栓接连接，梁用角钢通过高强度螺栓与柱翼缘连接，或者梁采用
高强度螺栓与预先焊在柱翼缘上的连接板连接，通过高强度螺栓传递连接处弯矩和剪力，
梁端的弯矩和剪力通过角钢与柱的高强度螺栓或者连接板的焊缝传递给柱。

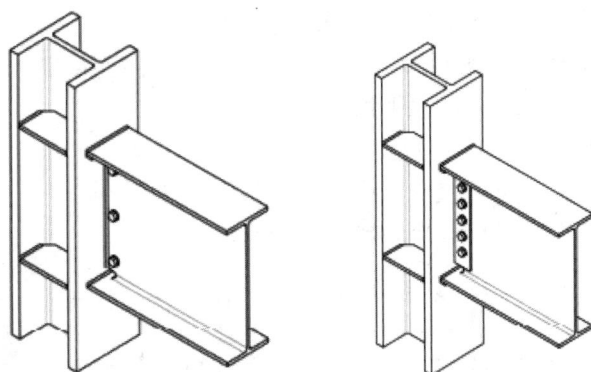

图 3.2.61　栓焊混合连接

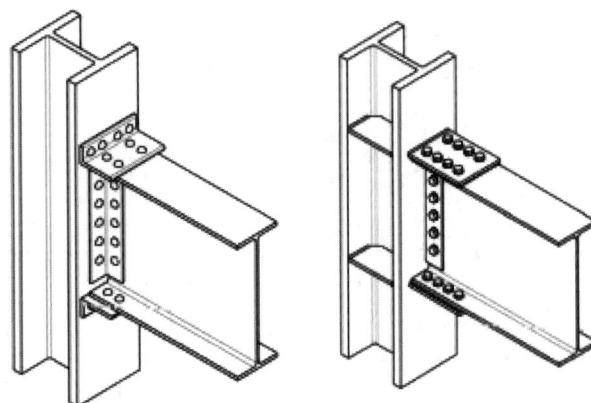

图 3.2.62　完全栓接连接

图 3.2.63 所示为完全焊接连接，梁的上下翼缘采用坡口焊全熔透焊缝，腹板用角焊缝与柱翼缘连接，通过翼缘连接焊缝将弯矩全部传给柱，而剪力则全部由腹板焊缝传递。为了使连接焊缝能在平焊位置施焊，需要在柱侧焊上衬板，同时在梁腹板端部预先留出槽口，上槽口是为了让出衬板的位置，下槽口是为了满足施焊的要求。

图 3.2.63　完全焊接连接

梁上翼缘的连接范围内，柱的翼缘可能在水平拉力的作用下向外弯曲致使连接焊缝受力不均；在梁下翼缘附近，柱腹板有可能因水平压力的作用而局部失稳。因此，一般须在对应于梁的上、下翼缘处设置柱的水平加劲肋或横隔。

本项目梁柱节点构造图详见图 3.2.64 ～图 3.2.68。

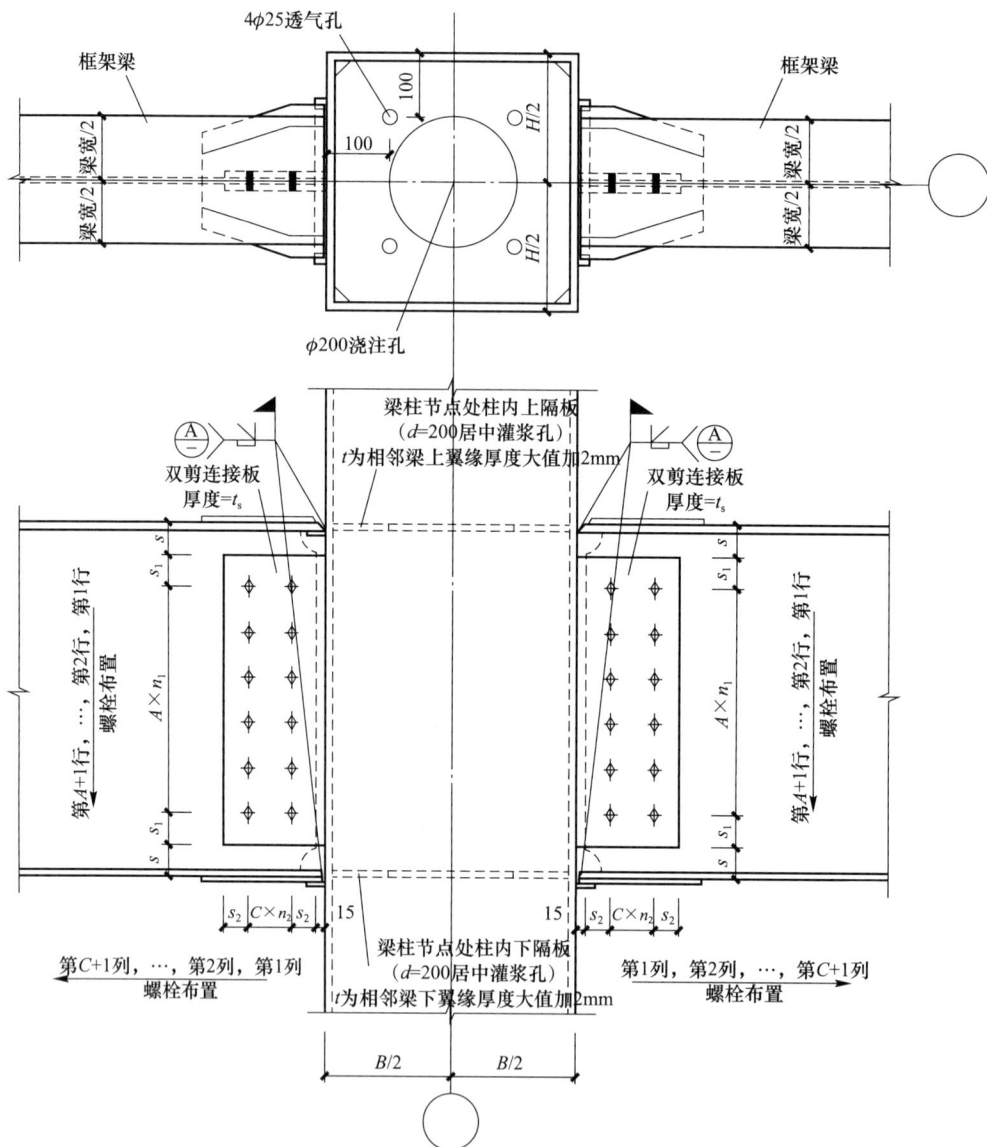

图 3.2.64 中间层相邻节点梁高度相同时梁柱节点连接

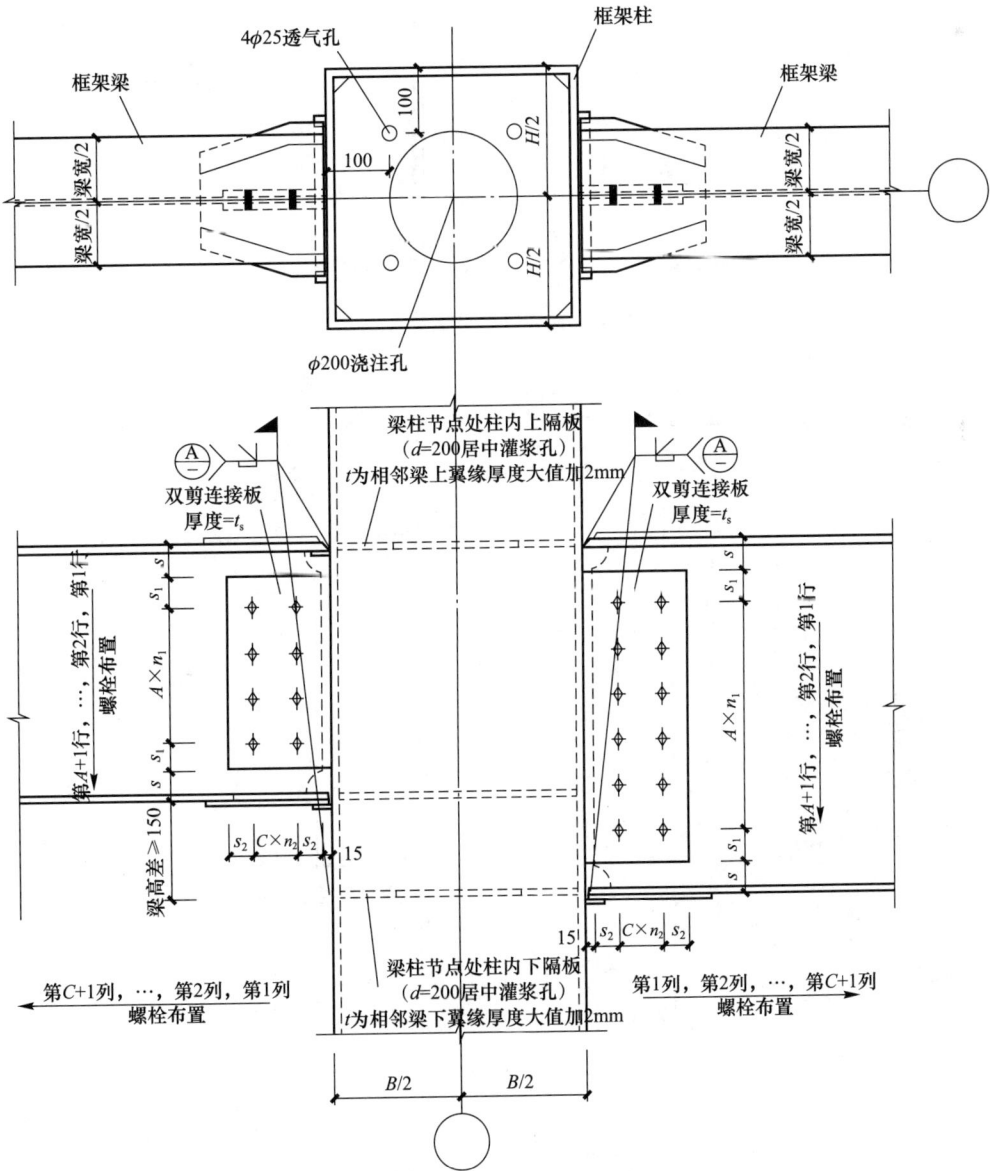

图 3.2.65 中间层相邻节点梁高差 ≥ 150mm 时梁柱节点连接

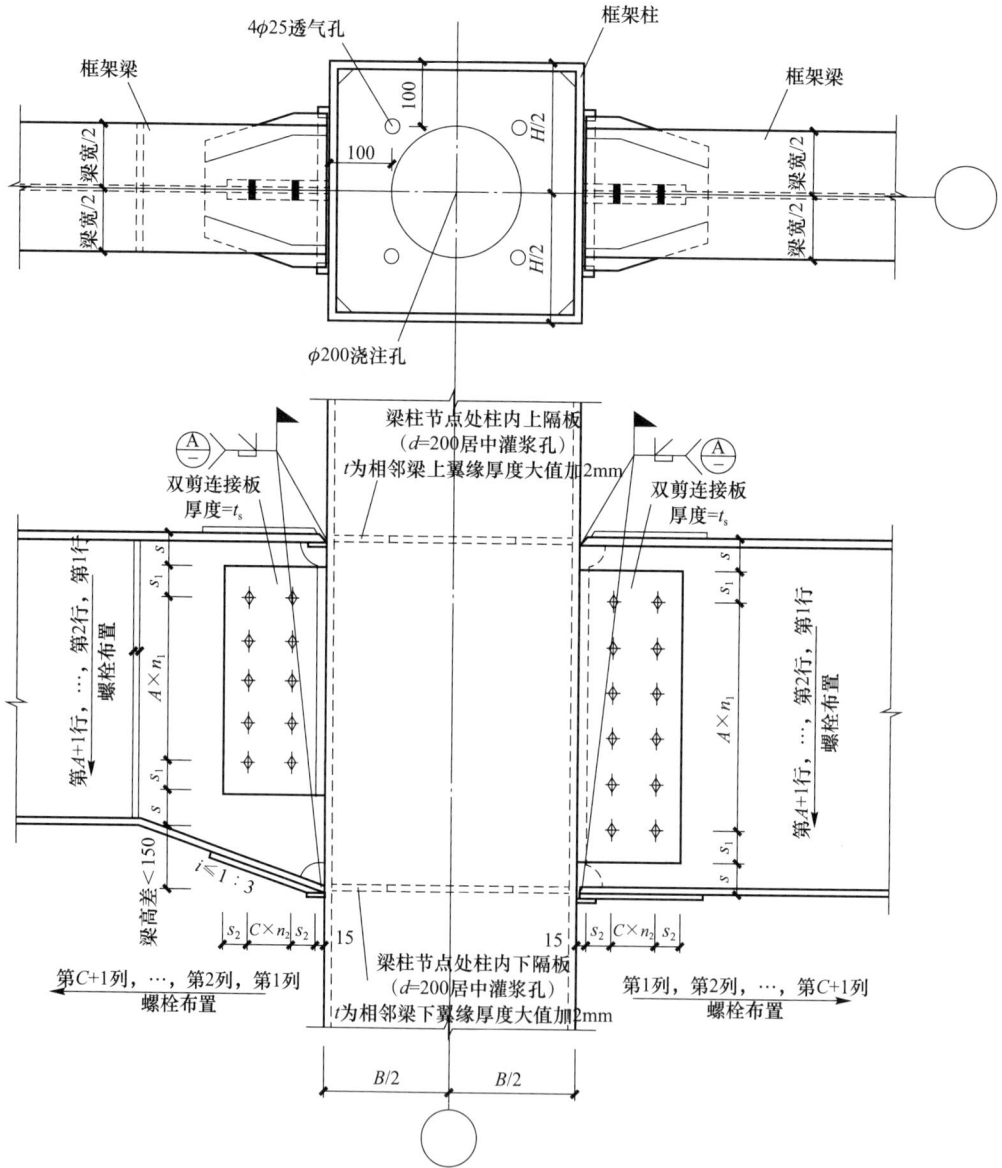

图 3.2.66　中间层相邻节点梁高差＜150mm 时梁柱节点连接

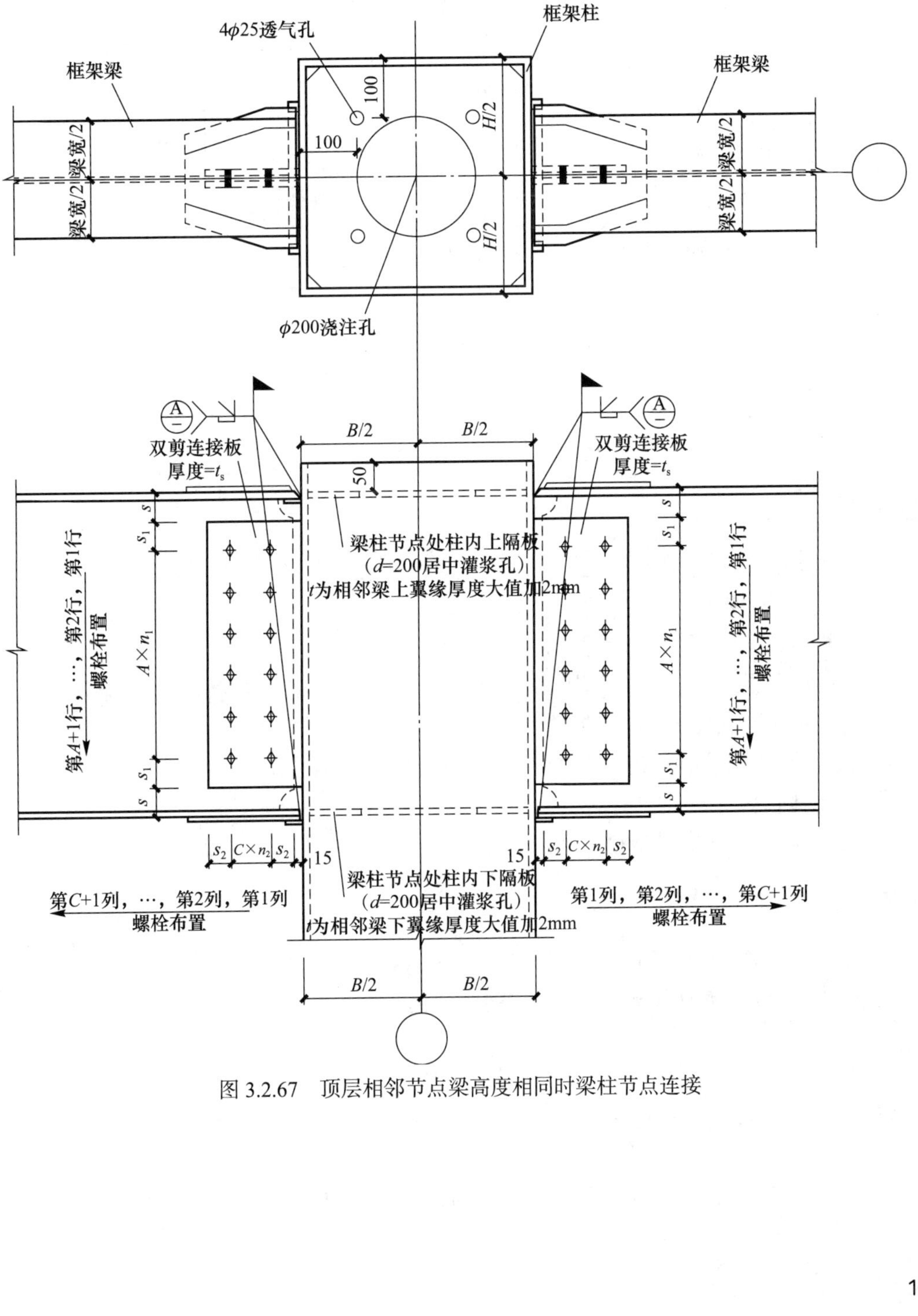

图 3.2.67 顶层相邻节点梁高度相同时梁柱节点连接

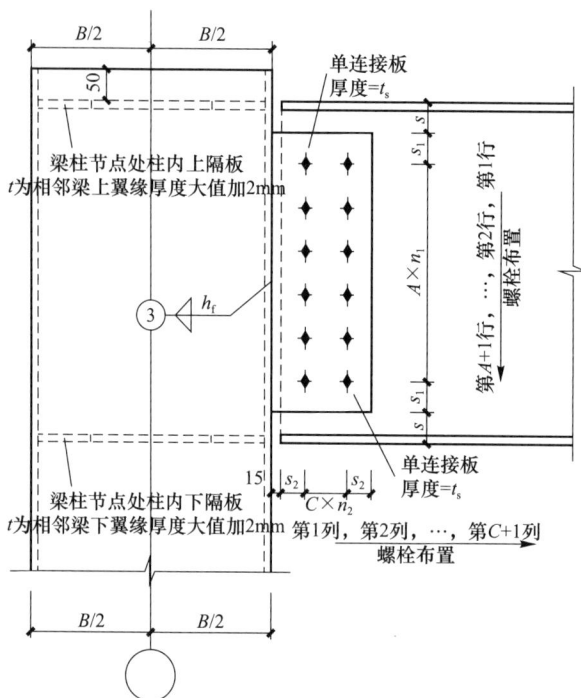

图 3.2.68　梁柱节点铰接

▌任务流程

本任务包括学习、识图、创建 BIM 模型 3 个过程。任务重点是提高学生自学能力和 BIM 三维模型创建能力。本任务主要流程如下：

（1）学生自学，学完本课程教学视频。

（2）教师在课堂上发放某高层钢结构住宅的建筑施工图和结构施工图，解析建筑物组成的主要构件，给出 BIM 三维建模精细度要求。

（3）学生利用课外时间在个人计算机上利用 Revit 或者 Tekla 软件完成某高层钢结构住宅三维模型的创建。

（4）教师给每个人的模型打分并给出评语。

▌注意事项

（1）每个人需要独立创建一个三维模型，禁止复制别人的模型。

（2）按课程教学视频内容和项目施工图创建模型，信息缺乏时按实际情况考虑。

▌提交成果

每人提交一份某高层钢结构住宅的三维 BIM 模型文件。

想一想：装配式钢结构住宅各个构件如何拆分？如何保障生产、运输、安装的信息一致性？

任务 3 编制高层钢结构安装施工方案

▌任务描述

本任务通过观看教学视频，课堂学习，根据某高层钢结构住宅项目信息，学生分组编制一份高层钢结构施工方案。施工方案内容包括工程概况、施工准备、施工安排、工艺流程、质量要求和安全施工保证措施等。

▌任务分析

想要完成本任务，必须了解钢结构安装施工方案的编制内容、编制依据。所以学生需要回顾"施工技术"和"建筑施工组织"等相关课程中关于施工方案编制的内容，同时查阅并参考其他类似钢结构项目的安装施工方案，完成本任务中相关项目钢结构安装施工方案的编制。

▌知 识 点

施工准备

▌3.3.1　施工准备

高层钢结构安装工程量大、控制严格、过程复杂，施工前的准备工作对安装工程的质量有着非常重要的影响。

1）安装前的技术准备

开工前各方图纸会审已完成，钢结构由于需要进厂加工制作，一般先进行钢结构深化设计，开工前要求深化图纸完成并通过设计院审核。项目正式施工前，钢结构施工组织设计、专项施工方案已完成并通过专家评审。项目部要完成三级安全教育、专项施工方案交底、技术交底、安全技术交底等工作。

2）建筑物轴线的交接及复测

施工单位会同建设单位、总包单位、监理单位及其他有关单位一起对提供的定位轴线进行交接验线，做好记录、标记，并采取保护措施。

根据提供的水准点（二级以上），用水准仪进行闭合测量，并将水准点测设到附近建筑物不宜损坏的地方，也可测设到建筑物内部，但要保持视线畅通，同时应加以保护。

复测完成后，测放支座节点的轴线位置与标高，以及钢柱定位轴线和定位标高。

3）钢构件进场验收

应根据安装进度将钢构件分批运至现场，构件到场后，按随车货运清单核对构件数量及编号，核查构件是否配套。如发现问题，制作厂应迅速采取措施，更换或补充构件，以保证现场正常施工。

按现场实际需要，明确每一种构件、材料精确进场时间，编制构件详细进场计划，进场计划应标明构件编号并明确日期，构件最晚在吊装前两天进场；同时应合理安排安装现场的材料堆放情况，尽量协调好安装现场与制作加工的关系，保证安装按计划进行。

构件的标记应外露，且能保持持久性，能经受日照、磨损、风雨冲刷等特殊条件，必要时可打钢印，以便于识别和检验。打捆构件标记应在一个方向，且在外包装上有构件汇总内容，汇总内容应包括捆内构件及材料的准确信息。对于装箱构件，应对装箱进行编号且在箱外注明详细构件汇总，汇总标记应清晰可识。注意构件的吊装、堆放安全，防止事故发生。

构件进场前应与现场指挥部联系，及时协调安排好堆场、卸车人员、机具，对于大批、多车一次进场，还应明确所有车辆的进场顺序、进场时间以及排队停放位置等。构件运输进场后，按规定程序办理交接、验收手续。

构件装卸、转运、堆放等，均须对工人、司机做好交底工作，使每名工人、司机明确工作内容以及注意事项等，保证构件进场安全高效。

现场构件验收主要内容为焊缝质量、构件外观和尺寸检查。质量控制重点在构件制作工厂。构件进场的验收及修补内容如表 3.3.1 所示。

表 3.3.1　构件进场验收及修补内容

序号	类型	验收内容	验收工具、方法	修补方法
1	焊缝	构件表面外观	目测	焊接修补
2		现场焊接剖口方向	参照设计图纸	现场修正
3		焊缝探伤抽查	无损探伤	碳弧气刨后重焊
4		焊脚尺寸	量测	补焊
5		焊缝错边、气孔、夹渣	目测	焊接修补
6		多余外露的焊接衬垫板	目测	切除
7		节点焊缝封闭	目测	补焊
8	构件外观及尺寸	钢柱变截面尺寸	量测	制作工厂控制
9		构件长度	钢卷尺丈量	制作工厂控制
10		构件表面平直度	靠尺检查	制作工厂控制
11		加工面垂直度	靠尺检查	制作工厂控制
12		H 形截面尺寸	对角线长度检查	制作工厂控制
13		钢柱柱身扭转	量测	制作工厂控制
14		H 型钢腹板弯曲	靠尺检查	制作工厂控制
15		H 型钢翼缘变形	靠尺检查	制作工厂控制
16		构件运输过程变形	参照设计图纸	变形修正
17		预留孔大小、数量	参照设计图纸	补开孔
18		螺栓孔数量、间距	参照设计图纸	铰孔修正
19		连接摩擦面	目测	小型机械补除锈
20		柱上牛腿和连接耳板	参照设计图纸	补漏或变形修正
21		表面防腐油漆	目测、测厚仪检查	补刷油漆

4）钢构件堆放

构件堆放按施工流程可分为堆场内堆放和施工场地内临时堆放。堆场内堆放可按节省空间、方便转运等原则堆放；施工场地内堆放须将所有构件铺开，以便于寻找和施工。构件堆放时应按照便于安装的顺序进行堆放，即先安装的构件靠近拼装设备或吊装设备堆放，后安装的构件紧随其后堆放在便于吊装的地方。构件堆放时一定要注意把构件的编号、标识外露，便于查看。

构件堆放处排水应畅通，避免水及潮湿环境加速钢构件锈蚀；钢构件堆放场地的周边不应存放化学品等腐蚀性物品。堆放场地若为盐碱地等特殊腐蚀性地质时，须对场地做必要处理，或采取将构件架空堆放等措施，避免不利地质对钢构件产生腐蚀。

构件堆放、看管、转运、查找等须设置专门的班组负责，便于构件的管理、保护。构件卸车、堆放、整理时须做好人员安全交底及防护措施，并做好机械设备检查，杜绝安全事故发生。

在地面上堆放构件时，为了防止构件发生变形，应根据构件类型、外形尺寸、保护要求等设置不同形式的支垫堆放方式。形状规则、质量轻的构件采用枕木支垫，体形大且质量较大的构件采用型钢支垫。堆场区域内的构件应按照构件类别分区域堆放；同一类型的构件堆放时，应做到"一头齐"；不同构件垛之间的净距不应小于1.5m。构件与地面以及构件层之间应设置垫木以便于调运绑钩。

腹板高度小于500mm的构件堆放时不应超过2层，腹板高度大于800mm的构件堆放时应采取防倾覆措施。胎架堆放场地应进行承载力验算，根据场地承载力合理安排堆放。胎架的堆放形式可依据施工现场实际分为卧放或立放。立放时，应采用钢索将胎架标准节顶部进行固定，防止倾覆；卧放时，两层标准节以及标准节与地面之间应设置木方，卧放不应超过两层；立放高度不应大于6m，卧放高度不应大于5m。胎架堆放边缘距离防护栏杆净距不应小于2m。

3.3.2 高层钢结构安装要点

合理确定高层钢结构安装流水段的划分和结构安装顺序，对保证安装进度、安装质量有着重要的影响。如果高层钢结构安装不划分流水段、不按构件安装顺序进行，而采取由一端向另一端由下而上整体进行安装，则易造成如下问题：构件连接误差积累，焊接变形难以控制，尺寸精度无法保证；构件供应和管理变得困难、混乱、复杂；结构安装过程中的整体性和对称性会很差，影响整个钢结构的安装质量。

高层钢结构
安装要点

1）安装流水段划分

高层钢结构安装，应按照建筑物平面形状、结构形式，安装机械数量、位置和吊装能力等划分流水段；同时，流水段的划分还应与混凝土结构施工相适应。流水段分为平面流水段和立面流水段。

平面流水段划分应考虑钢结构安装过程中的整体稳定性和对称性，一般遵循从中央向四周扩展的安装原则。

立面流水段的划分，常以一节钢柱高度内所有构件作为一个流水段。钢柱的分节长度取决于加工条件、运输工具和钢柱质量。长度一般为 12m 左右，质量不大于 15t，一节柱的高度多为 2 ~ 3 个楼层，分节位置在楼层标高以上 1.3m 处。

2）结构安装顺序

高层钢结构框架的安装原则，平面应从中间向四周扩展，垂直方向应由下向上逐步安装。安装顺序通常是：平面内从中间的一个节间开始，以一个节间的柱网（框架）为一个安装单元，先吊装柱，后吊装梁，然后向四周扩展；垂直方向由下向上组成稳定结构后，分层安装次要构件，一节间一节间安装钢框架，一层楼一层楼安装完成。这样有利于消除安装误差积累和焊接变形，使误差减小到最小限度，同时构件供应和管理较简易。一个立面流水段的安装顺序如图 3.3.1 所示。

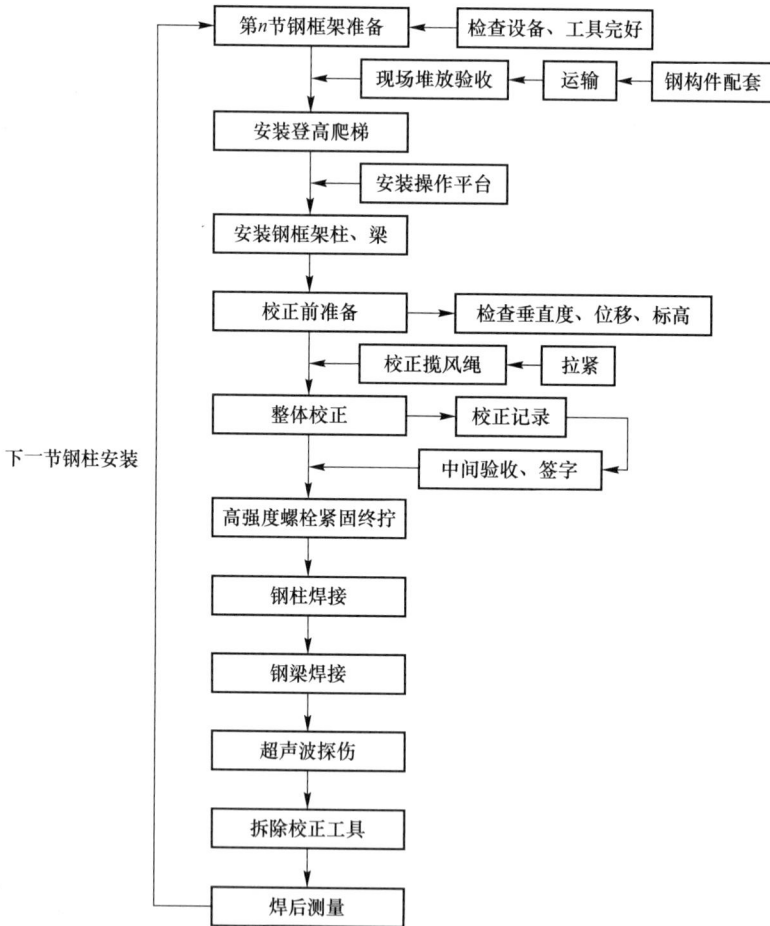

图 3.3.1　一个立面流水段的安装顺序

3）构件接头现场焊接

钢结构现场接头主要是柱与柱、柱与梁、主梁与次梁、梁拼接、支撑、楼梯等接头，主要采用栓焊结合的方式连接。接头形式、焊缝等级应符合设计图纸的要求。完成安装流水区段内主要构件的安装、校正、固定（包括预留焊接收缩量）工作后，方可进行构件接头的现场焊接。现场焊接应根据绘制好的构件焊接顺序图，按规定顺序进行。焊工应严格按照分配的焊接顺序施焊，不得自行变更。

当节点或接头采用腹板栓接、翼缘焊接形式时，翼缘焊接宜在高强度螺栓终拧后进行。

钢柱之间常用坡口焊缝连接，如图3.3.2所示。上节柱和梁经校正及固定后再进行柱接头焊接。柱与柱接头焊接宜在本层梁与柱连接完成之后进行。施焊时，应由两名焊工在相对称位置以相同速度同时进行。

柱与梁的焊接顺序为：先焊接顶部梁柱节点，再焊接底部梁柱节点，最后焊接中间部分梁柱节点；同一层梁柱接头焊接顺序如图3.3.3所示；单根梁与柱接头的焊缝，宜先焊梁的下翼缘，再焊其上翼缘，上、下翼缘的焊接方向相反。

图3.3.2　钢柱之间焊缝坡口

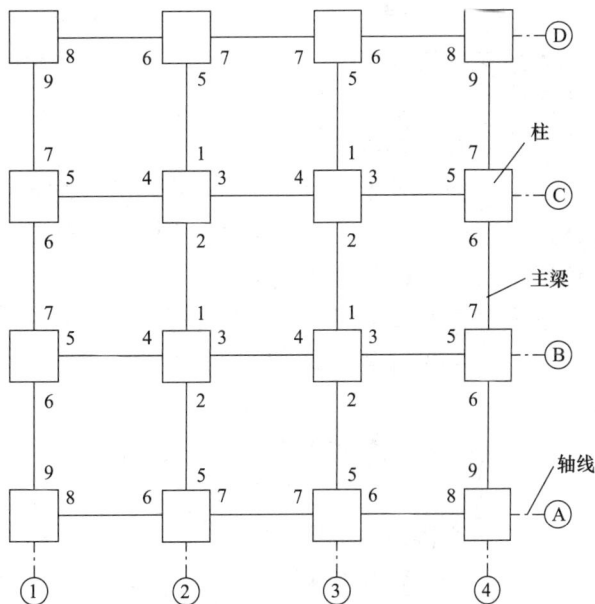

图3.3.3　同一层梁柱接头焊接顺序

梁柱接头采用焊接形式时，通常在梁上、下翼缘板焊缝位置处设置垫板，为保证起始焊缝质量，垫板长度宜宽出梁翼缘板3倍焊缝的厚度。例如，梁宽200mm，焊缝厚度设计要求为10mm，则垫板长度宜为200 + 10×3×2 = 260（mm）。

对于板厚大于或等于25mm的焊缝接头，应用多头烤枪进行焊前预热和焊后热处理，预热温度为60 ~ 150℃，热处理温度为299 ~ 300℃，恒温1h。

对于手工电弧焊，当风速大于5m/s（五级风）时，对于气体保护电弧焊，当风速大于3m/s（二级风）时，均应采取防风措施后施焊，雨天应停止焊接作业。

焊接工作完成后，焊工应在焊缝附近打上自己的识别钢印。焊缝应按要求进行外观检查和无损检测。

次梁与主梁的连接一般为铰接，通常在腹板上用高强度螺栓连接（图3.3.4），只有少量再在上、下翼缘处采用坡口焊缝连接。

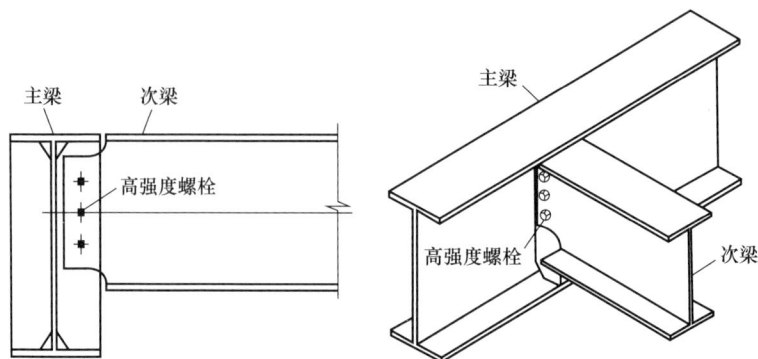

图 3.3.4　次梁与主梁连接构造

4）构件安装要点

柱安装时应先调整标高，再调整位移，最后调整垂直偏差，并应重复上述步骤，直到柱的标高、位移、垂直偏差符合要求；调整柱垂直度的缆风绳或支撑夹板，应在柱起吊前在地面上绑扎好。

构件的零件及附件应随构件一同起吊。柱上的爬梯及大梁上的轻便走道，应预先固定在构件上，随构件一同起吊。柱、主梁、支撑等大构件安装时，应随即进行校正。当天安装的钢构件应形成空间稳定体系。

进行钢结构安装时，楼面上堆放的安装荷载应予以限制，不得超过钢梁和压型钢板的承载能力。一节柱的各层梁安装完毕后，宜立即安装本节柱范围内的各层楼梯，并铺设各层楼面的压型钢板。

钢构件安装和楼盖钢筋混凝土楼板的施工应相继进行，两项作业相距不宜超过5层。当超过5层时，应由责任工程师会同设计部门和专业质量检查部门共同协商处理。

一个流水段内的全部钢构件安装、校正和固定完毕，并经测量检验合格后，方可浇筑管芯混凝土，然后再进行下一流水段的安装工作。

3.3.3　钢框架安装

1）钢柱安装

为了方便制作和安装，减少柱的拼接连接节点数目，一般情况下，柱的安装单元以三层为一根。特大或特重的柱，其安装单元应根据起重、运输、吊装等机械设备的能力来确定。钢柱的安装流程是：定位放线→吊装→就位→校正。图 3.3.5 所示为钢柱现场吊装图。

钢柱安装的流程如下：

（1）依据定位轴线、基础轴线和标高，按设计图纸要求，划出钢柱上下两端的安装中心线和柱下端标高线。

图 3.3.5　钢柱现场吊装图

（2）安装爬梯。吊装前将爬梯安装在钢柱的一侧，同时在钢梁牛腿位置处安装临时操作平台，便于钢柱对接时工人焊接操作，如图3.3.6所示。

（3）吊点设置及起吊方式。吊点设置在预先焊好的连接耳板处。为防止起吊时吊耳变形，采用专用吊具并采用单机旋转起吊。起吊前，钢柱应垫上枕木以避免起吊时柱底与地面的接触；起吊时，不得使柱端在地面上有拖拉现象。钢柱吊到就位上方200mm时，应停机稳定，对准螺栓孔和十字线后，缓慢下落，使钢柱四边中心线与基础十字轴线对准。

（4）钢柱吊装（图3.3.7）。起吊时钢柱应垂直，尽量做到回转扶直，在起吊回转过程中，应避免同其他已经安装的构件发生碰撞。吊索应预留有效的高度，起吊扶直前将登高爬梯和挂篮等挂设在预定位置上，并绑扎牢固，就位后临时固定地脚螺栓，校正垂直度；柱接长时，上节钢柱对准下节钢柱的顶中心，然后用螺栓固定钢柱两侧临时固定用连接板，钢柱安装到位，对准轴线，临时固定牢固后才能松开钩子。

图3.3.6　钢柱上的爬梯和临时操作平台

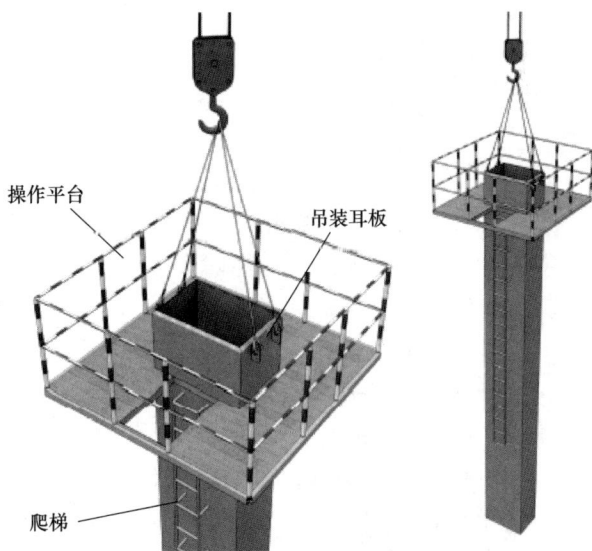

图3.3.7　钢柱的吊装

吊装有单机旋转法、单机滑行法和双机抬吊法3种方法。

采用单机旋转法吊装柱时，柱的平面布置宜使柱脚靠近基础，柱的绑扎点、柱脚中心与基础中心3点宜位于起重机的同一起重半径的圆弧上。单机旋转法吊装柱振动小、效率高，但对起重机的机动性要求高。当采用履带式起重机、汽车式起重机或轮胎式起重机时，宜采用此法。

采用单机滑行法吊装柱时，起重机只升钩，起重臂不转动，柱顶随起重钩的上升而上升，柱脚随柱顶的上升而滑行，直至柱直立、吊离地面，待柱脚旋转至基础杯口上方时，插入杯口。单机滑行法吊装柱振动大，但起吊过程中只需升钩一个动作。当采用独脚把杆、人字把杆吊装柱时，常采用此法；另外对于一些长而重的柱，为方便构件布置和吊升，也常采用此法。

采用双机抬吊法时，利用两台起重机将钢柱起吊，使钢柱底部悬空，然后主机起钩，副机配合，使钢柱在空中回直。一般钢柱较重或带有较大的挑翼时，采用此种方法。

（5）安装时通过钢柱两端头的对合线进行水平定位（图3.3.8），通过两台全站仪观测柱身两个相互垂直方向的垂直定位线来保证钢柱的垂直度，通过手持测距仪来校验柱间距（图3.3.9）。

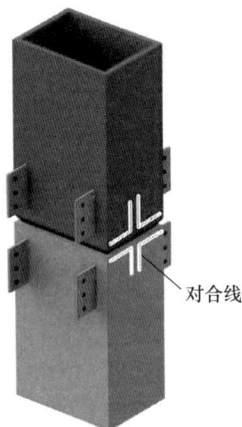

图 3.3.8　钢柱端头对合线

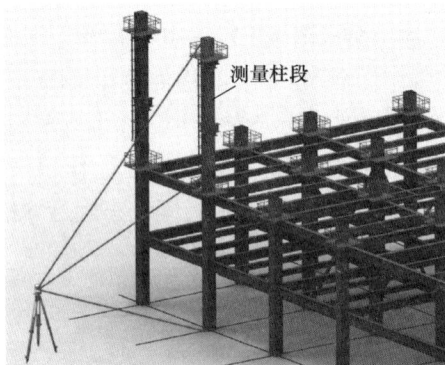

图 3.3.9　测量控制示意图

柱脚定位示意如图3.3.10所示。钢柱吊到就位上方200mm时，应停机稳定，对准螺栓孔和十字线后，缓慢下落，使钢柱四边中心线与基础十字轴线对准，下落过程中应避免磕碰地面。

（6）拉设缆风绳临时固定钢柱。采用两台经纬仪在柱的两个方向同时进行观测控制（图3.3.11），将柱顶轴线偏移控制在规定范围内。最后收紧缆风绳，拧紧临时连接耳板的大六角头高强度螺栓至额定扭矩，将钢柱固定。

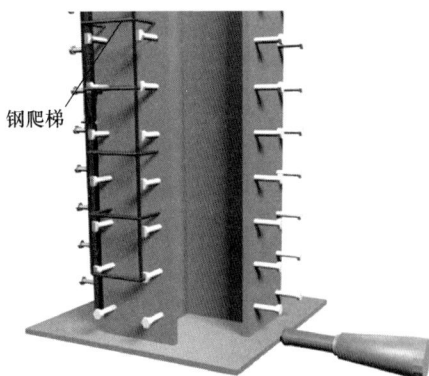

图 3.3.10　柱脚定位示意

图 3.3.11　钢柱使用缆风绳临时固定时经纬仪观测

（7）柱身垂直度校正。在柱的偏斜一侧打入钢楔或用顶升千斤顶［图3.3.12（a）］，采用3台经纬仪在柱的3个方向同时进行观测，如图3.3.12（b）所示。在保证单节柱垂直度满足要求的前提下，注意预留焊缝收缩对垂直度的影响，将柱顶轴线偏移控制在规定范围内。最后拧紧临时连接耳板的大六角头高强度螺栓至额定扭矩，并将钢楔与耳板固定。

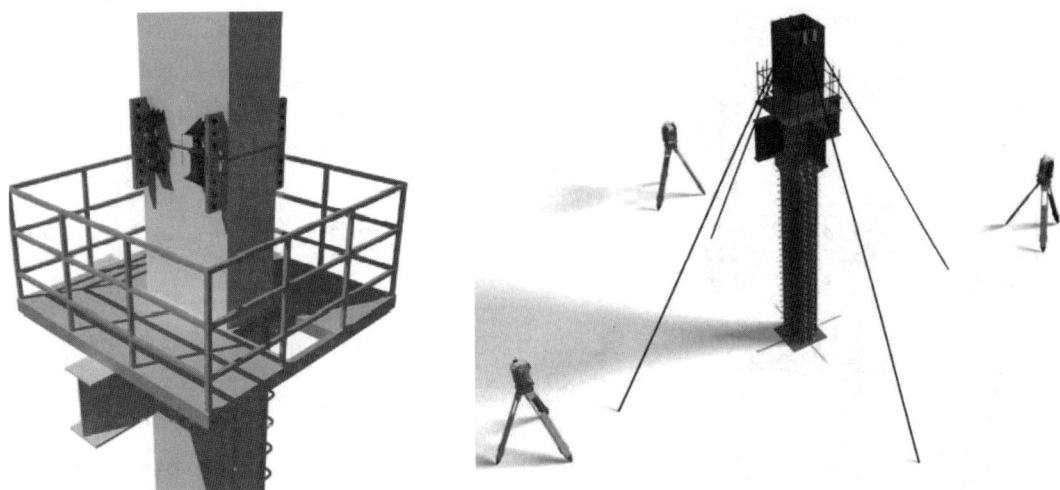

(a) 柱偏斜用顶升千斤顶调整　　　　　　　　　(b) 经纬仪观测

图 3.3.12　采用千斤顶调整柱身偏斜

钢柱校正主要是控制钢柱的水平标高、十字轴线位置和垂直度，在整个过程中以测量为主，其中垂直度校正应满足以下要求：

每根钢柱须重复多次校正和观测垂直偏差值。先在起重机脱钩后用电焊钳进行校正；由于点焊时钢筋接头冷却收缩会使钢柱偏移，点焊完成后须二次校正；梁、板安装后须再次校正。对数层一节的长柱，在每层梁安装前后均须校正，以免产生误差累积。

当下柱出现偏差时，一般在上节柱的底部就位时，可对准下节柱中心线和标准中心线的中点各借 1/2，而上节柱的顶部仍以标准中心线为准。

柱垂直度允许偏差为 $h/1000$（h 为柱高），但不大于 20mm。柱中心线相对定位轴线的位移不得超过 5mm，上、下柱接口中心线位移不得超过 3mm。

多节钢柱校正比普通钢柱校正更为复杂，在实际操作过程中需要对每根钢柱下节柱重复多次校正。

（8）柱标高校正。吊装就位后，使用临时螺栓连接连接板固定上下耳板，如图 3.3.13 所示；但连接板不夹紧，通过起落钩与撬棒调节柱间间隙，通过上下柱标高控制线之间的距离与设计标高值进行对比，并考虑焊缝收缩及压缩变形量，将标高偏差调整至 5mm 以内。符合要求后打入钢楔，点焊限制钢柱下落。

（9）柱身扭转调整。柱身的扭转调整通过上下耳板在不同侧夹入垫板（垫板的厚度一般为 0.5 ～ 1.0mm），在上连接板拧紧大六角头螺栓来调整。每次扭转调整在 3mm 以内，若偏差过大则可分成 2 或 3 次调整。当偏差较大时，可通过在柱身侧面临时安装千斤顶对钢柱接头的扭转偏差进行校正，如图 3.3.14 所示。

2）钢梁的安装

框架梁和柱连接通常为上下翼缘板焊接、腹板栓接，或者全焊接、全栓接的连接方式。钢梁在吊装前，应于柱牛腿处检查柱和柱的间距，并应在梁上装好扶手杆和扶手绳，以便待主梁吊装就位后，将扶手绳与钢柱系牢，以保证施工人员的安全。

图 3.3.13　临时螺栓连接连接板固定上下耳板

图 3.3.14　采用千斤顶调整柱身扭转

（1）钢梁安装顺序。钢梁的安装顺序总体随钢柱的安装顺序进行，相邻钢柱安装完毕后，应及时连接之间的钢梁，使安装的构件及时形成稳定的框架，并且每天安装完的钢柱必须用钢梁连接起来，不能及时连接的应拉设缆风绳进行临时稳固。一节钢柱一般有 2 或

图 3.3.15　钢梁安装现场图

3 层梁，按先主梁后次梁，先内后外，先下层后上层的安装顺序进行安装。由于梁上部和周边都处于自由状态，易于安装和控制质量，一般在钢结构安装实际操作中，同一列柱的钢梁从中间跨开始对称地向两端扩展安装；同一跨钢梁，先安装上层梁再安装下层梁，最后安装中层梁。钢梁安装的流程为：定位放线→吊装→就位→校正。图 3.3.15 所示为钢梁安装现场图。

（2）吊点设置。钢梁吊装宜采用专用吊具，一般采用两点绑扎吊装（图 3.3.16）；当梁跨度较大时，采用 4 点绑扎吊装，如图 3.3.17 所示。吊装梁的吊索水平角度不得小于 45°，绑扎必须牢固。钢梁的吊点设置在梁的三等分点处，在吊点处设置耳板，待钢梁吊装就位完成之后割除。为防止吊耳起吊时变形，采用专用吊具装卡，此吊具用普通螺栓与耳板连接。对于同一层质量不大的钢梁，在满足塔吊最大起重量的同时，可以采用一钩多吊，以提高吊装效率，如图 3.3.18 所示。

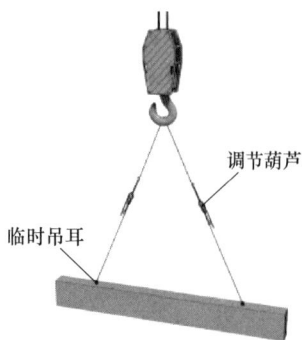

图 3.3.16　钢梁吊装示意图

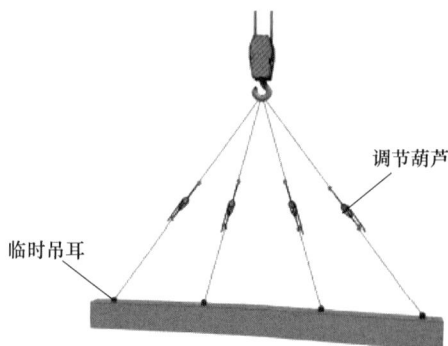

图 3.3.17　大跨度钢梁吊装示意图

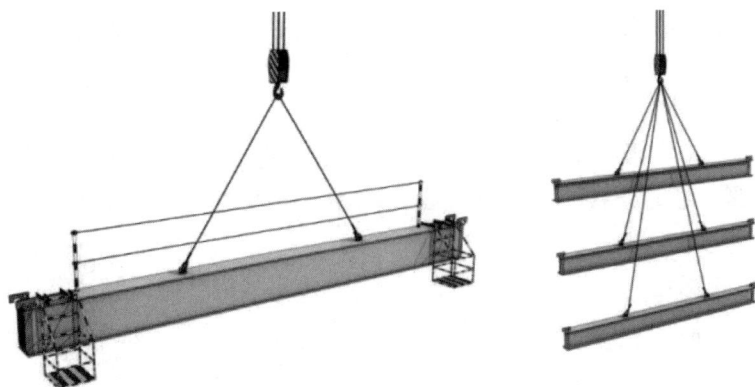

图 3.3.18 钢梁的一钩多吊示意图

（3）吊装。①钢梁正式起吊前要进行试吊。钢梁吊离地面 30 ～ 40cm，检查吊点布置是否合适，钢梁稳定性是否满足要求。②主梁起吊到位对正。先用撬棍，再用冲头调整好构件的准确位置固定，待主梁全部吊装完毕后，进行高强度螺栓的初拧和终拧。

（4）校正。在钢梁端头挂吊篮，先进行上层主梁校正，检查，高强度螺栓初拧、终拧，再进行下层梁校正，高强度螺栓初拧、终拧。钢框架校正可借助千斤顶、手拉葫芦等工具进行，如图 3.3.19 所示。校正结束后，各连接节点处用临时定位板进行固定，以适应焊接变形调整的需要，如图 3.3.20 所示。

图 3.3.19 钢梁调整措施

图 3.3.20 临时定位板固定钢梁

钢梁吊装前，应清理钢梁表面污物；对产生浮锈的连接板和摩擦面在吊装前进行除锈。待吊装的钢梁应装配好附带的连接板，并用工具包装好螺栓。钢梁吊装就位时要注意钢梁的上下方向和水平方向，确保安装正确。

钢梁安装就位时，及时夹好连接板，对孔洞有偏差的接头应用冲钉配合调整跨间距，然后再用普通螺栓临时连接。普通安装螺栓数量按规范要求不得少于该节点螺栓总数的30%，且不得少于两个。

为了保证结构稳定、便于校正和精确安装，对于多楼层的结构层，应首先固定顶层梁，再固定下层梁，最后固定中间梁。一个框架内的钢柱、钢梁安装完毕后，应及时进行测量校正。

钢梁焊接时，在焊接位置设置挂架作为焊接操作平台。由于钢梁截面类型为 H 型钢，根据以往类似工程经验，钢梁对接口操作平台采用吊笼比较合适。吊笼采用 $\phi 12$ 的圆钢焊接而成。根据操作空间要求，吊笼长、宽均为 500mm，吊笼高度为 800mm，挂钩长度 L_1 和 L_2 根据构件截面尺寸进行调整。钢梁焊接操作平台示意图如图 3.3.21 所示。

图 3.3.21　钢梁焊接操作平台示意图

3.3.4　防屈曲钢板剪力墙安装

1）安装方案选择

防屈曲钢板剪力墙的安装直接影响施工安全、进度和质量。防屈曲钢板剪力墙安装方法有两种：待上部钢梁施工完成后组拼安装；与上部钢梁组合后整体吊装。前者成本高，安装效率、施工安全系数低，因此本项目采用将防屈曲钢板剪力墙与上部钢框梁等强焊接后进行整体吊装的方式。

防屈曲钢板
剪力墙安装

防屈曲钢板剪力墙底部的鱼尾板与钢框梁连接时间和顺序应满足设计要求。当钢板剪力墙既承受水平剪力又承受竖向压力时可与主体钢框梁同时安装施工；当钢板剪力墙仅承受水平剪力、不承受竖向压力时须待主体结构封顶后，再将钢板剪力墙底部的鱼尾板与钢框梁连接固定。本项目中钢板剪力墙只承受水平剪力，因此钢板剪力墙底部的鱼尾板与钢框梁须在主体结构封顶、结构自重变形释放后连接固定。安装时按楼层从上到下的顺序对防屈曲钢板剪力墙下部施焊。

防屈曲钢板剪力墙钢板上部与钢梁翼缘连接、防屈曲钢板剪力墙底部鱼尾板与钢框梁连接采用全熔透焊接连接。

2）施工流程

防屈曲钢板剪力墙安装施工流程如下：钢板与鱼尾板工厂预连接→搭设胎架，钢板与预制混凝土板现场组装→防屈曲钢板剪力墙与上部钢框梁焊接→安装带有钢框梁的钢板剪力墙→钢框梁与两侧钢柱初步连接→梁柱接头采用高强度螺栓连接、钢板剪力墙底部鱼尾板与钢框梁上翼缘焊接连接→填塞弹性封堵材料。

（1）钢板与鱼尾板工厂预连接。钢板和鱼尾板均在构件加工厂制作，钢板表面刷防锈漆，开孔直径和间距须满足设计要求，钢板和鱼尾板制作验收合格后进行焊接组装，每块钢板的上、下部位均用两块鱼尾板拼夹，鱼尾板采用单面角焊缝与钢板焊接。

（2）搭设胎架，钢板与预制混凝土板现场组装。施工现场用H型钢制作胎架，利用塔式起重机吊装第一块预制混凝土板平放在胎架上，在预制混凝土板上放置钢板并将钢板开孔与预制混凝土板预埋钢套管中心对正，吊装第二块预制混凝土板，将其上预埋钢套管与钢板开孔对正，利用对拉沉头螺栓（配螺母、预埋垫片）将预制混凝土板与钢板固定（图3.3.22）。

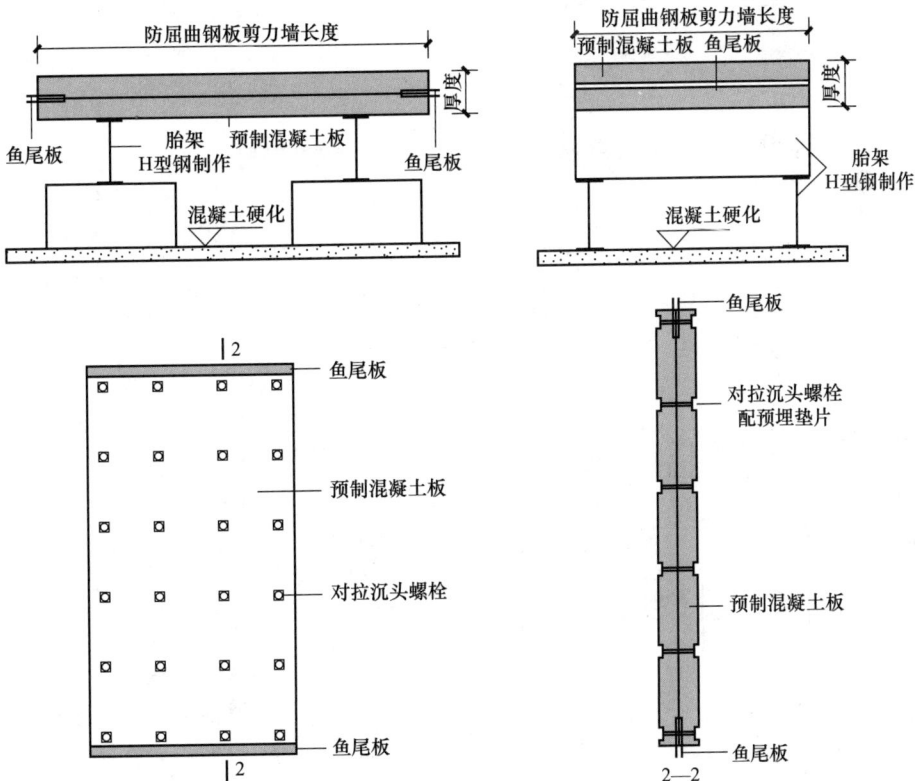

图3.3.22　钢板与预制混凝土板拼装

（3）防屈曲钢板剪力墙与上部钢框梁焊接。钢板剪力墙组装验收合格后，搭设胎架与上部钢框梁焊接。钢框梁上翼缘设计有附加搁板和吊耳，防屈曲钢板剪力墙的鱼尾板与钢框梁下翼缘采用全熔透焊接，如图 3.3.23 所示。

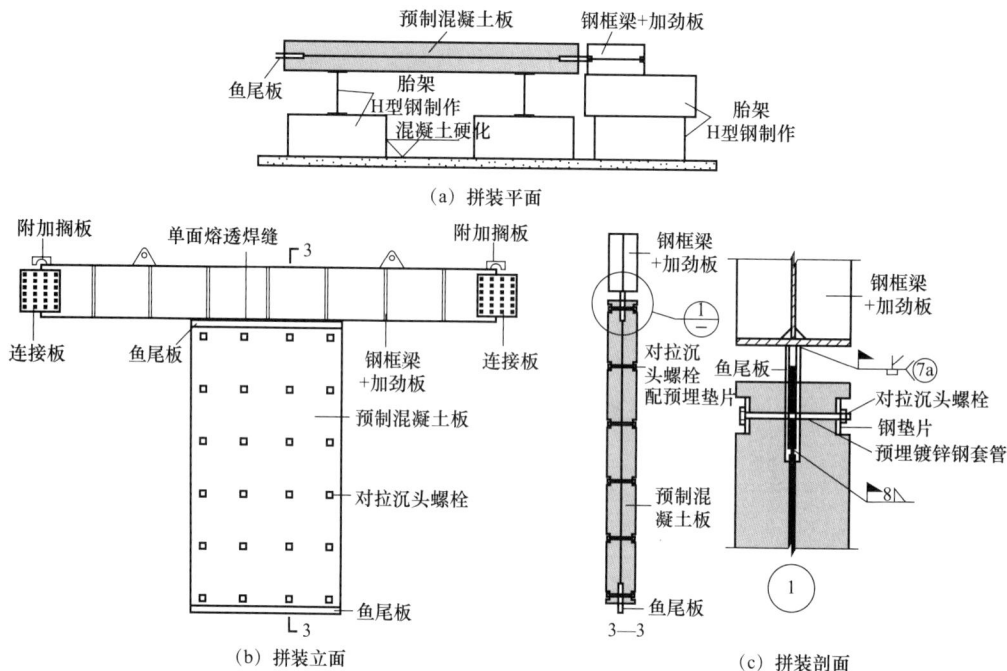

（a）拼装平面

（b）拼装立面　　　　　（c）拼装剖面

图 3.3.23　防屈曲钢板剪力墙与上部钢框梁连接

（4）带有钢框梁的钢板剪力墙安装。塔式起重机吊钩加铁扁担（平衡梁），采用双根钢丝绳吊索及配套卡环，穿过钢框梁吊耳将带有钢框梁的钢板剪力墙缓慢吊起，吊至距地面 500mm 高度时停止，检查钢丝绳松紧度，注意钢丝绳与钢框梁的角度应 ≥ 60°。

（5）钢框梁与两侧钢柱初步连接。将带有钢板剪力墙的钢框梁起吊下降至距指定位置 300mm 时，人工辅助使钢框梁缓慢下降，将附加搁板搁置在梁柱接头钢框梁上翼缘，随即将钢框梁与两侧钢柱上的梁柱接头拼缝对准，并用安装螺栓临时固定，安装螺栓数量不少于该节点总数的 1/3，且 ≥ 2 个，螺栓安装后卸掉塔式起重机钢丝绳，如图 3.3.24 所示。

图 3.3.24　钢框梁（带钢板剪力墙）与钢柱初步连接

（6）梁柱接头采用高强度螺栓连接、钢板剪力墙底部鱼尾板与钢框梁上翼缘焊接连接。在梁柱接头位置安装钢挂篮，每个梁柱接头位置配专职装配工人，工人在挂篮内从中心向四周用电动扳手拧紧高强度螺栓。高强度螺栓施拧分为初拧和终拧，初拧扭矩取终拧扭矩的50%。高强度螺栓连接完成后将钢框梁的翼缘采用V形坡口焊接连接。待主体结构封顶、结构自重变形充分释放后，焊工利用钢挂篮将钢板剪力墙底部鱼尾板与对应的钢框梁上翼缘采用单面熔透焊缝连接，如图3.3.25所示。

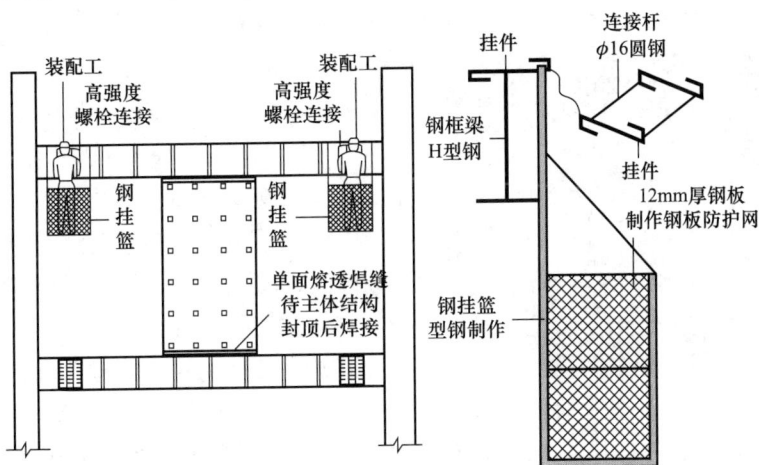

图3.3.25　梁柱接头高强度螺栓连接、钢板剪力墙底部鱼尾板与钢框梁上翼缘焊接连接

（7）填塞弹性封堵材料。钢板剪力墙鱼尾板与下部钢框梁上翼缘焊接后，对焊缝进行检测，合格后采用隔声弹性材料填充混凝土盖板与钢框梁间的间隙，并用轻型金属架及耐火板材覆盖（图3.3.26）。

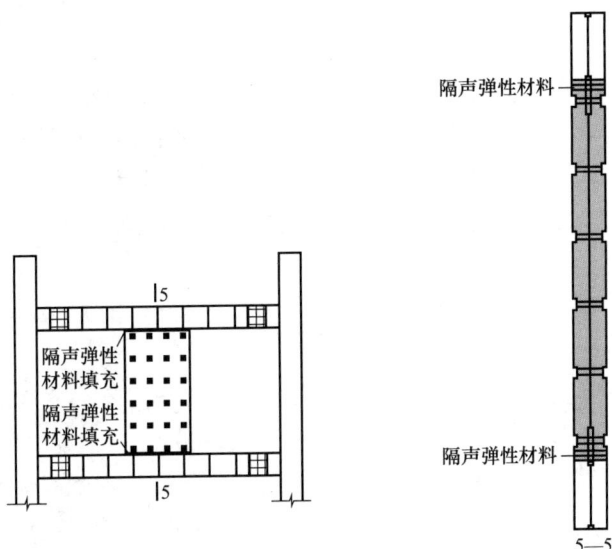

图3.3.26　钢板剪力墙连接端材料填充

该分项工程施工前应检查钢板和预制混凝土板的质量合格证明文件和检验报告。单块

钢板剪力墙的高度和宽度及平面内对角线允许偏差不超过 ±4mm，沉头螺栓的定位允许偏差不超过 ±5mm。注意单块钢板表面不得有凹凸不平、划痕等缺陷。鱼尾板与钢板、鱼尾板与钢框梁翼缘间的焊缝要饱满、无夹渣，焊缝表面不得有裂纹、焊瘤等缺陷。

▌3.3.5　楼板安装

楼板安装

本项目楼板采用钢管桁架预应力混凝土叠合板和钢筋桁架楼承板，前者和带桁架钢筋的叠合楼板安装类似，本书不再赘述。下面将介绍钢筋桁架楼承板的安装，见图 3.3.27。

由于钢筋桁架楼承板能显著减少现场钢筋绑扎量，加快施工进度，保证施工安全性，其在厂房和民用住宅中有着非常广泛的应用。为了保证施工安全，需要按照以下顺序和方法正确施工。

1）施工顺序

平面上每层钢筋桁架楼承板宜根据施工图起始位置向一个方向铺设，最后处理边角部分。楼

图 3.3.27　钢筋桁架楼承板安装现场图

层上随主体结构安装施工顺序铺设相应各层的钢筋桁架楼承板，适宜在下一节钢柱及配套钢梁安装完毕后进行。

2）安装要点

铺设钢筋桁架楼承板前，按图纸所示的起始位置布置基准线，对准基准线，安装第一块板，将其支座竖筋与钢梁点焊固定，再依次安装其他板，在铺设过程中每铺设一跨板要根据图纸标注尺寸进行校对，若有偏差应及时调整。

楼板连接采用扣合方式，板与板之间的拉钩连接应紧密，保证浇筑混凝土时不漏浆，同时注意排板方向要一致，桁架节点间距为 200mm，注意不同模板的横向节点要对齐。

钢柱角部、核心筒转角处、梁面衬垫连接板等平面形状变化处，可对板材两端切割，切割前应对要切割的尺寸进行放线并检查复核。切割后的板材端部仍须按照原来的要求焊接水平支座钢筋和竖向支座钢筋。若在节点中部切断，腹杆钢筋也须焊接在竖向钢筋上，就位后方可进行安装。

若跨间收尾处板宽不足 576mm，可将板材沿钢筋桁架长度方向切割，切割后板上应有一榀或二榀钢筋桁架，不得将钢筋桁架切断。

钢筋桁架平行于钢梁端部处，底模在钢梁上的搭接长度不小于 30mm，沿长度方向将镀锌钢板与钢梁点焊，焊接采用手工电弧焊，间距为 300mm。

钢筋桁架垂直于钢梁端部处，板材端部的竖向钢筋在钢梁上的搭接长度应 ≥ 5d（d 为钢筋直径），且不能小于 50mm，并应保证镀锌底模能搭接到钢梁之上。

待铺设一定面积后，应按设计要求设置楼板支座连接筋、加强筋及负筋等。必须及时绑扎板底钢筋，以防止钢筋桁架侧向失稳；同时必须按照设计要求及时设置临时支撑，并确保支撑稳定、可靠。

边模板安装时应拉线校直，调节合适后钢筋一端与栓钉点焊，一端与边模板点焊，将边模板固定，边模板底部与钢梁的上翼缘点焊间距为300mm，并让两者紧贴。安装完成后进行全面检查，确保所有的边模板都已按照施工图要求安装完毕，保证无漏浆部位的存在。

栓钉焊接时，钢筋桁架楼承板底模与母材的间隙应控制在1.0mm以内，以保证良好的栓钉焊接质量。

若楼板上设计有洞口，施工时应预留。应按设计要求设置洞口边加强筋，四周设置边模板，待楼板混凝土达到设计强度后方可切断钢筋桁架模板的钢筋及底模。切割时宜从下向上切割，防止底模边缘与浇注好的混凝土脱离，切割可采用机械切割或氧割。

钢筋桁架楼承板安装好以后，禁止切断钢筋桁架上的任何钢筋，若确需将钢筋桁架裁断，应采用相同型号的钢筋将钢筋桁架重新绑扎连接，并满足设计要求的搭接长度。

钢筋桁架楼承板中敷设管线，正穿时采用刚性管线，斜穿时宜采用柔韧性较好的材料。板端及板边与梁重叠处，不得有缝隙。

钢筋桁架楼承板铺设好后，应做好成品保护，避免人为损坏，禁止堆放杂物。

3）安装验收内容

检查每个部位钢筋桁架楼承板的型号；检查支座竖筋及板边与钢梁焊接情况；检查钢筋长度、错开百分率及排列间距等；检验栓钉焊接质量、数量及间距；检查板边是否有漏浆可能；检查钢筋桁架楼承板与剪力墙的连接情况；查看临时支撑情况。

3.3.6　安全施工的技术组织措施

1）安全管理方针及目标

钢结构施工安全管理必须坚决落实"安全第一，预防为主""管生产必须管安全""安全为了生产，生产必须安全"的规定，积极开展"安全性评价"和"施工现场安全达标"活动，全面实行"预控管理"制度，建立健全安全生产责任制，在思想上重视，在行动上落实，以控制和减少伤亡事故的发生。

安全文明施工

施工单位编制施工组织设计时，必须明确施工安全管理目标。严格遵守国家有关安全生产的法律法规，认真执行工程承包合同中的有关安全要求。杜绝重大伤亡事故、火灾事故的发生，减少轻伤事故发生次数；发现安全隐患应及时有效整改。

2）安全责任制度

在施工中，始终贯彻"安全第一、预防为主"的安全生产工作方针，认真执行建筑施工企业安全生产管理的各项规定，把安全生产工作纳入施工组织设计和施工管理计划中，使安全生产工作与生产任务紧密结合，保证施工人员在生产过程中的安全与健康，严防各类事故发生，以安全促生产；同时服从业主方对安全的统筹管理，配合业主方做好各项现场施工安全工作。

参加施工的全体人员，从工程开工到竣工，都必须严格执行国家有关安全法规规定及有关单位的安全生产规章制度；相关企业应建立各级安全生产责任制度并严格考核。

成立以项目经理为组长，项目副经理、技术负责人、安全监督员为副组长，专业工长和班组长为组员的项目安全生产领导小组，在项目中形成纵横网络管理机制。各自的职责如下：

（1）项目经理。全面负责施工现场的安全措施、安全生产等，保证施工现场的安全。

（2）项目副经理。直接对安全生产负责，督促、安排各项安全工作，并随时检查。

（3）技术负责人。制定项目安全技术措施和分项安全方案，督促安全措施落实，解决施工过程中的不安全技术问题。

（4）安全监督员。督促施工全过程的安全生产，纠正违章行为，配合有关部门排除施工中的不安全因素，安排项目内安全活动及安全教育的开展。

（5）施工工长。负责上级安排的安全工作的实施，进行施工前的安全交底工作，监督并参与班组的安全学习。

3）安全保证体系

在本项目的施工进程中，成立项目经理主管、安全员具体负责、班组长具体落实的安全保证体系，并通过安全保证体系进行相应的责任分解，层层落实安全生产，保证安全目标的实现。图3.3.28所示为某工程钢结构施工安全保证体系。

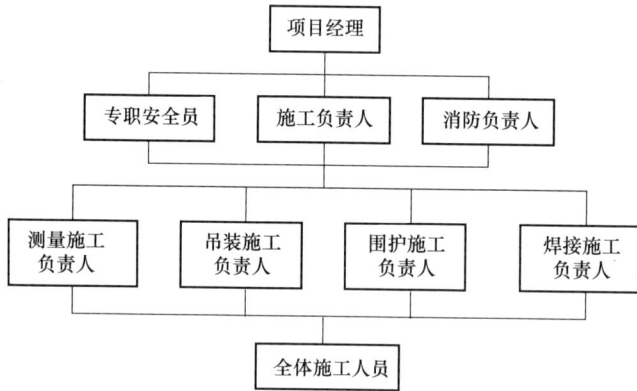

图3.3.28 某工程钢结构施工安全保证体系

4）安全管理制度

施工现场应建立如下安全管理制度：施工组织设计与专项安全方案编审制度、安全生产责任制考核制度、管理人员安全目标职责制度、安全教育制度、安全技术交底制度、班前安全活动制度、安全生产检查制度、安全例会制度、奖罚制度、事故报告制度、危险作业审批制度、用电管理制度、防火制度及措施、特殊工种作业管理制度和现场应急预案等。

依据以上各项制度及岗位职责进行责任分解，项目部各成员及班组成员均必须严格遵守执行，确保本项目安全生产管理目标的实现。

5）现场安装安全保证措施

（1）施工现场全体人员按国家规定正确使用劳动防护用品，进入施工现场必须戴安全帽，2m以上高空作业必须佩戴安全带，见图3.3.29。高空作业人员应具备高空作业资格；开工前应进行身体检查，患有高血压、心脏病、贫血以及其他不适于高空作业者，不得从事高空作业。

图 3.3.29　双钩安全带

（2）施工现场各类孔洞、临边必须有防护设施。图 3.3.30 所示为楼层高空临面防护设施。

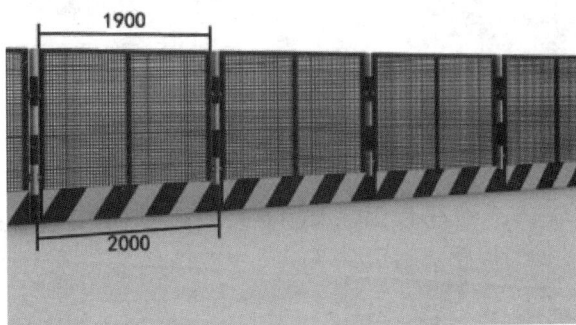

图 3.3.30　楼层高空临面防护设施

（3）机械设备、脚手架等设施，使用前须经有关单位按规定验收，并做好验收及交付使用的书面手续。租赁的大型机械设备现场组装后，经验收、负荷试验合格并颁发准用证后方可使用，严禁在未经验收或验收不合格的情况下投入使用。

（4）对于施工现场的脚手架、各种安全设施、安全标志和警告牌等不得擅自拆除、变动，必须经指定负责人及安全管理员的同意，并采取必要可靠的安全措施后方能拆除、变动。

（5）施工机械的操作者须持证上岗，起重机械安装、使用、拆卸、监督管理应符合《建筑起重机械安全监督管理规定》。严格遵守"十不吊"规定，吊机作业半径内不准站人。

（6）特种作业人员须持证上岗。

（7）大型构件安装就位后，要注意采取必要的保护措施与临时固定措施。

知识拓展

吊装工程"十不吊"

　　吊装工程"十不吊"：①超负荷不吊；②歪拉斜吊不吊；③指挥信号不明不吊；④安全装置失灵不吊；⑤重物过人头不吊；⑥光线阴暗看不清不吊；⑦埋在地下的物件不吊；⑧吊物上站人不吊；⑨捆绑不牢、不稳不吊；⑩重物边缘锋利无防护措施不吊。

▌3.3.7 施工安全防护措施

1）钢爬梯及操作平台

钢构件安装施工中登高作业最突出的是钢柱安装，钢柱安装到位后安装工人必须到柱顶拆除吊索，一般解决方法有两种。

（1）设计钢结构时充分考虑安装施工的需要，事先于柱侧设计钢制垂直踏步，在钢柱制作时一并加工，安装完成后再进行割除，其唯一的缺点是增加钢材用量。

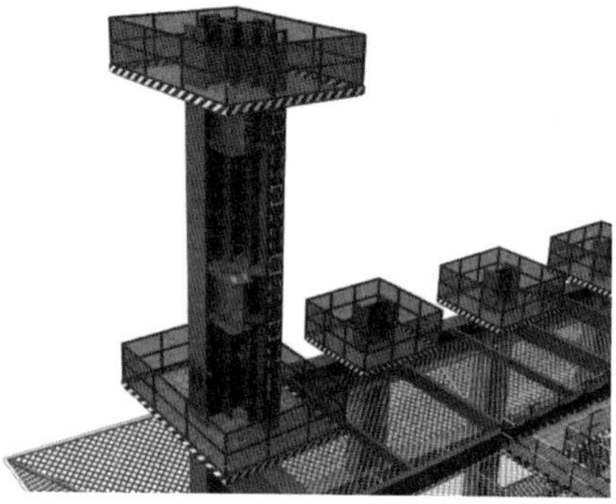

图3.3.31　钢爬梯及操作平台

（2）安装单位制造工具式钢扶梯，分段制作，安装前在地面上将钢扶梯临时固定在钢柱侧面，使用完毕后进行拆除，可重复利用，以节约钢材，如图3.3.31所示。一般工程中大都采用工具式钢扶梯。登高过程中为确保工人安全，尽量配备可使用安全带的钢丝绳保险装置。

钢框架的立柱大都采用焊接连接方式，由于钢柱焊接量大，操作时间长，必须设置操作平台供焊工使用。因钢柱焊接部位不同，操作平台形式有角柱操作平台、边柱操作平台和内柱操作平台等，如图3.3.31所示。设计操作平台的荷载时应考虑操作人员、工具、材料等各种质量因素，平面尺寸应符合焊工的操作要求，侧向应考虑防风功能。

2）楼层安全通道和扶手绳

在钢结构安装过程中，楼层钢梁是安装工人通向安装连接操作部位的水平行走构件，钢梁上翼缘板的宽度一般不大，安装工人在没有安全措施的情况下行走是极不安全的。因此必须设置适当的安全设施。通常是在楼层的适当部位设置安全通道与在钢梁上安装扶手绳两者结合使用。

（1）安全通道。采用装配式通道板铺设，板品种数尽量少，在钢结构安装施工时搁置在钢梁上并临时固定，安装使用完毕后用起重机转移安装到新的楼层，重复使用。通道板可以采用木结构、竹结构、轻钢组合板等材料。靠近出入口处，搭设安全防护棚，防护水平通道出入安全。图3.3.32所示为水平安全通道。

（2）扶手绳。扶手绳是安全通道的辅助设施。安装工人在有些情况下通过安全通道不能到达作业点，必须在钢梁上行走，为保证行走安全，应在楼层钢梁上设置扶手绳，如图3.3.33所示。扶手绳由扶手杆和尼龙绳组成，扶手杆由钢管制作，上端设绳圈，下端为特制夹具，嵌入翼缘，拧紧螺栓，即固定在钢梁上。

3）设备平台

钢结构安装阶段须使用电焊机、碳弧气刨机、空气压缩机、柱状栓钉焊机、焊条烘箱、工具箱、氧气瓶和乙炔瓶等设备或工具，由于高层钢结构安装高度高，这些设备和工具在安装施工中不可能定位一次就能满足需要。根据目前高层钢结构安装施工的实际情况，上述设备和工具定位一次只能满足安装高度20～30m使用范围。因此通常使用设备平台解决上述设备和工具的上楼问题。设备平台的安放楼层和搭建次数须根据钢结构框架安装方案确定。

图 3.3.32　水平安全通道

图 3.3.33　扶手绳

4）立杆式安全绳和挂篮

立杆式安全绳主要用于人员在钢梁的安装、校正、焊接等作业行走过程中安全带的悬挂，如图 3.3.34 所示。

挂篮用于钢结构施工中起重连接、临时固定构件、校正测量、高强度螺栓紧固和各种钢梁支撑焊接等作业，用途广泛。使用时可直接悬挂在钢梁上，使用灵活，移动方便，安装工人在高空可直接携带行走，但须配合双道安全绳使用，如图 3.3.34 所示。

图 3.3.34　立杆式安全绳和挂篮

5）安全网

安全网是建筑工地常用的安全防护设施，用以防止安装工人和物体从高空坠落。高层钢结构安装施工中使用的安全网必须符合相关规范要求，且具有质量保证书。图 3.3.35 所示为梁下水平兜网和外挑网。

（a）梁下水平兜网

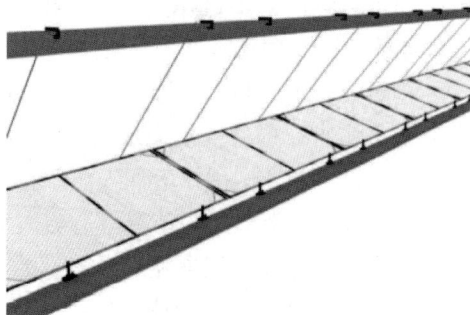

（b）外挑网

图 3.3.35　安全网

6）隔离层

在钢结构安装施工阶段，工地现场处在立体交叉作业中，单靠安全网防护，低层操作工人很不安全，有些物体如高强度螺栓、焊条头、螺帽等，有可能通过安全网的网眼漏下，因此还须设置隔离层。目前这种隔离层为设计上作为现浇钢筋混凝土楼板底模的金属压型板，有的高层钢结构工程层层设置，有的工程则是在几个楼层中设置一道。通常在安装施工中，将金属压型板的铺设工作插入钢结构主体施工中，起安全隔离的作用。

3.3.8 高空作业安全要求

高空作业安全具体要求如下。

（1）严格遵守高空作业"十不准"的有关规定：①高空作业没系安全带不准作业；②高空作业面通道不牢固禁止通行；③高空作业没装防护栏不准作业；④高空作业材料、工具不准临边堆放；⑤高空作业不准穿易滑鞋作业；⑥高空作业不准带病作业；⑦高空作业不准交叉作业；⑧高空作业不准从高处往下跳或奔跑；⑨恶劣气候条件下或夜间照明不足时不准高空作业；⑩高空作业不准抛掷物品。

（2）攀登和悬空作业人员，必须经过专业技术培训及专业考试合格，持证上岗，并定期进行身体检查。

（3）为防止高空坠落，高空作业人员必须正确使用安全带。安全带一般高挂低用，即将安全绳端挂在高的地方，作业人员在较低处操作；高空作业人员穿着要灵便，禁止穿硬底鞋、高跟鞋、塑料底鞋和带钉的鞋；爬高必须有坚固爬梯，爬高人员必须配挂防坠器。

（4）高空作业所用的物料应堆放平稳，不妨碍通行；有坠落可能的物件应撤除或加以固定。走道内余料应及时清理干净，不得任意乱掷或向下丢弃。

（5）高空作业所用的索具、脚手架、吊篮、吊笼、平台、爬梯等设备，均须检验合格后方可入场。钢结构吊装前，应进行安全防护设施的逐项检查和验收，验收合格后方可进行吊装作业。施工过程中，发现安全防护措施有缺陷和隐患时，必须及时解决；危及人身安全时，必须停止作业。

（6）高空作业人员应思想集中，防止踏上探头板而高空坠落；使用完的工具，应放入随身佩带的工具袋内，不可随意向下丢掷；传递物件禁止抛掷。地面操作人员应尽量避免在高空作业的正下方停留或通过。

（7）在高处安装构件时，要经常使用撬杠校正构件的位置，必须防止因撬杠滑脱而引起的高空坠落伤害；构件安装完成后，须检查连接质量，确认合格无误后，才能摘钩或拆除临时固定工具，以防构件掉落伤人。

（8）遇有6级以上强风、浓雾等恶劣天气时，应停止高空作业。

本项目钢结构安装过程中须进行大量的高空焊接作业，为保证高空焊接的质量及安全，所有高空焊接作业必须在挂篮内进行，并保证安全带、安全帽、绝缘鞋等配备齐全。高空焊接时加入适量的高效焊接防飞溅剂，在操作平台及周围设置焊接接火盆，防止焊渣飞溅下落伤人。

3.3.9 吊装作业安全注意事项

吊装作业安全注意事项如下：

（1）吊装构件，当柱较重、较长时用旋转法起吊。

（2）吊梁安装时，要求绑扎对称，使梁起吊后保持水平，便于就位。两吊索的夹角，起重时不宜大于45°。

（3）吊机的指挥应由专人负责，吊装时必须有统一的指挥、统一的信号。

（4）构件在校正、焊牢或固定之前，不准松绳脱钩。

（5）起吊笨重物体时不可中途长时间悬吊、停滞。

（6）起重吊装所用钢丝绳，不准触及有电线路和电焊搭铁线，或与坚硬物体摩擦。

（7）构件在吊装、转移、就位过程中不得大幅晃动，不得碰撞其他物件。

任务流程

本任务需要学生综合运用前面课程的知识来完成钢结构安装施工方案的编制。任务重点是培养学生按规范施工及科学严谨的态度，提升学生团队沟通协调能力。本任务主要流程如下：

（1）学生自学，学完本课程教学视频。

（2）教师在课堂上讲述高层钢结构施工要点和安全施工要点。给出施工方案编制的精细化要求。

（3）学生查阅施工方案编制内容和编制依据，利用课外时间团队合作完成高层钢结构安装施工方案的编制。

（4）教师对每组施工方案打分并给出评语。

注意事项

（1）编制的施工方案需要查阅相关的技术标准，不得违反相应的规范条文。

（2）可以参考借鉴已有的施工方案，但不得抄袭。

（3）尽量根据项目给定信息编制施工方案，信息缺乏时可合理假定，施工方案内容尽量具体、详细、真实。

提交成果

每组编制的施工方案。

───────── 模块小结 ─────────

钢结构建筑在高层民用建筑中应用广泛。本模块主要介绍了高层建筑的分类、高层钢结构建筑的特点、结构类型和结构体系，阐述了钢框架中的钢柱、钢梁、钢板剪力墙和楼板等受力构件的构造，讲解了柱脚连接构造、钢柱拼接构造、钢梁拼接构造和梁柱连接构造等相关内容，并系统介绍了高层钢结构安装的施工准备内容、安装要点和各个构件安装过程、安全施工的技术组织措施、施工安全防护措施、高空作业安全要求和吊装作业安全注意事项等相关知识。

习 题
---

1. 民用建筑按地上建筑高度或层数进行分类，下列说法错误的是（　　）。

A. 建筑高度不大于27.0m的住宅建筑、建筑高度不大于24.0m的公共建筑及建筑高度大于24.0m的单层公共建筑为低层或多层民用建筑

B. 建筑高度大于27.0m的住宅建筑，且高度不大于100.0m的，为高层民用建筑

C. 建筑高度大于24.0m的公共建筑，且高度不大于100.0m的，为高层民用建筑

D. 建筑高度大于100.0m为超高层建筑

2. 下列有关高层民用建筑钢结构的最大高宽比说法错误的是（　　）。

A. 抗震烈度为6度时，最大高宽比为6.5　　　　B. 抗震烈度为7度时，最大高宽比为6.0

C. 抗震烈度为8度时，最大高宽比为6.0　　　　D. 抗震烈度为9度时，最大高宽比为5.5

3. 钢管桁架预应力混凝土叠合板的预制底板混凝土强度等级不宜低于（　　）。

A. C30　　　　　　　　B. C35　　　　　　　　C. C40　　　　　　　　D. C45

4. 钢管桁架预应力混凝土叠合板叠合层的混凝土强度等级不应低于（　　）。

A. C30　　　　　　　　B. C35　　　　　　　　C. C40　　　　　　　　D. C45

5. 下面关于钢管桁架预应力混凝土预制底板的搁置长度，说法错误的是（　　）。

A. 与混凝土梁或混凝土剪力墙同时浇筑时，伸入梁或墙内不应小于10mm

B. 搁置在钢梁或预制混凝土梁上时不应小于60mm

C. 搁置在承重砌体墙上时不应小于80mm

D. 当在承重砌体墙上设混凝土圈梁，利用胡子筋拉结时，搁置长度不应小于40mm

6. 钢筋桁架楼承板在最小厚度100mm且无刷涂防火涂料时，耐火时限为（　　）h，满足楼板防火要求。

A. 1.50　　　　　　　　B. 1.58　　　　　　　　C. 1.60　　　　　　　　D. 1.68

7. 高层民用建筑钢结构进行抗震设计时，宜优先采用（　　）。

A. 外露式柱脚　　　　B. 埋入式柱脚　　　　C. 外包式柱脚　　　　D. 插入式柱脚

8. 三级抗震时，刚接式外露式柱脚锚栓截面积不宜小于柱截面积的（　　）。

A. 10%　　　　　　　　B. 20%　　　　　　　　C. 30%　　　　　　　　D. 40%

9. 钢柱的常用拼接方式不包括（　　）。

A. 全螺栓拼接　　　　B. 栓-焊混合拼接　　　　C. 全焊接拼接　　　　D. 铆钉拼接

10. 在柱的拼接处须适当设置安装耳板作为临时固定，耳板的上柱和下柱的连接螺栓数目各为（　　）个。

A. 1　　　　　　　　　B. 2　　　　　　　　　C. 3　　　　　　　　　D. 4

11. 构件堆场区域内的构件应按照构件类别分区域堆放，不同构件垛之间的净距不应小于（　　）m。

A. 1　　　　　　　　　B. 1.5　　　　　　　　C. 2　　　　　　　　　D. 2.5

12. 钢构件腹板高度小于500mm的构件堆放时不应超过（　　）层，腹板高度大于

800mm 的构件堆放时应采取防倾覆措施。

  A．1　　　　　　B．2　　　　　　C．3　　　　　　D．4

  13．高层钢结构的现场焊接顺序应遵循力求减少焊接变形和降低焊接应力的原则，下列说法错误的是（　　　）。

  A．在平面上，从中心框架向四周扩展焊接

  B．先焊收缩量大的焊缝，再焊收缩量小的焊缝

  C．对称施焊

  D．同一根梁的两端应同时焊接

  14．吊装梁的吊索水平角度不得小于（　　　），绑扎必须牢固。

  A．30°　　　　　　B．45°　　　　　　C．60°　　　　　　D．75°

  15．钢梁安装就位时，用普通螺栓临时连接，普通安装螺栓数量按规范要求不得少于该节点螺栓总数的（　　　），且不得少于两个。

  A．10%　　　　　　B．20%　　　　　　C．30%　　　　　　D．40%

  16．楼承板连接采用扣合方式，板与板之间的拉钩连接应紧密，保证浇筑混凝土时不漏浆，同时注意排板方向要一致，桁架节点间距为（　　　）mm。

  A．100　　　　　　B．200　　　　　　C．300　　　　　　D．400

  17．钢筋桁架平行于钢梁端部处，底模在钢梁上的搭接不小于（　　　）mm，沿长度方向将镀锌钢板与钢梁点焊，焊接采用手工电弧焊，间距为300mm。

  A．30　　　　　　B．40　　　　　　C．50　　　　　　D．60

  18．钢筋桁架垂直于钢梁端部处，板材端部的竖向钢筋在钢梁上的搭接长度应 $\geqslant 5d$ ，且不能小于（　　　）mm，并应保证镀锌底模能搭接到钢梁之上。

  A．30　　　　　　B．40　　　　　　C．50　　　　　　D．60

  19．（　　　）m 以上的高空作业必须佩戴安全带。

  A．1　　　　　　B．2　　　　　　C．3　　　　　　D．4

  20．遇有（　　　）级以上强风、浓雾等恶劣天气时，应停止高空作业。

  A．4　　　　　　B．5　　　　　　C．6　　　　　　D．7

  21．吊梁安装时，要求绑扎对称，使梁起吊后保持水平，便于就位。两吊索的夹角，起重时不宜大于（　　　）。

  A．30°　　　　　　B．45°　　　　　　C．60°　　　　　　D．75°

  答案

1．C	2．B	3．C	4．A
5．B	6．D	7．B	8．B
9．D	10．C	11．B	12．B
13．D	14．B	15．C	16．B
17．A	18．C	19．B	20．C
21．B			

模块 4

冷弯薄壁型钢结构建筑

价值目标
1. 了解建筑与传统文化，增强文化自信
2. 了解中国建造，培养爱国主义精神
3. 提倡创新精神，增强创新意识

知识目标
1. 了解冷弯薄壁型钢结构的概念
2. 掌握冷弯薄壁型钢结构的特点
3. 掌握冷弯薄壁型钢结构的构造
4. 了解冷弯薄壁型钢结构的制作、安装及验收

能力目标
1. 能叙述冷弯薄壁型钢结构一般建筑做法
2. 能利用相关规范确定冷弯薄壁型钢结构的构造

素质目标
1. 养成科学创新的思维习惯
2. 养成吃苦耐劳的工作习惯
3. 养成严谨、一丝不苟的工作态度

学习引导

图 4.0.1 6层冷弯薄壁型钢结构房屋的振动台试验

技术创新在装配式钢结构建筑发展过程中起十分重要的作用。2020年6月我国首个足尺寸实体6层冷弯薄壁型钢结构房屋的振动台试验在重庆大学振动台实验室顺利完成，这栋仅由1.2～1.8mm薄壁型钢建造的6层房屋在8级地震中依然屹立，如图4.0.1所示。

该试验项目来源于周绪红院士和石宇教授主持的国家重点研发计划项目"高性能钢结构体系研究与示范应用"和国家自然科学基金重大项目"钢结构高效抗震体系研究"。该试验为世界首次双向地震动输入的6层足尺冷弯薄壁型钢结构房屋振动台试验。冷弯薄壁型钢结构刚度和稳定性相对较差，受抗风、抗震和抗火性能等方面的技术限制，国内外冷弯薄壁型钢结构房屋多为 1～3 层低层建筑。对于 6 层以上的建筑安全性是否满足要求，周绪红院士等决定采用相当于 8 级地震烈度的振动台试验来验证。该试验中建筑物是世界上高宽比最大的一栋建筑；地震波为横纵两个方向，能模拟出更复杂的真实地震情况；经过前后 100 余次地震的模拟，建筑物仍然屹立不倒。停止试验后，对建筑物进行了全方位的观察，发现建筑物中部分板开裂，部分螺钉有松动，但建筑物主体结构完好无损。

试验结果表明，冷弯薄壁型钢结构多层房屋是安全可靠的。本模块我们学习冷弯薄壁型钢结构建筑相关内容。

想一想：冷弯薄壁型钢结构适用于哪些类型建筑？

任务 1　拍摄冷弯薄壁型钢结构建筑短视频

▌任务描述

各小组成员观看教学视频，收集资料，参观一栋有代表性的冷弯薄壁型钢结构建筑并拍摄该建筑的典型构件、节点连接及建筑做法等；小组成员介绍该项目的概况并制作成短视频。教师组织课堂上展示各小组成果，要求视频时长约 10min。

▌任务分析

冷弯薄壁型钢结构的前身是木结构，随着钢结构产业的发展，钢材取代了木材并得到广泛的应用。我国从 20 世纪 90 年代开始逐渐开展对冷弯薄壁型钢结构的研究和应用，发展至今，冷弯薄壁型钢结构广泛应用于单层、多层住宅、公共建筑以及一些富含文化要素的中国风建筑。学生需要查阅资料，了解国内外冷弯薄壁型钢结构建筑的发展历史，了解结构优缺点、应用范围和发展现状。然后分组参观一栋具有代表性的冷弯薄壁型钢结构建筑并拍摄该建筑的特色之处，制作视频介绍该建筑。本任务主要通过课内学习和课外查找资料来获取知识，并通过实地观察、运用所学知识来展示成果，理论和实践相结合，同时培养学生的表达和演示能力。

▌知 识 点

▌4.1.1　冷弯薄壁型钢结构基本概念

冷弯薄壁型钢结构是指其结构构件的壁厚不宜大于 6mm，且不宜小于 1.5mm 的结构。这种结构具有绿色环保、施工便捷、抗震性能好等诸多优点，在国家提倡大力发展绿色建筑和装配式住宅的背景下，已经广泛应用于住宅、公共建筑以及灾区重建中。

冷弯薄壁型钢结构建筑概述

冷弯薄壁型钢结构体系主要由冷弯薄壁型钢组合墙体、组合楼盖和屋盖等组成，如图 4.1.1 所示，其基本构件常采用 C 形、U 形和 Z 形冷弯薄壁型钢。墙体主要由墙架柱、导梁、底梁、水平支撑、覆面板等构件组成。楼面板可采用轻质混凝土楼板、定向刨花板或其他轻质楼板。屋盖主要由冷弯薄壁型钢屋架和结构面板组成。屋架一般采用三角形斜撑或人字形斜梁形式。

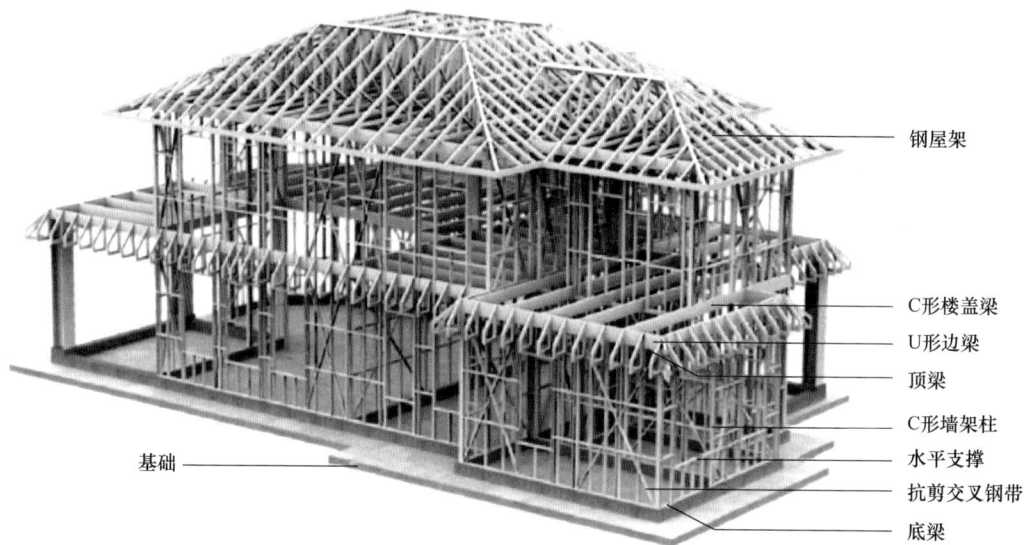

图 4.1.1　冷弯薄壁型钢结构房屋组成示意

4.1.2　型材截面形式

冷弯薄壁型钢是由钢板经冷加工而成的型材，采用冷弯型钢机成型、压力机上模压成型或在弯曲机上弯曲成型。冷弯薄壁型钢截面种类较多，有角钢、槽钢、Z 形钢、帽形钢、钢管等，其中角钢、槽钢、Z 形钢又可带卷边或不带卷边，如图 4.1.2 所示。这些型钢可单独使用，也可组合成组合截面。此外，涂有防锈涂层的彩色压型钢板，可用于墙面和屋面等。

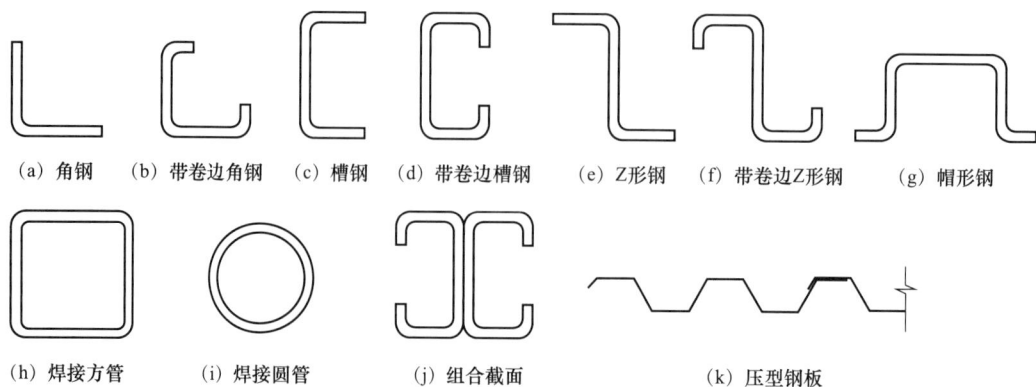

（a）角钢　（b）带卷边角钢　（c）槽钢　（d）带卷边槽钢　（e）Z 形钢　（f）带卷边Z形钢　（g）帽形钢

（h）焊接方管　（i）焊接圆管　（j）组合截面　（k）压型钢板

图 4.1.2　冷弯薄壁型钢的截面形式

4.1.3 冷弯薄壁型钢结构建筑的特点

作为一种新型的轻钢结构建筑，冷弯薄壁型钢结构建筑具有较多优点，主要表现为以下方面。

（1）绿色节能，墙体采用保温隔热材料，能增加房屋居住舒适度，可使房屋冬暖夏凉。

（2）采用干法施工作业，节约水资源，对环境影响小。

（3）装配化程度高、施工速度快，可进行工业化生产，极大节省人工成本。

（4）钢材可回收再利用，可大大减少建筑垃圾，满足国家绿色可持续发展战略。

（5）轻质高强，抗震性能好。

（6）冷弯薄壁型钢结构组合墙体较薄，可增加套内使用面积。

基于冷弯薄壁型钢结构的系列优点，再结合国家政策的支持以及技术规程的完善，其将成为低层建筑的重要结构形式。

冷弯薄壁型钢结构也存在一些不足，需要进一步研究和改善。例如，墙体为组合墙体，是冷弯薄壁型钢结构的重要受力构件，由墙面板、钢骨架、连接构件等组成，其抗剪性能不佳且延性性能一般，限制了冷弯薄壁型钢结构的使用高度；由于构件的厚度较小，在发生火灾时容易发生屈曲破坏，导致结构的防火性能不佳。

4.1.4 应用案例

美国、加拿大、日本、澳大利亚等国家很早就开始对冷弯薄壁型钢结构体系进行研究，处于领先地位。我国从 20 世纪 90 年代开始逐渐开展对冷弯薄壁型钢结构的研究，2002 年颁布了《冷弯薄壁型钢结构技术规范》（GB 50018—2002），2011 年颁布了《低层冷弯薄壁型钢房屋建筑技术规程》（JGJ 227—2011），为相应的结构设计提供了理论依据。发展至今，我国已有很多钢结构公司建造和推广冷弯薄壁型钢结构建筑。冷弯薄壁型钢结构广泛应用于单层、多层住宅、公共建筑以及一些富含文化要素的中国风建筑，如文化礼堂、祠堂、院落等，如图 4.1.3、图 4.1.4 所示。

(a) 主体结构　　　　　　　　　　　　　(b) 成品

图 4.1.3　冷弯薄壁型钢马头墙徽派建筑

（a）主体结构 　　　　　　　　　　　　　　（b）成品

图 4.1.4　冷弯薄壁型钢中式院落

▌任务流程

本任务分为 3 个阶段，即课前自学、课中研讨、课后录制。任务重点是让学生了解冷弯薄壁型钢结构建筑的特色，能够实地捕捉具体项目特色，并能通过短视频形式大方展示。本任务主要流程如下：

（1）学生自学，学完本课程相关教学视频。

（2）教师课堂介绍冷弯薄壁型钢结构建筑，引导学生思考、讨论冷弯薄壁型钢结构建筑的发展和特点等。

（3）课后学生进行小组讨论、资料收集，小组集体参观典型项目。

（4）学生按小组制作短视频。

（5）教师组织观看每个小组的成果展示和组间互评，并进行教师点评。

（6）学生修改和完善视频，并提交最后成果。

（7）教师打分并给出评语。

▌注意事项

（1）小组成员分工合作，每位成员均须收集相应的视频材料。

（2）短视频简约大方，重在展示讲述项目的典型与特色之处。

▌提交成果

提交冷弯薄壁型钢结构建筑短视频。

想一想：冷弯薄壁型钢结构由哪些主要受力构件组成？

任务 2 绘制冷弯薄壁型钢结构节点

▍任务描述

通过观看教学视频，收集资料、图纸，查阅规范、图集，用 CAD 软件绘制一组冷弯薄壁型钢结构节点，包括结构构造中的柱脚节点、梁柱刚接节点、梁柱铰接节点、梁梁刚接节点、梁梁铰接节点、墙体节点；建筑构造做法中的墙体做法、楼地面做法、屋面做法等。学生按小组完成，打印出图纸并在课堂中展示；教师组织课堂上按小组展示讲解并点评。

▍任务分析

冷弯薄壁型钢结构体系主要由冷弯薄壁型钢组合墙体、组合楼盖和屋盖等组成，基本构件的壁厚较薄，截面形式常采用 C 形、槽形和方形等。冷弯薄壁型钢结构建筑和其他钢结构建筑有所不同，学生首先要学习冷弯薄壁型钢建筑的相关知识及力学知识，如内力的种类和特点、刚铰接的区别等；其次要阅读该类型建筑的图纸及《装配式钢结构建筑识图实训》教材；再次要认真查阅规范，如《冷弯薄壁型钢结构技术规范》（GB 50018—2002）、《低层冷弯薄壁型钢房屋建筑技术规程》（JGJ 227—2011）等，了解规范对应的构造要求；最后小组利用 CAD 绘制一组符合规范要求的冷弯薄壁型钢结构建筑的典型节点。

▍知 识 点

▍4.2.1　某文化礼堂项目简介

某文化礼堂
项目简介

本项目为某乡村文化礼堂工程（图 4.2.1），地上 2 层，建筑高度 10.450m，总建筑面积 855m²，一层建筑面积 722.69m²。结构类型为轻型钢框架 – 冷弯薄壁型钢墙组合结构，抗震设防烈度为 6.0 度。建筑工程等级为三级，耐火等级为二级，设计使用年限为 50 年，建筑物屋面防水等级为 II 级。本项目钢柱采用冷弯矩形钢管；梁采用焊接 H 型钢；墙体采用 100mm 轻钢墙体龙骨，主要由石膏板、钢构架（内填充硬泡聚氨酯保温棉）、

（a）主体结构

（b）成品

图 4.2.1　文化礼堂

建筑面层等组成。屋面为三角形钢桁架坡屋面，屋面排水为有组织排水，屋面做法为：钢屋架（内填充硬泡聚氨酯保温棉）；15mm 厚 OSB 板；SBS 防水卷材；30mm×20mm（高度）顺水条（中距 500mm）；30mm×30mm（高度）挂瓦条；灰色混凝土瓦。

▌4.2.2 基础与柱连接构造

柱与基础的连接方式有铰接和刚接两大类，能抵抗弯矩作用的柱脚称为刚接柱脚，不能抵抗弯矩作用的柱脚称为铰接柱脚。文化礼堂工程中，基础与柱的连接为平板式刚接柱脚。平板式刚接柱脚构造简单，是工程上常用的柱脚形式。柱脚节点 2（图 4.2.2）采用 4 个锚栓通过柱底板与基础进行连接，柱脚节点 1（图 4.2.3）、柱脚节点 3（图 4.2.4）采用 6 个锚栓通过柱底板与基础进行连接。这 3 种节点构造都可以认为柱脚不能转动，为刚接柱脚。

冷弯薄壁型钢结构连接构造

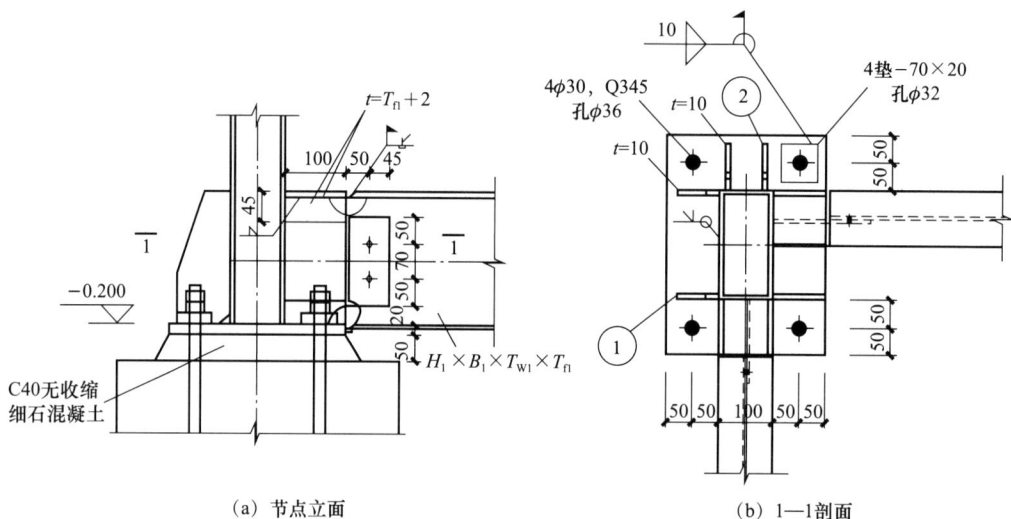

（a）节点立面 　　　　　　　　（b）1—1剖面

图 4.2.2　柱脚节点 2

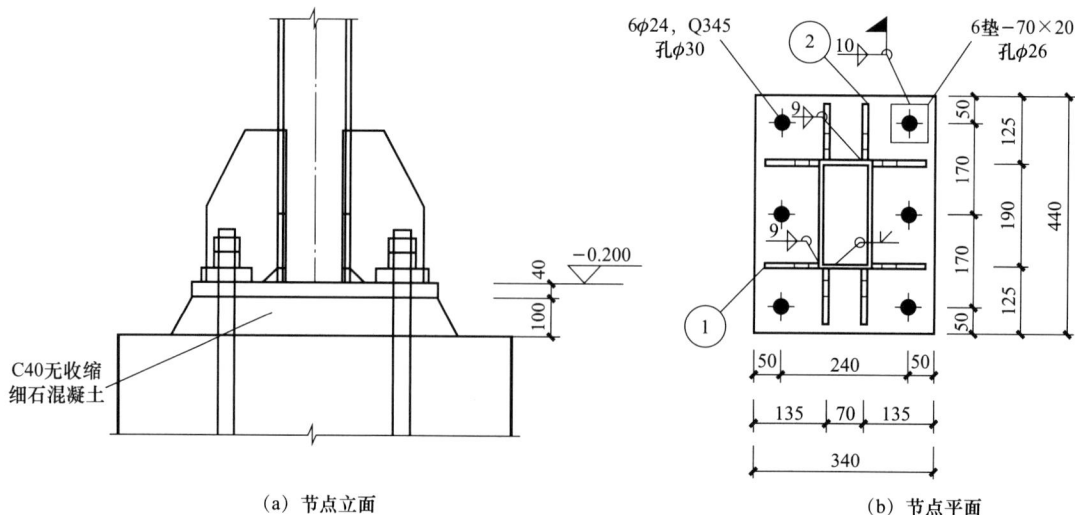

（a）节点立面 　　　　　　　　（b）节点平面

图 4.2.3　柱脚节点 1

（a）节点立面　　　　　　　　　　（b）1—1剖面

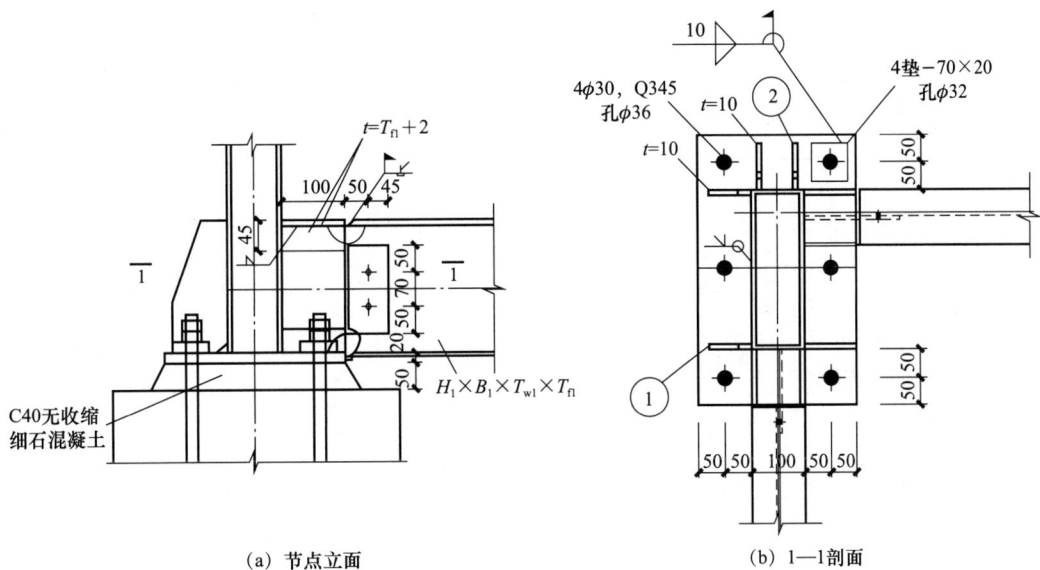

图 4.2.4　柱脚节点 3

4.2.3　梁与柱连接构造

　　冷弯薄壁型钢结构的梁柱连接节点主要为刚接连接节点（图 4.2.5）和铰接连接节点（图 4.2.6），其具体形式可采用栓焊混合连接、螺栓连接、焊接连接等。其中，栓焊混合连接国内应用最为普遍，即翼缘用焊接，腹板用螺栓连接，先用螺栓安装定位，然后对翼缘施焊，具有施工方便的优点；也可采用梁翼缘与柱直接焊接，腹板以高强度螺栓连接；或采用柱带短悬臂构造。

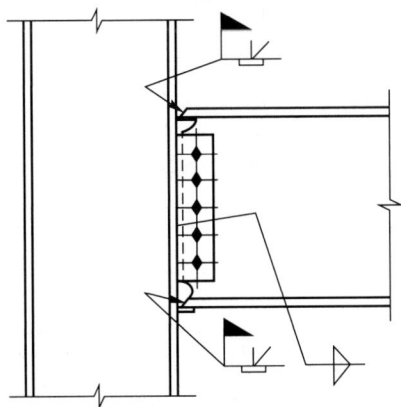

图 4.2.5　梁柱刚接连接　　　　　　　　　图 4.2.6　梁柱铰接连接

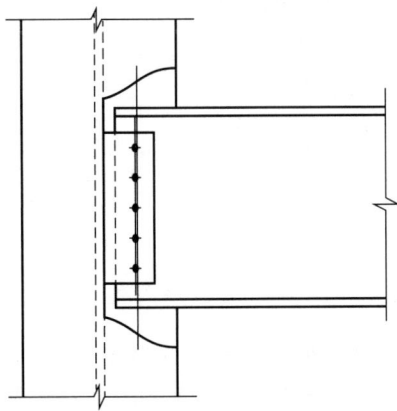

　　文化礼堂工程中，梁与柱的连接为刚接连接，形式为柱带短悬臂的栓焊混合连接。详细构造如图 4.2.7、图 4.2.8 所示，腹板采用 10.9S 高强度摩擦型螺栓，双夹板连接，连接板一侧为 3 颗 M24 螺栓，翼缘与柱短牛腿对接焊缝连接。

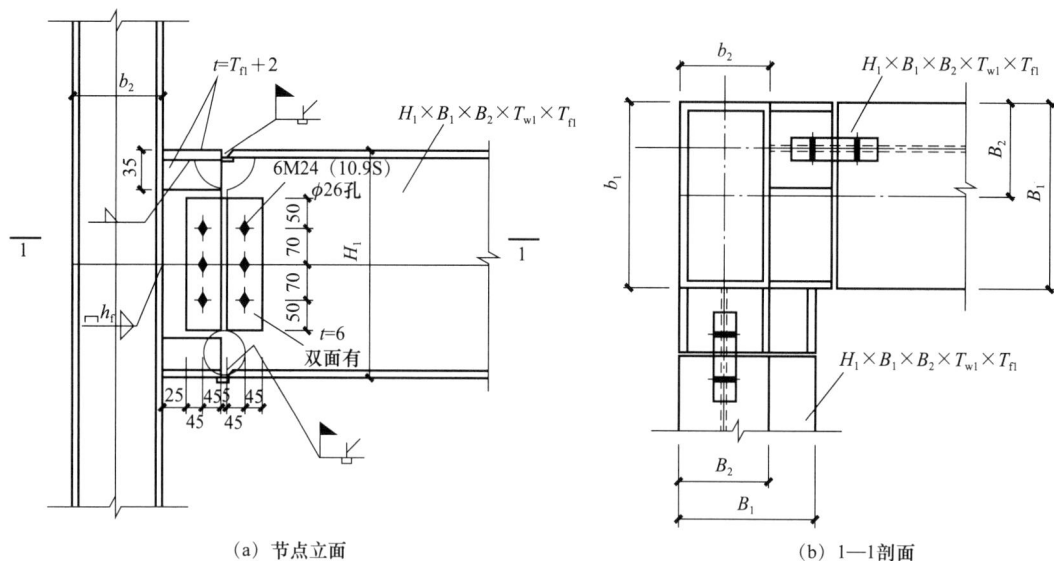

<table>
<tr><td>（a）节点立面</td><td>（b）1—1剖面</td></tr>
</table>

图 4.2.7　梁柱刚接节点 1

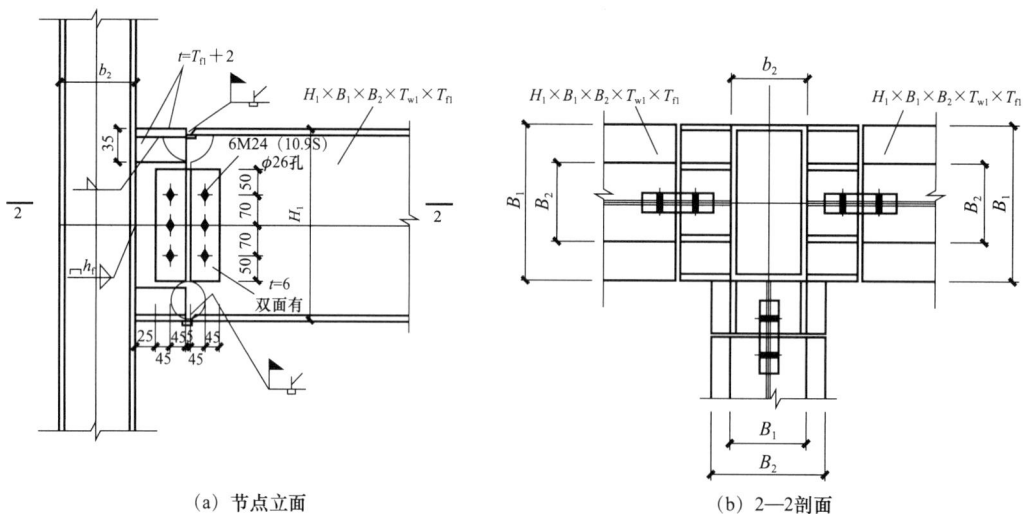

（a）节点立面　　　　　　　　　（b）2—2剖面

图 4.2.8　梁柱刚接节点 2

▌4.2.4　梁与梁连接构造

梁与梁的连接主要有两种做法，即简支（铰接）连接和刚性连接。两种做法都将主梁作为次梁的支点。实际工程中主次梁节点一般采用简支连接，常用形式如图 4.2.9 所示。从图 4.2.10 所示的主次梁刚接形式可以看出，连接构造和制作比较复杂，一般当次梁作为悬挑构件时采用刚性连接，或需要把次梁作为连续梁时采用刚性连接，这样可以节约钢材并减小次梁的挠度。

文化礼堂工程中，梁与梁的连接形式为铰接连接，详细构造如图 4.2.11 所示，腹板采用 3 颗 M24 的 10.9S 高强度摩擦型螺栓，单剪板连接。

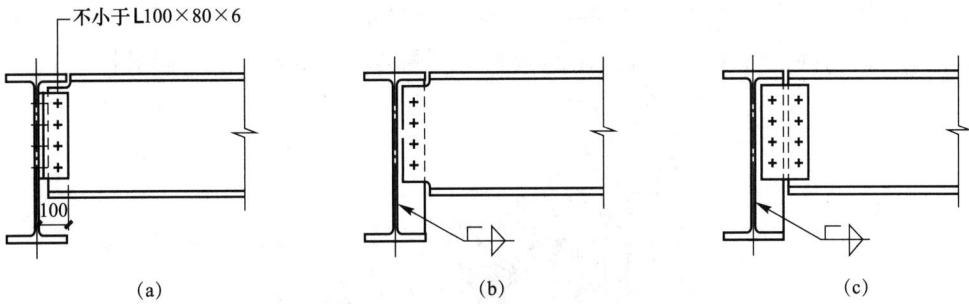

图 4.2.9　主次梁铰接连接

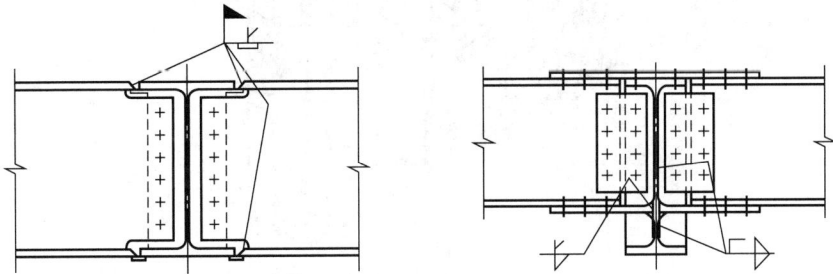

图 4.2.10　主次梁刚接连接

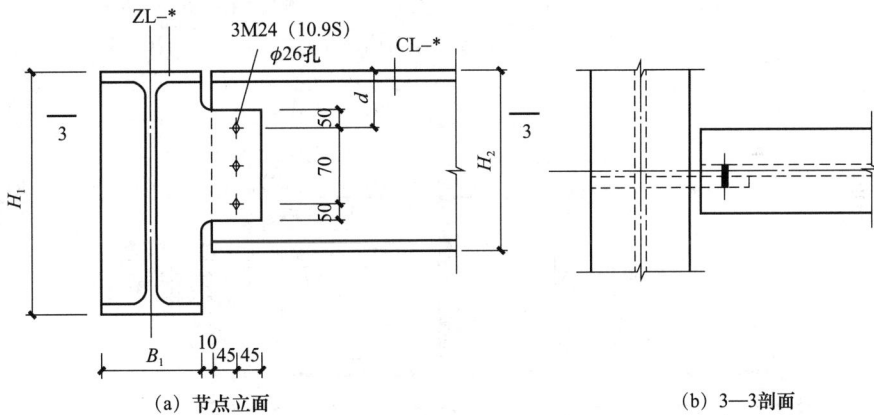

图 4.2.11　梁梁铰接节点

4.2.5　墙体构造

冷弯薄壁型钢结构房屋墙体结构的承重墙应由立柱、顶导梁、底导梁、支撑、拉条、撑杆和墙体结构面板等部件组成（图 4.2.12），非承重墙可不设支撑、拉条和撑杆。墙体立柱的间距宜为 400 ~ 600mm，立柱可采用卷边冷弯槽钢构件，立柱与顶、底导梁应采用螺钉连接。

文化礼堂工程中，冷弯薄壁型钢墙体为非承重墙，由龙骨、墙体面板、顶导梁、底导梁等组成（图 4.2.13）。其中，龙骨由标准立柱 1 和标准立柱 2 组成，立柱由弦杆 XG、直腹杆 ZFG 和斜腹杆 XFG 焊接而成（图 4.2.14），立柱的布置根据结构面板布置确定。冷弯薄壁型钢墙体龙骨标准立柱与钢柱间距为 100 ～ 150mm，龙骨墙与上下导梁的连接采用 ST5.5@500 自攻自钻螺钉连接，上下导梁可在工厂内与框架钢梁提前进行组装。

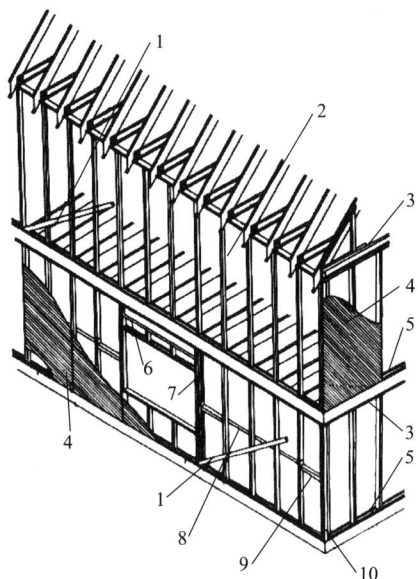

1——钢带斜拉条；2——二层墙体立柱；3——顶导梁；4——墙结构面板；5——底导梁；
6——过梁；7——洞口柱；8——钢带水平拉条；9——刚性撑杆；10——角柱。

图 4.2.12 承重墙体结构体系示意

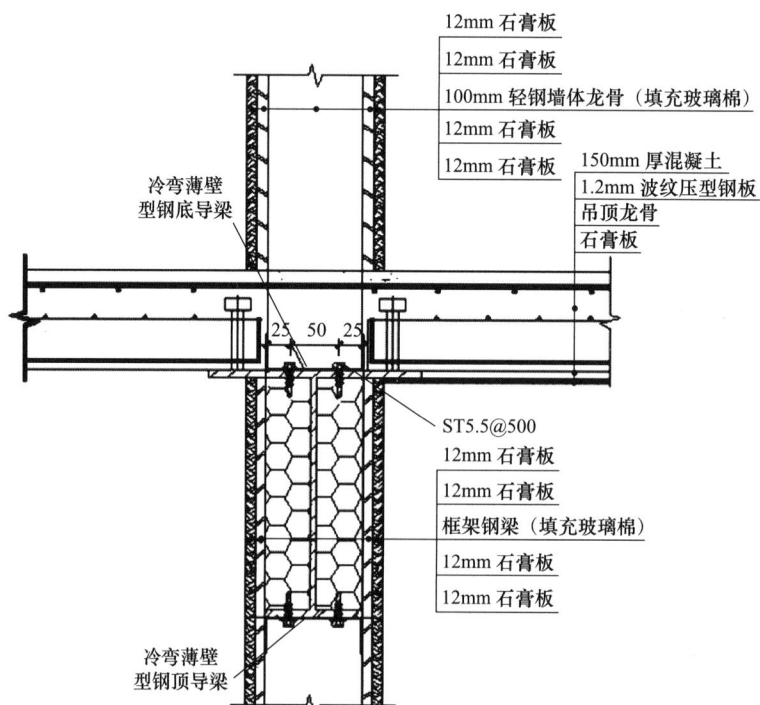

图 4.2.13 墙体构造做法

（a）标准立柱1　　（b）标准立柱2

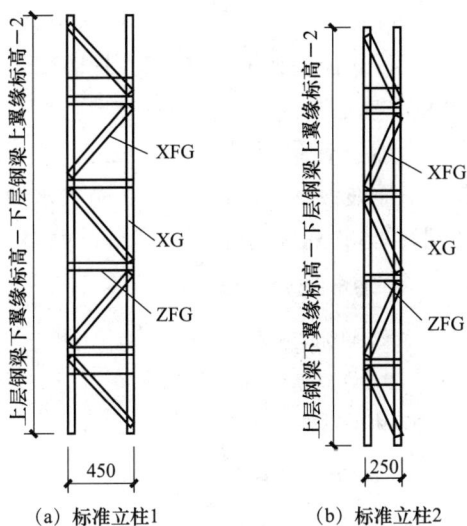

图 4.2.14　标准立柱单元

4.2.6　墙体

　　本项目墙体采用100mm厚轻钢龙骨墙体。外墙的墙身构造如图4.2.15所示，自外而内做法为：外墙涂料；4～5mm厚聚合物砂浆抹平；$\phi0.8@12.7\times12.7$ 钢丝网；3～4mm厚聚合物砂浆；0.15mm厚界面剂；25mm厚 XPS 保温板；呼吸纸；12mm厚 OSB 板；100mm 轻钢龙骨墙体（内填充硬泡聚氨酯保温棉）；双层 12mm 厚石膏板；装修面层。

冷弯薄壁型钢结构建筑做法

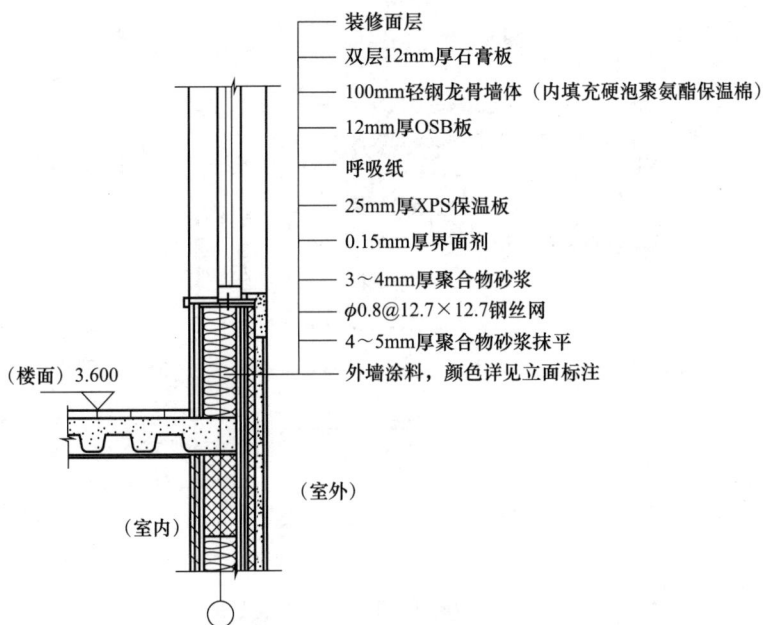

图 4.2.15　外墙墙身大样图

内墙的墙身构造如图 4.2.16 所示，做法为：白色内墙乳胶漆二度；6mm 厚白水泥掺801 胶二遍刮平；双层 12mm 厚石膏板；100mm 轻钢龙骨墙体（填充玻璃棉）；双层 12mm 厚石膏板；6mm 厚白水泥掺 801 胶二遍刮平；白色内墙乳胶漆二度。当墙一侧为卫生间等用水房间时其构造如图 4.2.17 所示：装修面层；双层 12mm 厚石膏板；100mm 轻钢龙骨墙体（填充玻璃棉）；8mm 厚水泥纤维板；20mm 厚 1∶2 防水水泥砂浆打底扫毛或划出纹道（内配 $\phi 0.8@12.7 \times 12.7$ 钢丝网）；250mm×300mm 白色瓷砖贴至吊顶高度。

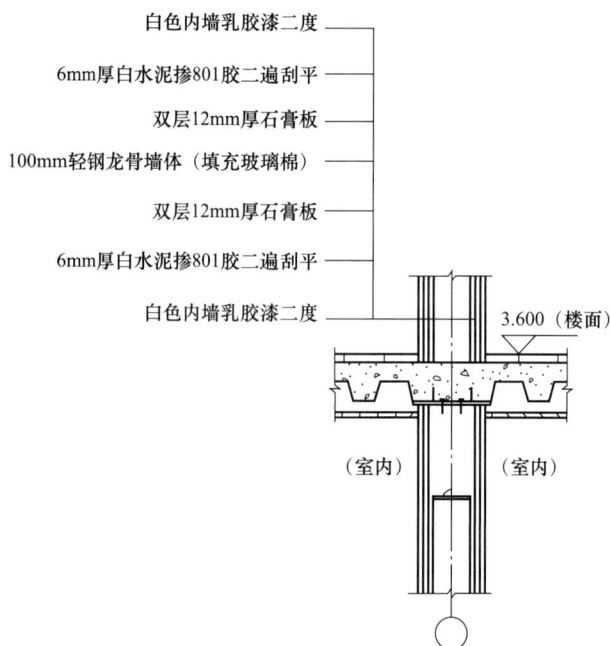

图 4.2.16　内墙墙身大样图

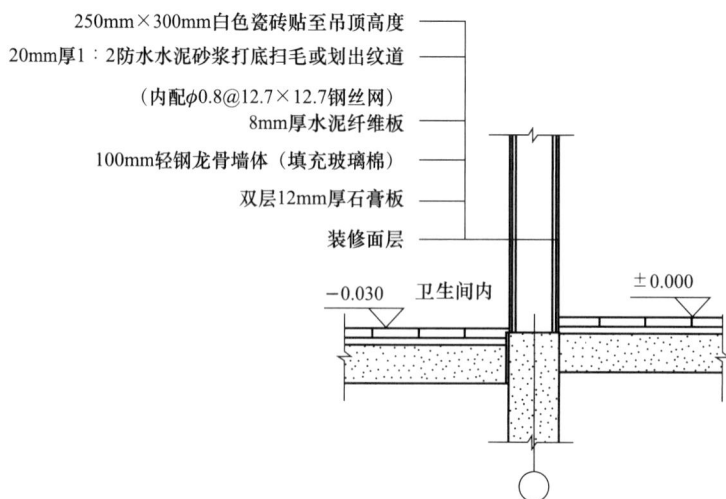

图 4.2.17　室内与卫生间等用水房间交接处墙身大样图

4.2.7　楼地面

1）地面工程

本项目卫生间及前室的地面采用防滑地砖地面，构造如图 4.2.18 所示，自下而上做法为：素土夯实；80mm 厚压实碎石，70mm 厚 C15 混凝土整浇层；最薄处 20mm 厚 1∶3 水泥砂浆找坡层（$i = 0.5\%$ 坡向排水口）；SBS 防水卷材（满铺）上翻 250mm；20mm 厚水泥砂浆保护层；20mm 厚 1∶3 干硬性水泥砂浆结合层（表面撒水泥粉）；8～10mm 厚 300mm×300mm 防滑地砖面层（纯水泥浆擦缝）。其余地面采用防滑地砖地面，构造如图 4.2.19 所示，自下而上做法为：素土夯实；80mm 厚压实碎石，70mm 厚 C15 混凝土整浇层；20mm 厚 1∶3 干硬性水泥砂浆结合层（表面撒水泥粉），8～10mm 厚防滑地砖面层（纯水泥浆擦缝）。

8～10mm厚300mm×300mm防滑地砖面层，纯水泥浆擦缝
20mm厚1∶3干硬性水泥砂浆结合层（表面撒水泥粉）
20mm厚水泥砂浆保护层
SBS防水卷材（满铺）上翻250mm
最薄处20mm厚1∶3水泥砂浆找坡层
80mm厚压实碎石，70mm厚C15混凝土整浇层
素土夯实

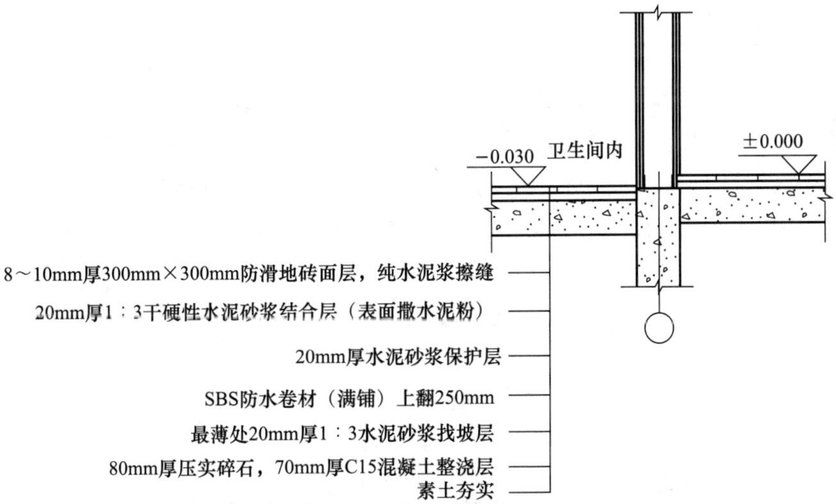

图 4.2.18　卫生间地面做法详图

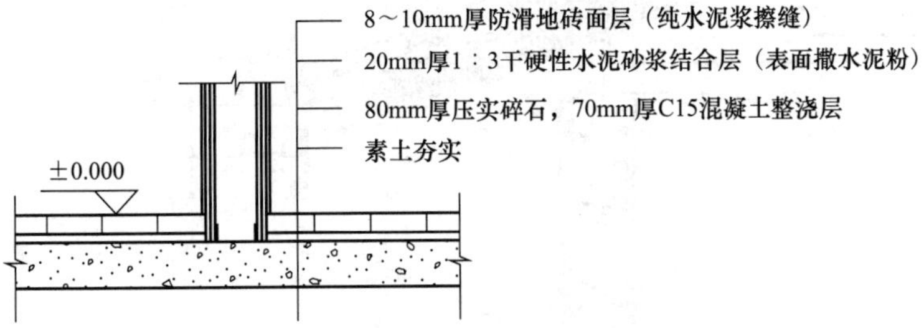

8～10mm厚防滑地砖面层（纯水泥浆擦缝）
20mm厚1∶3干硬性水泥砂浆结合层（表面撒水泥粉）
80mm厚压实碎石，70mm厚C15混凝土整浇层
素土夯实

图 4.2.19　非卫生间地面做法详图

2）楼面工程

本项目楼面采用防滑地砖楼面，构造如图 4.2.20 所示，自下而上做法为：单层 9.5mm 厚石膏板；1.2mm 波纹压型钢板；钢筋混凝土厚度详见结施；素水泥浆一道（内掺建筑胶）；20mm 厚 1∶3 干硬性水泥砂浆结合层（表面撒水泥粉）；8～10mm 厚防滑地砖面层（纯水泥浆擦缝）。

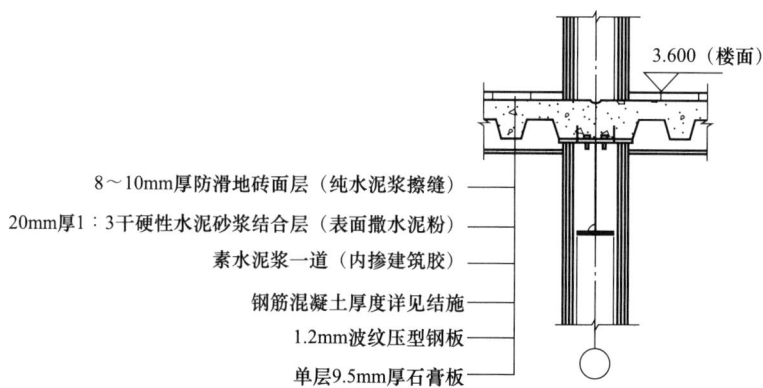

3.600（楼面）

8～10mm厚防滑地砖面层（纯水泥浆擦缝）
20mm厚1：3干硬性水泥砂浆结合层（表面撒水泥粉）
素水泥浆一道（内掺建筑胶）
钢筋混凝土厚度详见结施
1.2mm波纹压型钢板
单层9.5mm厚石膏板

图 4.2.20　楼面做法详图

4.2.8　屋面

本项目屋面为三角形钢桁架坡屋面，屋面排水为有组织排水，用成品 PVC 檐沟，雨水管下设落水井，雨水接入室外排水系统，雨水口、雨水斗、弯口等均为 PVC 成套做法。屋面构造如图 4.2.21 所示，自下而上做法为：钢屋架（内填充硬泡聚氨酯保温棉）；15mm厚 OSB 板；SBS 防水卷材；30mm×20mm（高度）顺水条，中距 500mm；30mm×30mm（高度）挂瓦条；灰色混凝土瓦。

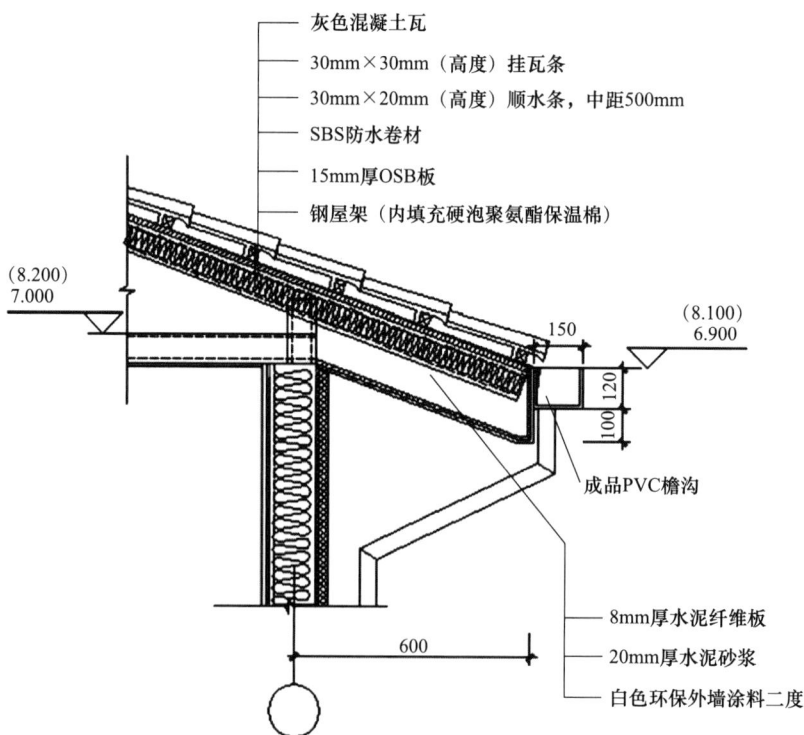

灰色混凝土瓦
30mm×30mm（高度）挂瓦条
30mm×20mm（高度）顺水条，中距500mm
SBS防水卷材
15mm厚OSB板
钢屋架（内填充硬泡聚氨酯保温棉）

(8.200)
7.000

150

(8.100)
6.900

120
100

成品PVC檐沟

600

8mm厚水泥纤维板
20mm厚水泥砂浆
白色环保外墙涂料二度

图 4.2.21　屋面做法详图

▌任务流程

本任务分为3个阶段，即课前自学、课中研讨、课后绘图。任务重点是让学生熟悉典型构造做法，了解规范的要求，掌握用CAD软件绘制节点图。本任务主要流程如下：

（1）学生自学，学完本课程相关教学视频。

（2）教师课堂上带领学生研讨冷弯薄壁型钢结构建筑的构件类型、连接方式及建筑做法等。

（3）课后学生收集资料，查阅图纸、规范，小组绘制一组节点图并打印出图。

（4）教师听取每个小组节点介绍汇报，各小组答辩，随后小组间互评和教师点评。

（5）学生修改节点图纸，并提交最终成果。

（6）教师打分并给出评语。

▌注意事项

（1）小组成员须分工合作，每位成员须收集对应的资料，查阅规范和绘制节点。

（2）汇报后须进行答辩，每位成员须掌握所绘节点图的相关知识。

（3）图纸要符合制图规范要求。

▌提交成果

提交一组节点图。

想一想：冷弯薄壁型钢结构防腐有何特殊性？

任务 3 制作冷弯薄壁型钢结构建筑模型

▌任务描述

本任务通过观看教学视频、课堂学习，学生实际动手制作冷弯薄壁型钢结构建筑基本构件，最后组装成整体模型。教师根据本校实际情况，可以选用小型装配式钢结构建筑图纸，也可从《装配式钢结构建筑识图实训》（本书配套教材）中选取小型案例；制作构件的材料可以采用竹、木、塑料等。

▌任务分析

完成本任务必须熟悉冷弯薄壁型钢结构构件类型、常用的截面形式；先制作构件，再组合成整体。学生首先必须要学习冷弯薄壁型钢结构建筑相关知识，包括冷弯薄壁型钢结构建筑的组成、构件的截面形式、构件的连接节点等；其次要能阅读冷弯薄壁型钢结构图纸，熟悉其表示方法，此部分可以参考《装配式钢结构建筑识图实训》教材；再次要熟悉冷弯薄壁型钢结构建筑的规范，如《冷弯薄壁型钢结构技术规范》（GB 50018—2002）、《低层冷弯薄壁型钢房屋建筑技术规程》（JGJ 227—2011）等；最后要熟悉制作材料和胶黏材料的特性，掌握基本构件绘制、裁切和黏结的基本技能，在制作过程中应始终秉持精益求精的精神。

▮知识点

▮4.3.1 冷弯薄壁型钢结构制作与安装

冷弯薄壁型钢结构制作、安装、验收等应符合国家标准《钢结构工程施工质量验收标准》（GB 50205—2020）的要求。

冷弯薄壁型钢结构设计是以结构工程师为主导，详图设计人员配合，并考虑工厂设备的实际生产能力而进行的一体化过程。冷弯薄壁型钢结构构件制作、除锈和涂装应在工厂进行。钢构件在制作前应根据设计图纸绘制构件加工详图，并制定合理的加工流程。构件应避免刻伤，放样和号料应根据工艺要求预留制作和安装时的焊接收缩余量及切割、刨边和铣平等加工余量。构件应保证切割部位准确、切口整齐，切割前应将钢材切割区域表面的铁锈、污物等清除干净，切割后应清除毛刺、熔渣和飞溅物。

1）钢材和构件的矫正

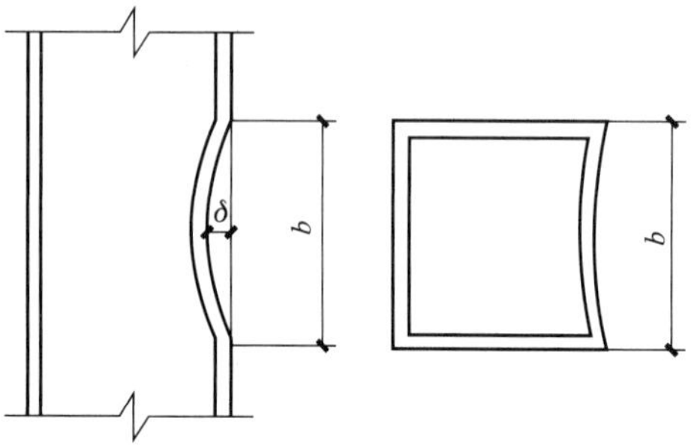

图 4.3.1　局部变形纵向量测示意图

钢材和构件的矫正应符合下列要求。

（1）钢材的机械矫正应在常温下用机械设备进行。冷弯薄壁型钢结构的主要受压构件采用方管时，其局部变形的纵向量测值（图 4.3.1）应符合下式要求：

$$\delta \leqslant 0.016b$$

式中，δ——局部变形的纵向量测值；

b——局部变形的量测标距，取变形所在面的宽度。

（2）为保证钢材在低温情况下受到外力时不致产生脆性断裂，冷弯薄壁型钢的冷弯曲和冷矫正加工环境温度不得低于 −10℃。

（3）碳素结构钢和低合金结构钢，加热温度应根据钢材性能选定，但不得超过 900℃，低合金结构钢在加热矫正后，应在自然状态下缓慢冷却。

（4）构件矫正后，挠曲矢高不应超过构件长度的 1/1000，且不得大于 10mm。

2）构件的制孔要求

构件的制孔应符合下列要求。

（1）高强度螺栓孔应采用钻成孔。

（2）螺栓孔周边应无毛刺、破裂、喇叭口和凹凸的痕迹，切屑应清除干净。

3）构件的组装和工地拼装要求

构件的组装和工地拼装应符合下列要求。

（1）构件组装应在合适的工作平台及装配胎模上进行，工作平台及胎模应测平，并加以固定，使构件重心线在同一水平面上，其误差不得大于 3mm。

（2）应按施工图严格控制几何尺寸，结构的工作线与杆件的重心线应交汇于节点中心，两者误差不得大于 3mm。

（3）组装焊接构件时，构件的几何尺寸应依据焊缝等收缩变形情况，预放收缩余量；对有起拱要求的构件，必须在组装前按规定的起拱量做好起拱，起拱偏差应不大于构件长度的 1/1000，且不大于 6mm。

（4）杆件应防止弯扭，拼装时其表面中心线的偏差不得大于 3mm。

（5）杆件搭接和对接时的错缝或错位不得大于 0.5mm。

（6）构件的定位焊位置应在正式焊缝部位内，不得将钢材烧穿，定位焊采用的焊接材料型号应与正式焊接用的相同。

（7）构件之间连接孔中心线位置的误差不得大于 2mm。

4）冷弯薄壁型钢结构的焊接要求

冷弯薄壁型钢结构的焊接应符合下列要求。

（1）焊接前应熟悉冷弯薄壁型钢的特点和焊接工艺所规定的焊接方法、焊接程序和技术措施，根据试验确定具体焊接参数，保证焊接质量。

（2）焊接前应把焊接部位的铁锈、污垢、积水等清除干净，焊条、焊剂应进行烘干处理。

（3）型钢对接焊接或沿截面围焊时，不得在同一位置起弧、灭弧，应盖过起弧处一段距离后方能灭弧，不得在母材的非焊接部位和焊缝端部起弧或灭弧。

（4）焊接完毕，应清除焊缝表面的熔渣及两侧飞溅物，并检查焊缝外观质量。

（5）构件在焊接前应采取减少焊接变形的措施。

（6）对接焊缝施焊时，必须根据具体情况采用适宜的焊接措施（如预留空隙、垫衬板单面焊及双面焊等方法），以保证焊透。

5）冷弯薄壁型钢结构的安装要求

冷弯薄壁型钢结构的安装应严格按照设计图纸进行，并应符合下列要求。

（1）结构安装前应对构件的质量进行检查。构件的变形、缺陷超出允许偏差时，应进行处理。

（2）结构吊装时，应采取适当措施，防止产生永久性变形，并应垫好绳扣与构件的接触部位。

（3）不得利用已安装就位的冷弯薄壁型钢构件起吊其他重物；不得在主要受力部位加焊其他物件。

（4）安装屋面板前，应采取措施保证拉条拉紧和檩条的位置正确。

（5）安装压型钢板屋面时，应采取有效措施将施工荷载分布至较大面积，防止因施工集中荷载造成构件局部压屈。

4.3.2 防腐工程

冷弯薄壁型钢结构必须采取有效的防腐措施，构造上应考虑便于检查、清除污物、涂刷油漆及避免积水，闭口截面构件沿全长和端部均应焊接封闭。应根据其使用条件和所处环境，选择相应的表面处理方法和防腐措施。冷弯薄壁型钢结构应按设计要求进行表面处理，除锈方法和除锈等级应符合现行国家标准《涂覆涂料前钢材表面处理 表面清洁度的目视评定 第 1 部分：未涂覆过的钢材表面和全面清除原有涂层后的钢材表面的锈蚀等级和处理等级》（GB/T 8923.1—2011）的规定。

冷弯薄壁型钢结构应根据具体情况选用下列相适应的防腐措施。

（1）金属保护层：表面合金化镀锌、镀铝锌等。对于一般腐蚀性地区，结构用冷弯薄壁型钢构件镀层的镀锌量不应低于 $180g/m^2$（双面）或镀铝锌量不应低于 $100g/m^2$（双面）；对于高腐蚀性地区或特殊建筑物，镀锌量不应低于 $275g/m^2$（双面）或镀铝锌量不应低于 $100g/m^2$（双面）。

（2）防腐涂料。①无侵蚀性或弱侵蚀性条件下，可采用油性漆、酚醛漆或醇酸漆；②中等侵蚀性条件下，宜采用环氧漆、环氧酯漆、过氯乙烯漆、氯化橡胶漆或氯醋漆；③防腐涂料的底漆和面漆应相互配套。

（3）复合保护。①用镀锌钢板制作的构件，涂装前应进行除油、磷化、钝化处理（或除油后涂磷化底漆）；②表面合金化镀锌钢板、镀锌钢板（如压型钢板、瓦楞铁等）的表面不宜涂红丹防锈漆，宜涂 H06-2 锌黄环氧酯底漆或其他专用涂料进行防护。

涂料、涂装遍数、涂层厚度均应符合设计要求。当设计对涂装无明确规定时，一般宜涂 4～5 遍，干膜总厚度室外构件应大于 $150\mu m$，室内构件应大于 $120\mu m$，允许偏差为 $\pm25\mu m$。

涂装时的环境温度和相对湿度应符合涂料产品说明书的要求，当产品说明书无要求时，环境温度宜在 5～38℃ 之间，相对湿度不应大于 85%，构件表面有结露时不得涂装，涂装后 4h 内不得淋雨。

冷弯薄壁型钢结构的防腐处理应符合下列要求。

（1）钢材表面处理后 6h 内应及时涂刷防腐涂料，以免再度生锈。

（2）施工图中注明不涂装的部位不得涂装，安装焊缝处应留出 30～50mm 暂不涂装。

（3）冷弯薄壁型钢结构安装就位后，应对在运输、吊装过程中漆膜脱落部位以及安装焊缝两侧未油漆部位补涂油漆，使之不低于相邻部位的防护等级。

（4）冷弯薄壁型钢结构外包、埋入混凝土的部位可不做涂装。

（5）易淋雨或积水的构件且不易再次油漆维护的部位，应采取措施密封。

4.3.3 验收

冷弯薄壁型钢构件的加工应按设计要求控制尺寸，其允许偏差应符合表 4.3.1 的规定。

检查数量：按钢构件数抽查 10%，且不应少于 3 件。

防腐工程

验收

检验方法：游标卡尺、钢尺和角尺、半圆塞规检查。

表 4.3.1　冷弯薄壁型钢构件加工允许偏差

检查项目		允许偏差
构件长度		－ 3 ～ 0mm
截面尺寸	腹板高度	±1mm
	翼缘宽度	±1mm
	卷边高度	±1.5mm
翼缘与腹板和卷边之间的夹角		±1°

冷弯薄壁型钢墙体外形尺寸、立柱间距、门窗洞口位置及其他构件位置应符合设计要求，其允许偏差应符合表 4.3.2 的规定。

检查数量：按同类构件数抽查 10%，且不应少于 3 件。

检验方法：钢尺和靠尺检查。

表 4.3.2　冷弯薄壁型钢墙体组装允许偏差

检查项目	允许偏差	检查项目	允许偏差
长度	－ 5 ～ 0mm	墙体立柱间距	±3mm
高度	＋2mm	洞口位置	±2mm
对角线	±3mm	其他构件位置	±3mm
平整度	$H/1000$（H 为墙高）		

冷弯薄壁型钢屋架外形尺寸的允许偏差应符合表 4.3.3 的规定。

检查数量：按同类构件数抽查 10%，且不应少于 3 件。

检验方法：钢尺和靠尺检查。

表 4.3.3　冷弯薄壁型钢屋架组装允许偏差

检查项目	允许偏差	检查项目	允许偏差
屋架长度	－ 5 ～ 0mm	跨中拱度	0 ～ 6mm
支撑点距离	±3mm	相邻节间距离	±3mm
跨中高度	±6mm	弦杆间的夹角	±2°
端部高度	±3mm		

冷弯薄壁型钢结构主体结构的整体垂直度和整体平面弯曲的允许偏差应符合表 4.3.4 的规定。

检查数量：对主要立面全部检查。对每个所检查的立面，除两端外，尚应选取中间部位进行检查。

检验方法：采用吊线、经纬仪等测量。

表 4.3.4　冷弯薄壁型钢结构主体结构整体垂直度和整体平面弯曲允许偏差

项目	允许偏差	图例
主体结构的整体垂直度 Δ	H/1000，且不应大于 10mm	
主体结构的整体平面弯曲 Δ	L/1500，且不应大于 10mm	

注：H 为冷弯薄壁型钢结构檐口高度；L 为冷弯薄壁型钢结构平面长度或宽度。

屋架、梁的垂直度和侧向弯曲矢高的允许偏差应符合表 4.3.5 的规定。

检查数量：按同类构件数抽查 10%，且不应少于 3 个。

检验方法：用吊线、经纬仪和钢尺现场实测。

表 4.3.5　屋架、梁的垂直度和侧向弯曲矢高允许偏差

项目	允许偏差	图例
垂直度 Δ	h/250，且不应大于 15mm	
侧向弯曲矢高 f	l/1000，且不应大于 10mm	

注：h 为屋架跨中高度；l 为构件跨度或长度。

结构板材安装的接缝宽度应为 5mm，允许偏差应符合表 4.3.6 的规定。

检查数量：对主要立面全部检查，且每个立面不应少于 3 处。

检验方法：采用钢尺和靠尺现场实测。

表 4.3.6　结构板材安装允许偏差

项目	允许偏差 /mm
结构板材之间接缝宽度	±2
相邻结构板材之间的高差	±3
结构板材平整度	±8

▌任务流程

本任务包括学习、读图、制作3个过程。任务重点是提高学生自学能力和动手能力。本任务主要流程如下：

（1）学生自学，学完本课程教学视频。

（2）教师在课堂上发放装配式钢结构建筑项目的建筑施工图和结构施工图，解析组成建筑物的主要构件，给出模型精细度要求。

（3）教师介绍劳动保护用品穿戴法和切割刀具的安全使用要点。

（4）教师分组，学生利用课外时间制作模型。

（5）教师给每组模型打分并给出评语。

（6）优秀组学生介绍制作经验。

▌注意事项

（1）制作时必须佩戴护眼罩和手套等劳保用品。

（2）制作时可以使用专用雕刻机，也可以手工切割，手工切割时要用垫片保护桌子。

（3）制作时按构件制作、整体组装分阶段进行。

▌提交成果

每组制作的模型。

模块小结

冷弯薄壁型钢结构具有绿色环保节能、施工便捷、抗震性能好等诸多优点，在国家大力发展绿色建筑和装配式建筑的背景下，已经得到了广泛的应用。本模块系统介绍了冷弯薄壁型钢结构的基本概念、特点及典型的应用案例。结合某文化礼堂项目对冷弯薄壁型钢结构的结构构造及建筑构造进行了阐述；同时结合现行规范对冷弯薄壁型钢结构的加工制作、安装、防腐及验收进行了系统的介绍。

习　题

1. 下面哪些是冷弯薄壁型钢结构的优点？（　　）

A. 绿色节能　　　　　　　　　　B. 节约水资源，对环境影响小

C. 装配化程度高、施工速度快　　D. 轻质高强，抗震性能好

2. 冷弯薄壁型钢结构构件的厚度较小，在火灾下容易发生（　　），导致结构的防火性能不佳。

A. 受压破坏　　　　　　　　　　B. 受拉破坏

C. 屈曲破坏　　　　　　　　　　D. 剪切破坏

3. 冷弯薄壁型钢结构中柱与基础的连接，能抵抗弯矩作用的柱脚称为（　　）。

A. 刚接柱脚
B. 铰接柱脚
C. 平板式柱脚
D. 外露式柱脚

4. 冷弯薄壁型钢结构的梁柱节点中，栓焊混合连接国内应用最为普遍，它是（　　）。

A. 翼缘用焊接
B. 翼缘用螺栓连接
C. 腹板用螺栓连接
D. 腹板用焊接

5. 梁与梁的连接构造中，一般当次梁作为悬挑构件时采用（　　）。

A. 刚性连接
B. 铰接连接
C. 简支连接
D. 螺栓连接

6. 低层冷弯薄壁型钢房屋墙体结构的非承重墙可不设（　　）。

A. 导梁
B. 支撑
C. 拉条
D. 撑杆
E. 立柱

7. 低层冷弯薄壁型钢房屋墙体立柱的间距宜为（　　）。

A. 300mm
B. 400mm
C. 500mm
D. 600mm
E. 700mm

8. 冷弯薄壁型钢的冷弯曲和冷矫正加工环境温度不得低于（　　）。

A. −10℃
B. −5℃
C. 0℃
D. 5℃

9. 冷弯薄壁型钢结构构件矫正后，挠曲矢高不应超过构件长度的（　　），且不得大于10mm。

A. 1/500
B. 1/1000
C. 1/1500
D. 1/2000

10. 冷弯薄壁型钢结构根据具体情况可选用（　　）防腐措施。

A. 表面镀锌
B. 表面镀铝锌
C. 防腐涂料
D. 复合保护

11. 对于一般腐蚀性地区，结构用冷弯薄壁型钢构件镀层的镀锌量或镀铝锌量最少分别为（　　）。

A. $275g/m^2$（双面），$100g/m^2$（双面）
B. $100g/m^2$（双面），$275g/m^2$（双面）
C. $100g/m^2$（双面），$180g/m^2$（双面）
D. $180g/m^2$（双面），$100g/m^2$（双面）

12. 冷弯薄壁型钢中等侵蚀性条件下，防腐涂料宜采用（　　）。

A. 环氧漆
B. 环氧酯漆
C. 过氯乙烯漆
D. 氯化橡胶漆
E. 氯醋漆

13. 冷弯薄壁型钢的涂料、涂装遍数、涂层厚度均应符合设计要求。当设计对涂装无明确规定时，一般宜（　　）。

A. 干膜总厚度室外构件应大于150μm，允许偏差为±25μm
B. 干膜总厚度室内构件应大于120μm，允许偏差为±25μm
C. 涂3遍
D. 涂4～5遍

14．冷弯薄壁型钢钢材表面处理后（　　　）内应及时涂刷防腐涂料，以免再度生锈。

A．4h B．5h C．6h D．7h

15．冷弯薄壁型钢构件加工验收的检查数量（　　　）。

A．按钢构件数抽查 5%，且不应少于 3 件

B．按钢构件数抽查 10%，且不应少于 3 件

C．按钢构件数抽查 5%，且不应少于 5 件

D．按钢构件数抽查 10%，且不应少于 5 件

答案

1．ABCD   2．C   3．A   4．AC

5．A   6．BCD   7．BCD   8．A

9．B   10．ABCD   11．D   12．ABCDE

13．ABD   14．C   15．B

模块 5

钢结构模块建筑

■**价值目标**　1. 了解国产品牌，培养工业报国情怀
　　　　　　2. 了解中国速度，培养爱国主义精神
　　　　　　3. 提倡创新，热爱劳动

■**知识目标**　1. 了解装配式钢结构箱式房发展历史和现实背景
　　　　　　2. 掌握装配式钢结构箱式房概念
　　　　　　3. 掌握装配式钢结构箱式房设计原理
　　　　　　4. 掌握钢结构箱式房施工方法
　　　　　　5. 熟悉钢结构箱式房主要规范

■**能力目标**　1. 能叙述钢结构箱式房设计一般流程
　　　　　　2. 能编制装配式钢结构箱式房施工方案
　　　　　　3. 能利用相关规范解决装配式钢结构箱式房一般问题

■**素质目标**　1. 养成科学创新的思维习惯
　　　　　　2. 养成吃苦耐劳的工作习惯
　　　　　　3. 养成精益求精的工作态度

学习引导

　　2020年1月23日下午，武汉市城建局紧急召集中建三局等单位举行专题会议，要求参照2003年抗击非典期间北京小汤山医院模式，在武汉职工疗养院建设一座专门医院——武汉火神山医院。

　　中信建筑设计研究总院迅速组建60余人的项目组，当晚即投入设计工作。该院在接到任务5h内完成场地平整设计图，为连夜开工争取到了时间；24h内完成方案设计图，并获武汉市政府认可；经60h连续奋战，至1月26日凌晨交付全部施工图。

　　1月23日22时，来自中建三局和武汉建工、武汉市政、汉阳市政等企业的上百台

挖掘机、推土机等施工机械紧急集合，通宵进行场平、回填等施工。

2020年1月24日凌晨1时，中建三局在施工现场召开应急工程建设领导小组第一次会议，并成立应急工程建设现场指挥部。凌晨，医院建设指挥部已调集了35台铲车、10台推土机和8台压路机抵达医院建设现场，开始了土地平整等相关准备工作。2020年1月29日，武汉火神山医院建设已进入病房安装攻坚期。现场4000余名工人，近千台大型机械24h轮班抢建。

2020年1月30日凌晨，中铁十一局集团公司接到通知，火神山医院急需大量电焊工和钢结构工。该集团在最短的时间组织了近百人的专业团队，自带电焊机具20多台，赶赴火神山施工现场。1月30日凌晨2时，中铁工业旗下中铁重工接到建设任务。从集结队伍到第一批援建人员圆满完成火神山医院医学技术楼主体19榀桁架现场拼装，仅用了23h，高效地完成了援助任务。1月30日凌晨，中冶集团中国一冶钢构公司接到紧急电话，为火神山医院突击加工制作ICU病房屋架，并负责安装工作。1月30日，37名突击队员完成集结。仅用了21h，突击队就竖起52根立柱，安装8件屋架梁，焊接支撑梁120件，圆满完成任务。1月30日上午8时30分，中建科工受命协助开展火神山医院ICU病房钢结构焊接工作。不到30min，中建科工华中钢结构公司紧急组建了一支由党员带头的12人先锋特战队赶赴现场。2020年2月1日，武汉火神山医院完成电力工程施工，顺利通电。

2020年2月2日上午，武汉火神山医院举行交付仪式。

火神山的"神速"建成依靠的不仅是朴实善良的劳动者和建设者，还有来自全国的驰援建设和爱心洪流。来自全国各地的4000多车辆在工地上忙进忙出，3000多名建设者从五湖四海会聚到武汉知音湖畔；社会各界纷纷捐赠建材产品、办公椅、救护车等物资，全力以赴、全力推进、全力支持，他们来自全国各地，说着不同方言，为同一个目标而努力冲刺。火神山医院建设的背后，是亿万人的并肩作战。

火神山的箱式建筑包含了六大创新点：

（1）采用了装配式技术，最大限度实现了项目的模块化、工业化、装配化。

（2）医院布局深化为"四区三通道"，加强了医护保险。

（3）集装箱架空处理，避免场地积水影响。

（4）全局防渗膜布置，地面雨水、空调冷凝水统一处理，防止环境污染。

（5）5G信号和有线宽带全覆盖。

（6）通风系统灵活借用并优化"人防工程防毒通道"作为卫生通过出口，借用消防前室"加压送风"复用"防毒通道"作为卫生通过进口，做到了低成本、高可靠、快安装、免调试。

疫情袭来，时逢春节假期，人力、物资资源相对有限。综合考虑可用材料、材料数量、生产条件、运输条件、安装条件等，装配式技术成为首选。此时，施工单位恰好能够大量且快速地提供几千套不同规格、形式的活动板房。核验各种板房的用材、结构安全、使用功能的适宜性等相关的技术要求，除了对空间尺寸有较大要求的医技部、ICU 以外，其余部分均可满足要求。集成打包箱式房具有构件规格少、空间组合灵活、可在工厂预制加工、构配件集成化程度高、运输效率高、现场拼装

简便快速诸多优点，是当时条件下的最佳选择。由于集成打包箱式房自重较轻，对地基承载力的要求不高，也可以大大简化地基处理和建筑基础的设计和施工，缩短了建设周期。火神山主要采用装配式钢结构箱式房（图 5.0.1）。接下来，让我们一起了解装配式钢结构箱式房的主要技术特点。

图 5.0.1　武汉火神山医院施工现场

想一想：钢结构模块建筑与其他装配式钢结构建筑相比有什么优势？

任务 1　认识钢结构模块建筑

钢结构模块建筑

▌任务描述

本任务的目的是让学生了解钢结构模块建筑。学生通过查找资料，发现模块建筑的设计或施工新方法，用自己的视角进行描述，要求撰写 1000 字以上的小论文。

▌任务分析

模块建筑是钢结构建筑中一种特殊类型，是比较彻底化的装配式钢结构建筑。本任务要求撰写关于钢结构模块建筑新技术的论文。首先要学习模块建筑的概念，了解模块建筑有哪些工程，熟悉模块建筑的应用范围；其次要查找资料，确定撰写主题；最后完成论文的撰写。

▌知 识 点

5.1.1　钢结构模块建筑的概念

模块 1 中提及了装配式钢结构建筑的概念，钢结构模块建筑真正称得上装配式钢结构建筑，因为它不仅结构模块工业化生产，而且装修、水电和设备都已经安装到位，现场只需要安装结构和连接管线即可。

钢结构模块建筑是指采用钢结构集成模块单元在施工现场组合而成的装配式建筑。其中，钢结构集成模块单元是指由工厂预制完成的钢结构主体结构、围护墙体、底板、顶板、

内装部品、设备管线等组合而成的具有建筑使用功能的三维空间体。模块建筑主结构组成部分如图 5.1.1 所示。

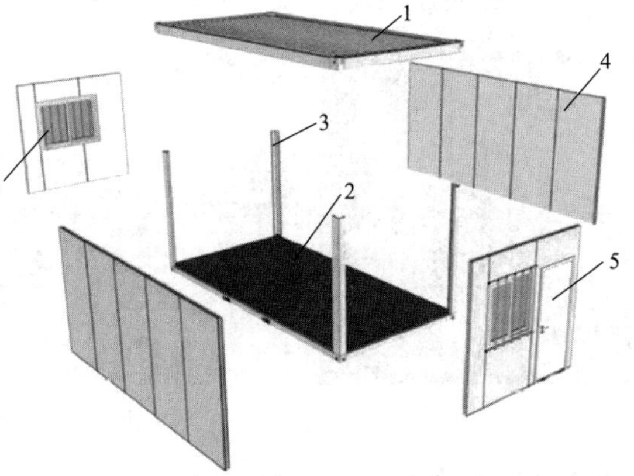

1——箱顶；2——箱底；3——角柱；4——墙板；5——门；6——窗。

图 5.1.1 模块建筑主结构组成部分

钢结构模块建筑工厂完成度与集成度较高，具有建得快、造得好、功能全等优势，适用于公寓、酒店、学校、宿舍、住宅、医疗、办公等民用建筑，也适用于部分工业建筑。钢结构模块建筑是装配式建筑发展的新模式，符合住房和城乡建设部等部门印发的《关于推动智能建造与建筑工业化协同发展的指导意见》(建市〔2020〕60 号)和《关于加快新型建筑工业化发展的若干意见》(建标规〔2020〕8 号)提出的建筑工业化、智能化、绿色化的发展方向。

5.1.2 钢结构模块建筑特点

钢结构模块建筑在设计阶段将建筑空间模块化，并进行建筑一体化和集成化设计，既保证了功能空间的可拓展性，又保证了构件重复率最大化；在生产制作阶段，模块单元能实现工厂标准化流水线批量化生产，建筑质量的均好性得到较好的保证；在施工安装阶段采用整体模块单元装配安装方式，安装精度更高、装配速度更快，且在设计、生产与建造全流程中有利于实现数字化信息协同、追踪与管理。据测算，模块建筑的建筑主体装配率可达 90% 以上，现场用工量可比传统模式减少 70%，综合建设工期可比传统建造方式工期缩短 1/3 以上。

在绿色与低碳方面，与传统建造方式相比，模块建筑可减少现场建筑垃圾 75% 以上，减少 90% 以上的现场施工噪声污染，在实现标准化生产、快速集成装配的同时保证了工程项目的高品质和工程建设绿色低碳发展。例如，循环利用一个废旧集装箱，可节约 1.7t 钢材和 0.4m³ 木材，减少二氧化碳排放量 3.49t。假若一年利用 10 万个废旧集装箱，就可减排 34.9 万 t 二氧化碳，节约电能 3.4 亿 kW·h。集装箱模块技术可减少 50% 的施工时间。

5.1.3 钢结构模块建筑案例

模块建筑在英国、美国、澳大利亚、新加坡等发达国家应用较多。近年来，模块建筑在我国北京、天津、江苏、广东等省市也逐步得到应用，如近期建设的北京经济技术开发

区 N20 项目（图 5.1.2）、昆山福园工业邻里中心（图 5.1.3）等，建设项目类型涵盖了公租房、商品房、办公楼、酒店、学校等，最高建设层数达到 18 层。此外，模块建筑在军事设施建设、应急救灾等领域和国家"一带一路"建设中也具有较好的应用前景。

图 5.1.2　北京经济技术开发区 N20 项目　　　　图 5.1.3　昆山福园工业邻里中心

下面介绍一些典型集装箱建筑案例。

1）北京丰台区辛庄集装箱画廊

这是一个由集装箱构成的 80m² 的画廊空间，白色、灰色与黄色构成的外观简约而不失魅力（图 5.1.4）。在内部，12m 长的体量如同一条隧道（图 5.1.5），邀请客人进入到一个宁静的冥想空间。纯白色的室内设计以垂直光束和南墙上的狭缝为特色，共同营造出光与影的世界。

图 5.1.4　集装箱画廊外立面　　　　　　　　图 5.1.5　集装箱画廊内部走廊

2）深圳国际青年社区深圳旗舰店

这是广东省深圳市的一个住宅公寓，设计师用集装箱为人们打造了一个天台之家（图 5.1.6）。社区设计为一个功能多变的公共区域，集装箱通过细致的串联和融合，形成丰富的城市综合体（图 5.1.7）。

图 5.1.6　社区夜景　　　　　　　　　　　　图 5.1.7　社区外景

3）山西太原叠装叠展馆

叠装叠展馆是利用集装箱改造的小型展示空间。通过层叠、交错、拉伸等动作，简单的长方体体量被组合为多样灵动的空间（图 5.1.8）。上下层垂直错落排布，一端构成悬挑，一端形成露台，产生更丰富的功能分区。两层交叠之处去除楼板，形成贯通的中庭，引入自然光（图 5.1.9）。

图 5.1.8 叠装叠展馆外景

图 5.1.9 叠装叠展馆内景

4）上海宝山星巴克智慧湾科创园店

这是星巴克在我国的第一家集装箱概念店，主体由 6 个集装箱构成（图 5.1.10 ～图 5.1.12），可以在其中品尝咖啡、体验艺术展以及 3D 打印技术。

图 5.1.10 商店鸟瞰

图 5.1.11 商店近景

图 5.1.12 内部楼梯空间

5）美国加利福尼亚州乔舒亚树屋（Joshua Tree Residence）

这座住宅把集装箱建筑领向了一个新的高度。房屋的整体以"星爆"的形态呈现（图 5.1.13、图 5.1.14），每一个方向的设置最大化了视野的同时也提供了充足的自然光线（图 5.1.15），而根据不同的区域和用途，空间私密性得到了很好的设计。

6）南非传动组（Drivelines Studios）住宅楼

这座住宅楼位于南非约翰内斯堡，建筑由 140 个升

图 5.1.13 乔舒亚树屋远景

级循环的船用集装箱组成（图 5.1.16、图 5.1.17）。这些集装箱经过精心挑选，不用重新涂装，即可用于建造。

图 5.1.14　乔舒亚树屋近景

图 5.1.15　乔舒亚树屋空间

图 5.1.16　住宅楼夜景

图 5.1.17　住宅楼近景

5.1.4　钢结构模块建筑的发展情况

美国、英国、日本等国家自 20 世纪六七十年代就出现了轻钢模块建筑，主要用于临时性过渡住房。到八九十年代，随着集装箱数量的大量增加，部分企业和设计师开始专注于箱式房的设计。日本形成以大和房屋集团、纳加瓦（NAGAWA）公司为代表的集装箱式房屋企业。在欧洲则有英国摩都莱尔集团（Modulaire Group）、德国 ALHO 等代表厂商。他们向全世界各地提供各种类型的集装箱式房屋与空间出租。集装箱式房屋产品的租赁业务发达，且高集成度、高舒适度的箱式移动房屋占主导地位。

钢结构模块建筑的发展情况

目前，发达国家集装箱预制舱的发展正在向两个方面转变：一是随着房屋制造的工业

化，集装箱式房屋已由临时性建筑向长久性建筑发展；二是由于集装箱式房屋主要生产国家（如日本、法国等）的城市化进程已经结束，大规模建设高潮期已过，集装箱式房屋的应用范围由临建市场向公共建筑、商业、旅游、工业等领域拓展。办公楼、商店、学校、幼儿园、疗养院、度假村、汽车旅馆以及民用住宅等越来越多地采用集装箱式房屋。

模块建筑在国内建筑市场发展很快。2000 年以前主要流行 K 型房屋（图 5.1.18），之后开始出现轻钢集成模块房。2013 年，一批大型集团企业在建筑工程领域率先大批量应用箱式房屋，随后扩展到轨道交通、市政等工程领域，2017 年后迎来了市场的爆发式增长。模块建筑房屋产品如图 5.1.19 和图 5.1.20 所示。

图 5.1.18 早期 K 型房屋

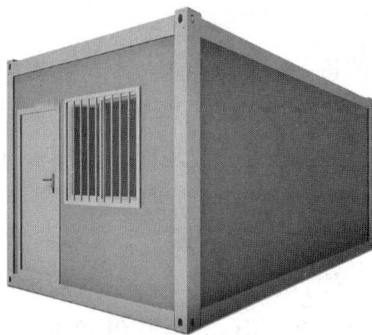

图 5.1.19 模块建筑房屋产品举例一

图 5.1.20 模块建筑房屋产品举例二

然而，总体来看，模块建筑在我国的发展仍处于初期阶段，行业相关技术人员缺乏，模块单元产品标准化程度不高，相关设计标准也多基于专项模块技术体系和内容，通用性不强，产品施工验收标准尚待进一步完善，尚未有效形成标准化的技术指引，无法满足模块建筑在全国大范围推广应用的现实需求。

▍任务流程

本任务比较简单，按下述流程进行：

（1）学习本部分课程教学视频，并在课前收集钢结构模块建筑的相关资料。

（2）教师在课堂上解答学生线上学习的疑难问题。

（3）学生上报撰写主题，并做简单介绍，教师确定每个同学的主题。

（4）学生课外撰写论文。

（5）教师批改论文，并择优在课堂上让学生讲解。

注意事项

（1）每个同学的撰写主题可以相同，但评论视角不能相同。

（2）描述性工程介绍必须以最新工程为例。

（3）鼓励学生撰写问题引导的评论性论文。

提交成果

提交 1000 字以上的论文。

想一想：BIM 技术如何促进钢结构模块建筑的生产、施工和管理？

任务 2 绘制集装箱建筑 BIM 模型

任务描述

本任务是让学生根据提供的集装箱建筑施工图进行 BIM 建模，其中集装箱建筑的建筑施工图和结构施工图详见《装配式钢结构建筑识图实训》（本书配套教材），授课教师也可以用其他实际工程项目图纸。本任务不要求对水电和设备进行建模，建模精度达到施工图所表达的细部。

本模块案例取自某集装箱宿舍项目（图 5.2.1），为临时建筑。建筑物构成比较简单，平面为长方形（长 45m，宽 14.5m），整个建筑分上下两层，局部 3 层，共由 80 个 A 型集装箱、8 个 B 型集装箱和部分钢结构组成，门厅和部分走廊由于尺寸关系采用钢结构。楼梯分为建筑物内主楼梯和室外楼梯，室外楼梯为单跑楼梯，中间平台通二楼走廊。

建筑宿舍部分房间采用了大面积落地玻璃窗，中间门厅部分采用了玻璃幕墙。集装箱体外侧墙采用木塑挂板，内墙采用轻钢龙骨支架与内保温加石膏板饰面。室内采用仿古地砖，室外采用防腐木地板。

图 5.2.1　集装箱宿舍鸟瞰图

▌任务分析

本任务要求学生已经掌握 Revit 或其他 BIM 建模软件。要完成本任务首先要了解建模工程项目各部分构造，其次要全面阅读其建筑施工图和结构施工图，了解结构空间布置。建模可以从单个集装箱开始，再进行组合。

▌知 识 点

▌5.2.1 集装箱构造

在航运中使用的标准化的集装箱应符合 ISO 标准规定的长度、宽度、高度以及容量要求。在我国，集装箱应符合现行国家标准《系列 1 集装箱 分类、尺寸和额定质量》（GB/T 1413—2023）的规定。表 5.2.1 为组合房屋两种常见集装箱箱型主要尺寸和额定质量。

集装箱构造

表 5.2.1　通用型集装箱箱型主要尺寸和定额质量

箱型	外部尺寸						内部尺寸			额定质量 / kg
	高度 /mm		宽度 /mm		长度 /mm		高度 / mm	宽度 / mm	长度 / mm	
	尺寸	极限偏差	尺寸	极限偏差	尺寸	极限偏差				
1AA	2591	0～5	2438	0～5	12192	0～10	2393	2352	12032	3640
1CC	2591	0～5	2438	0～5	6058	0～6	2393	2352	5898	2180

通用型集装箱是一个长方体（图 5.2.2），主要由五大部分和附件组成。其中五大部分包括底架、侧板、顶板、前端、门端。85% 以上通用型集装箱均在一端设门，另一端作为前端，也称为盲端。

图 5.2.2　集装箱示意图

（1）门端结构各构（部）件详见图 5.2.3。

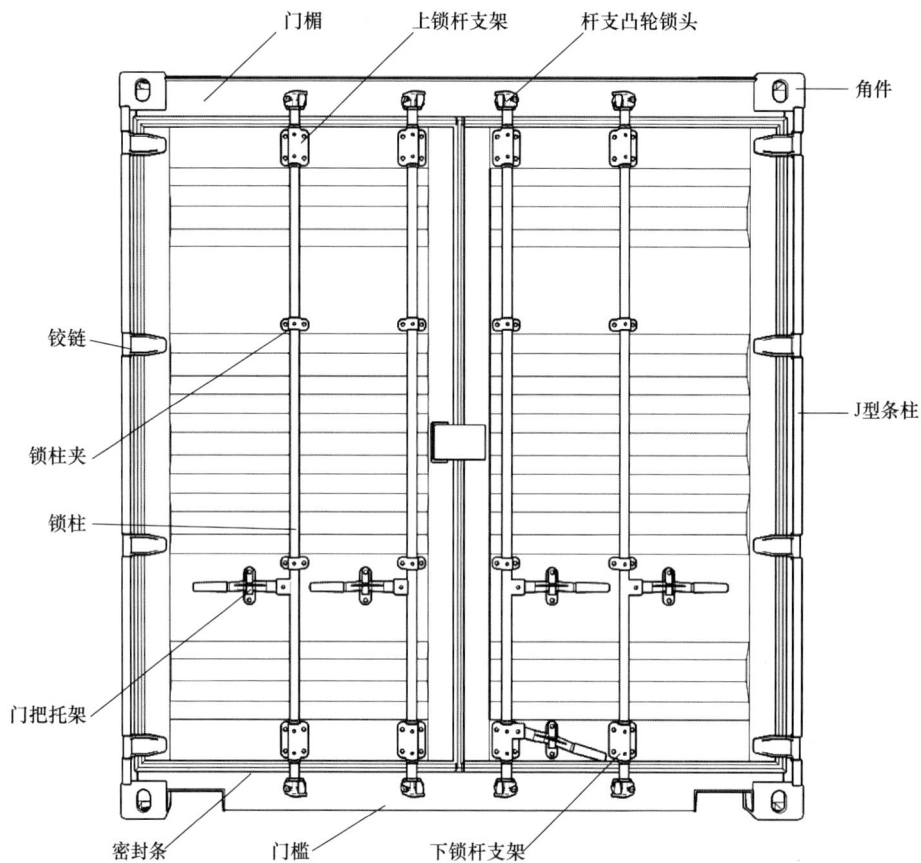

图 5.2.3　集装箱门端结构

（2）箱顶结构包括顶板、顶排骨、顶梁 3 部分。其中，顶梁包括前顶梁、后顶梁和左右顶梁，详见图 5.2.4。

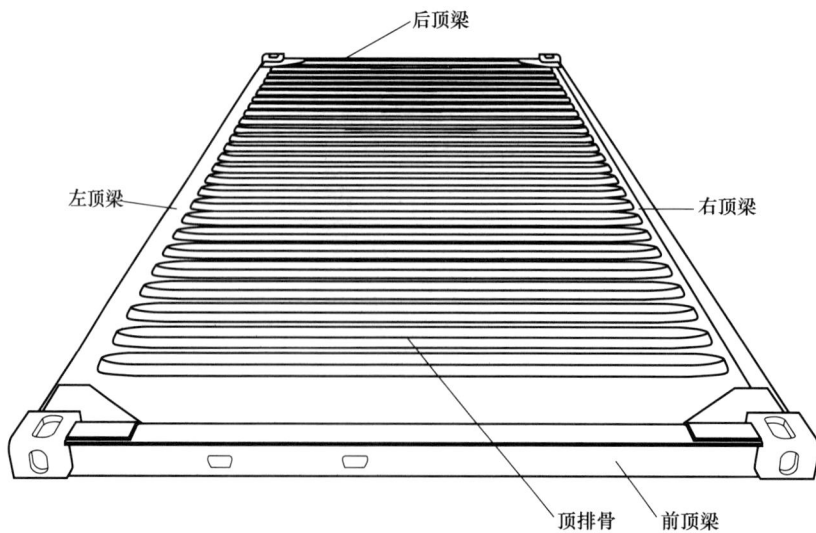

图 5.2.4　集装箱箱顶结构

（3）底部结构包括底侧梁、底横梁、插槽搭板、胶合地板、捆绑附件，详见图5.2.5。

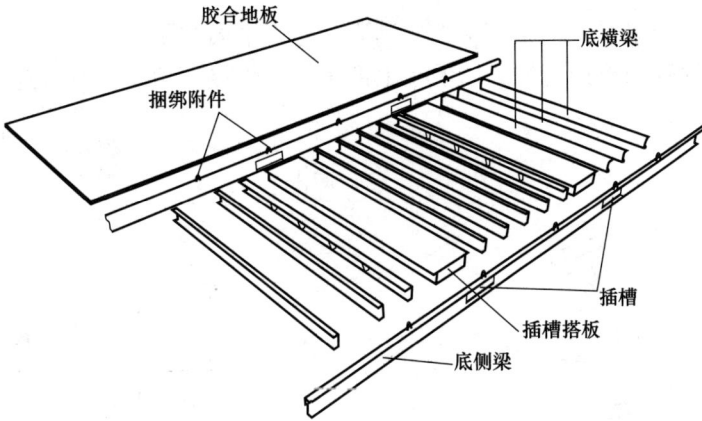

图 5.2.5　集装箱底部结构

（4）侧壁结构包括侧壁板、侧壁柱、左右顶梁、左右底梁、插槽、插槽铁、气窗，详见图 5.2.6。

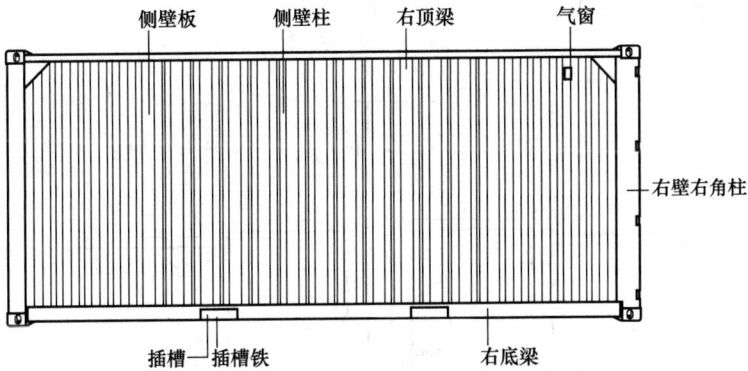

图 5.2.6　集装箱侧壁结构

（5）角件结构包括角柱和角件，详见图 5.2.7。

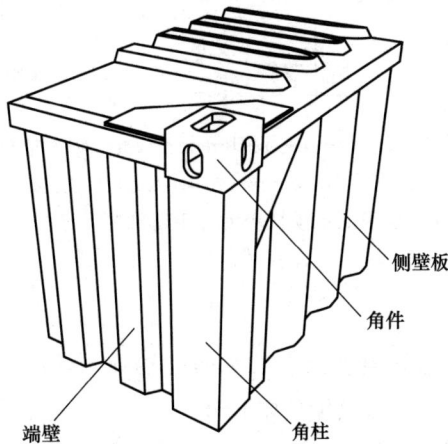

图 5.2.7　集装箱角件结构

5.2.2 基础构造

本项目属于低矮房屋,采用柱下独立基础。基础平面为正方形,边长为1.4m,基础顶端设有钢板预埋件,以便于上部钢结构焊接,预埋件及其连接构造详见图 5.2.8、图 5.2.9。

基础构造、壁体开洞构造以及箱体叠放与连接

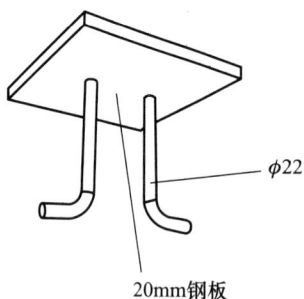

图 5.2.8　基础顶部预埋件

图 5.2.9　基础顶面与集装箱连接构造

除此之外,箱体与基础也可以用地脚螺栓或锚栓连接,典型构造做法可参考图 5.2.10。

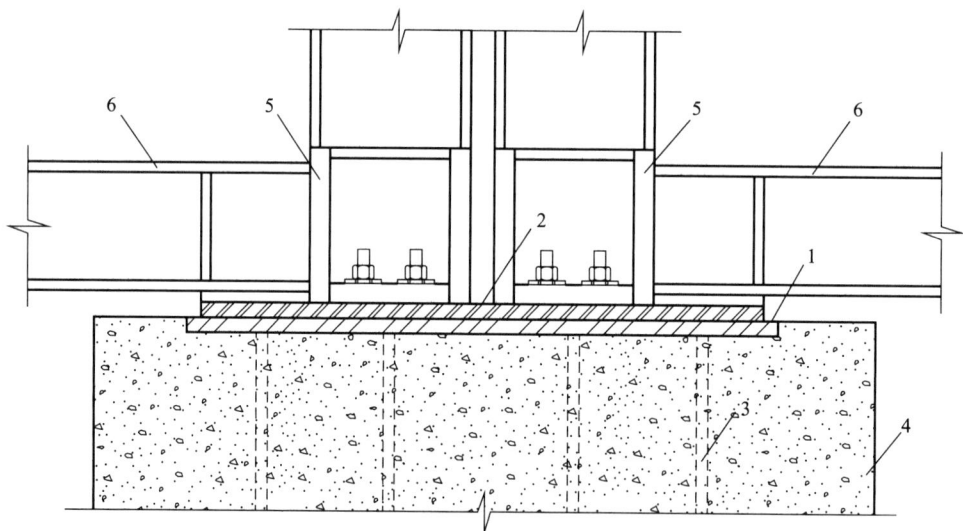

1——基础预埋板;2——建筑底部模块单元连接板;3——地脚螺栓或锚栓;
4——基础或地下室顶板;5——模块单元底部连接盒;6——底板梁。

图 5.2.10　建筑底部模块单元与下部混凝土结构连接构造

5.2.3 壁体开洞构造

建筑用集装箱需要开门洞和开窗洞,开设空洞会削弱结构强度,因此洞口处应进行特殊处理以确保结构强度,同时保障箱体的密封性。

在箱体壁板上一般要避免有过大开孔,若须开孔则不应损伤立柱,并应保留与角

柱相连接的半壁宽度少于一个波距。所有开孔均应进行补强,采用小截面钢管或型材(图 5.2.11);同时波纹壁板切割处应以洞口镶边构件补强(图 5.2.12),补强构件应伸过洞口一定距离再切断。

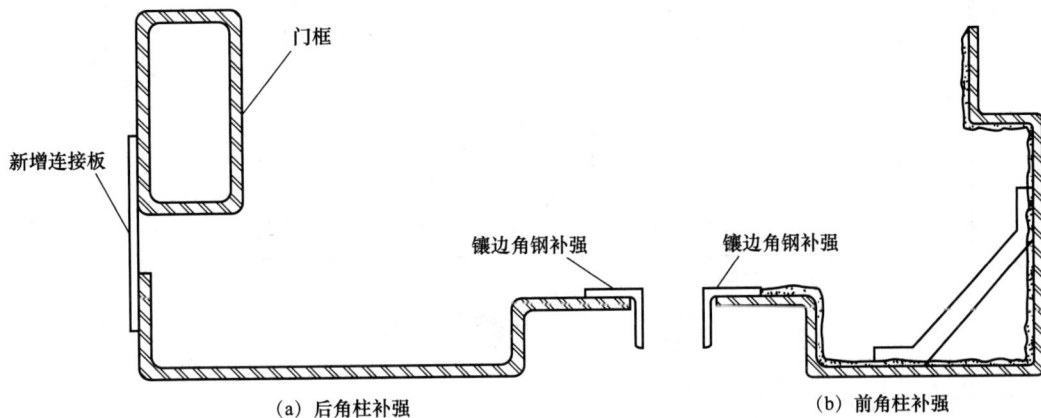

（a）后角柱补强　　　　　　　　　　（b）前角柱补强

图 5.2.11　角柱补强

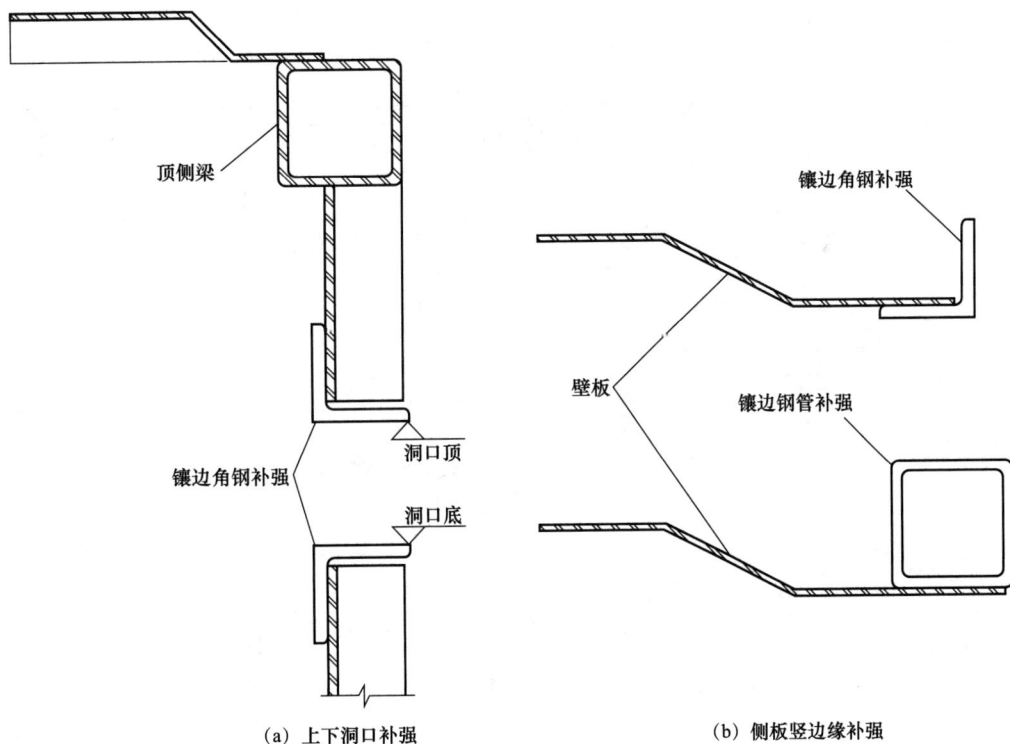

（a）上下洞口补强　　　　　　　　　　（b）侧板竖边缘补强

图 5.2.12　洞口补强

箱体端壁开孔时,宜在原有门扇处开孔,当利用门扇时,应将所保留门的边框与箱体角柱以缀板连接(图 5.2.13),缀板厚度不应小于 4mm,间距不应大于 300mm。

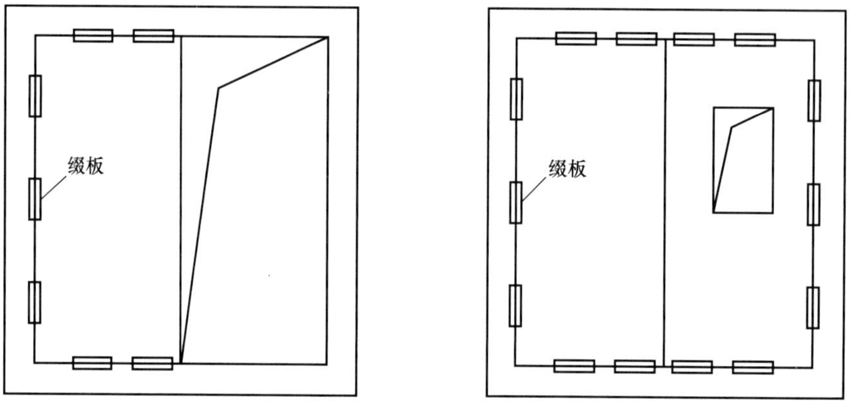

（a）侧门开孔   （b）门扇局部开孔

图 5.2.13　门扇侧壁补强

5.2.4　箱体叠放与连接

集装箱箱体进行叠放时要考虑建筑模数、管线连接和受力的合理性，一般有 4 种组合方式，如表 5.2.2 所示。

表 5.2.2　模块建筑的组合方式

组合方式	三维示意
并列式	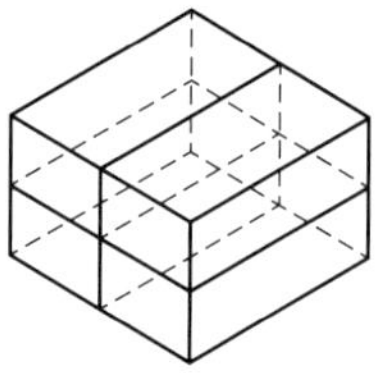
纵横交错	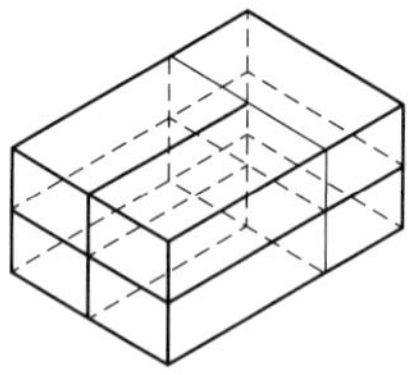
立面凹凸	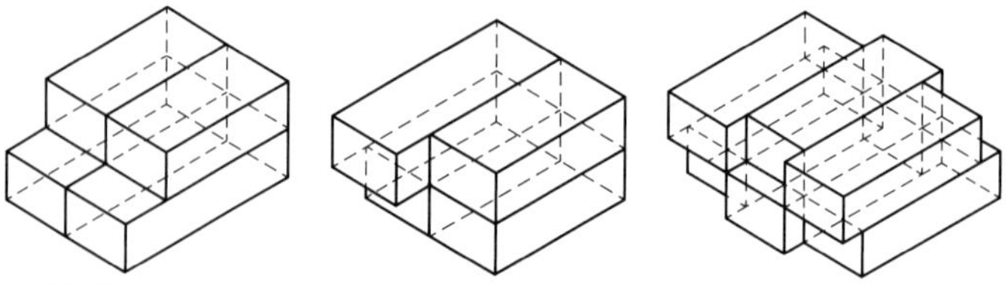
纵横咬合	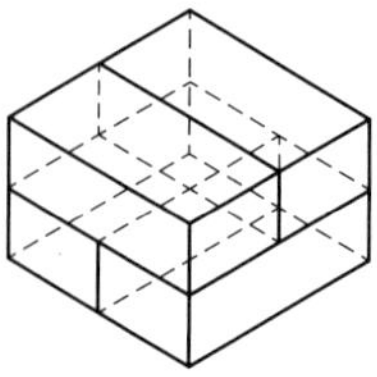

除表 5.2.2 所示 4 种组合方式以外，如前面案例所示，结合钢结构框架等，集装箱可以有更加灵活的组合方式。本项目中房间和走廊布局采用纵横交错的组合方式。

箱体叠放可以采取两种方式：直接叠置和两者之间增加连接垫件。箱体角件之间连接应保证角件对齐并与连接件紧密接触；直接叠置相邻箱体的梁柱间应以缀板相连，缀板厚度不宜小于 6mm，间距不宜小于 400mm；所有外露角件侧孔应以钢板焊盖封堵。

直接叠置的焊接构造详见图 5.2.14，采用垫片螺栓连接的构造详见图 5.2.15，短柱焊接连接构造详见图 5.2.16，型钢螺栓连接构造详见图 5.2.17。

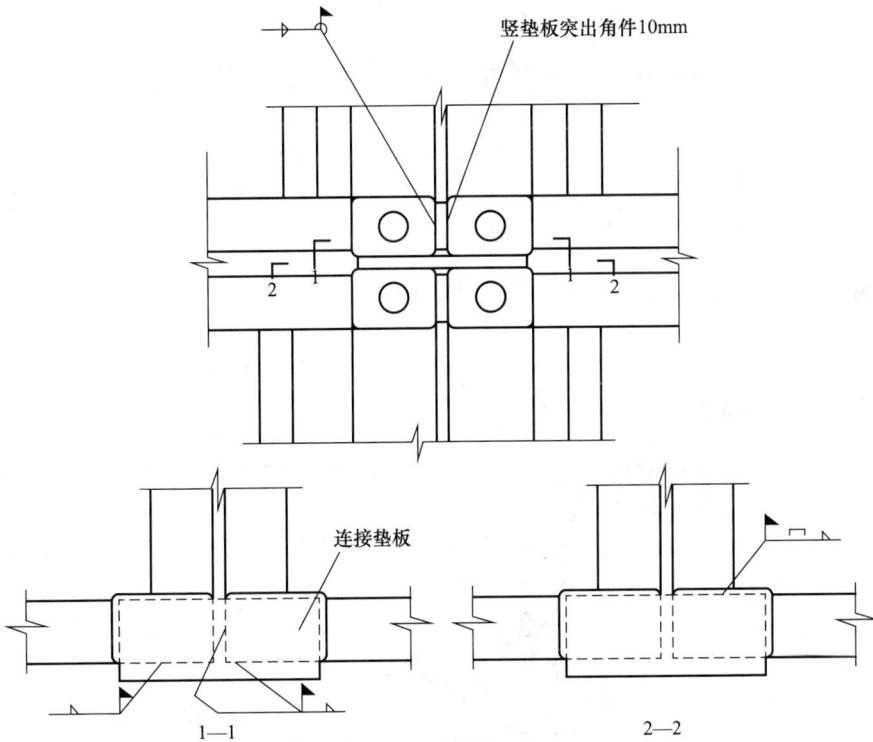

图 5.2.14 角件焊接连接构造

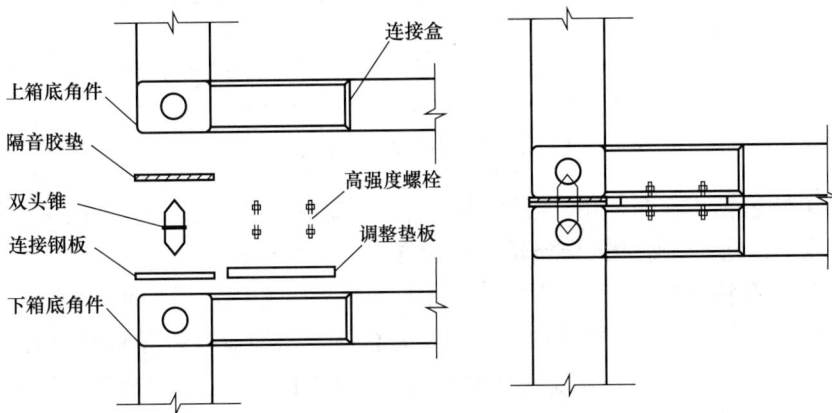

图 5.2.15 角件螺栓连接构造

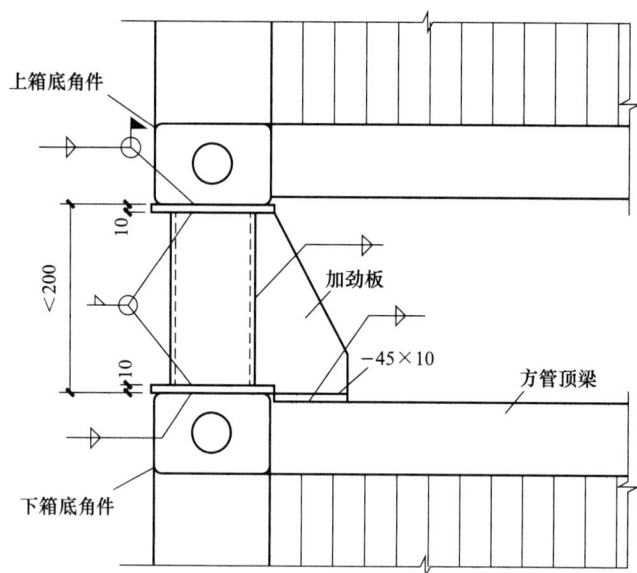

图 5.2.16　短柱焊接连接构造

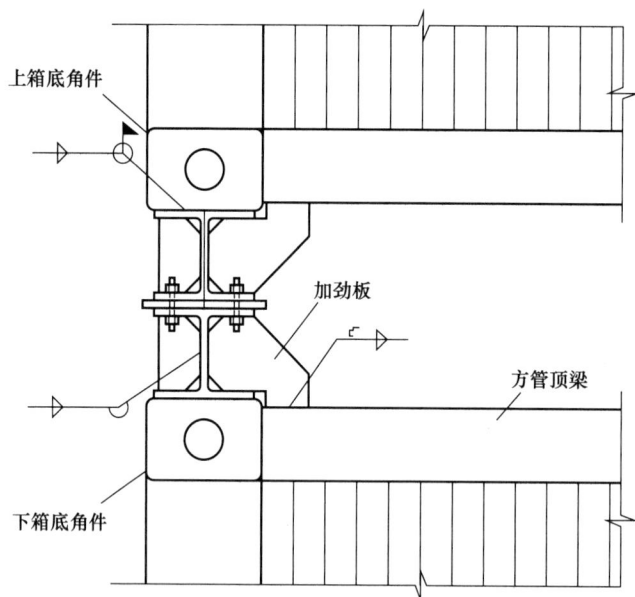

图 5.2.17　型钢螺栓连接构造

　　对于非集装箱箱式建筑，由于在角件上设计了螺栓孔，一般可以直接采用螺栓连接，并可接好电线等设施。其他箱式建筑箱体连接方式如图 5.2.18 所示。

　　在本项目中有钢结构部分，钢结构与箱体连接可以采用以下两种方式：一种是箱体直接叠置与框架连接，详见图 5.2.19；另一种是箱体之间加短柱垫件后与框架连接，详见图 5.2.20。值得注意的是，连接缀板厚度不宜小于 6mm，并且箱体外露角件侧孔均应以 6mm 的钢板焊盖封堵。

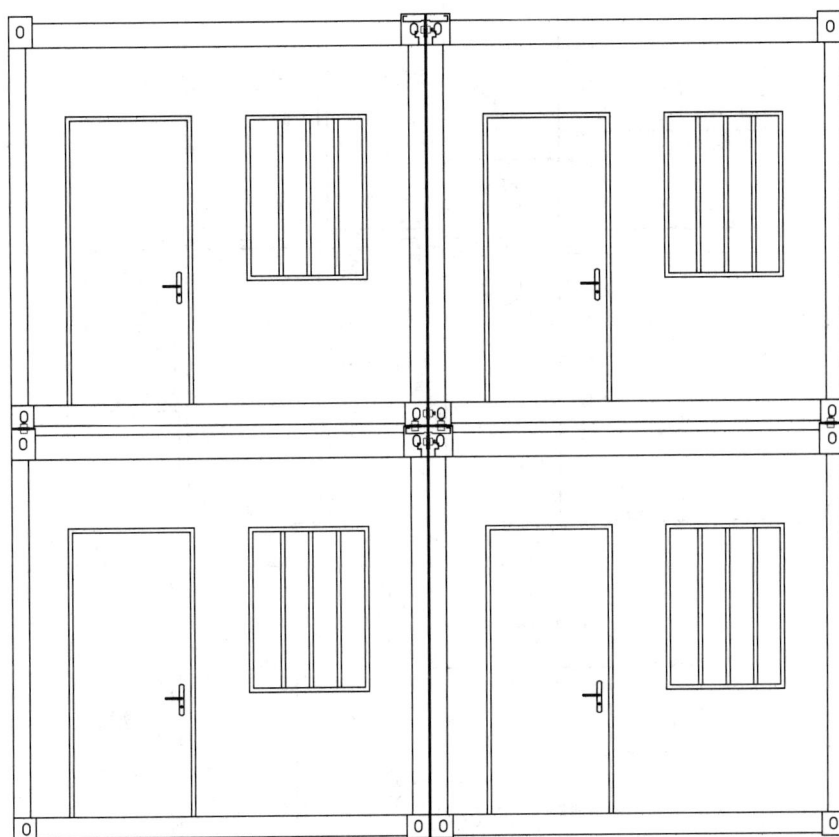

（a）箱体连接立面

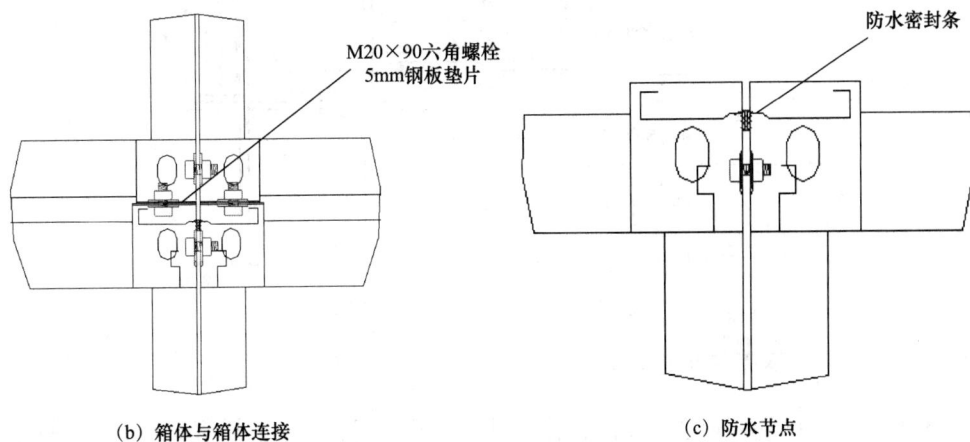

M20×90六角螺栓
5mm钢板垫片

防水密封条

（b）箱体与箱体连接　　　　　　　（c）防水节点

图 5.2.18　其他箱式建筑箱体连接方式

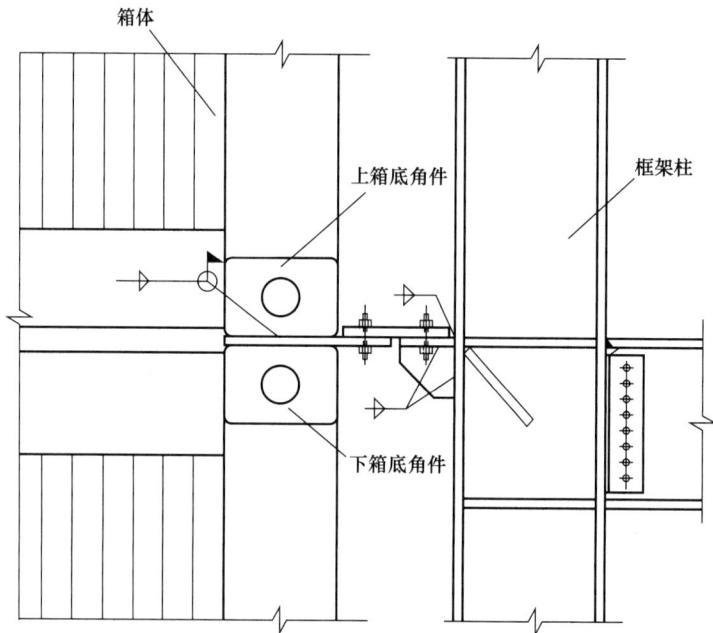

图 5.2.19　箱体角件与框架连接

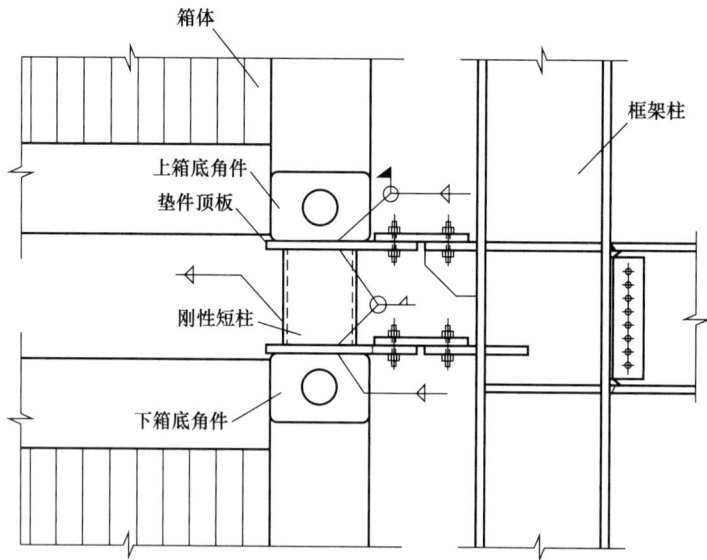

图 5.2.20　短柱垫件与框架连接

5.2.5　地面、屋面与吊顶做法

本项目地面采用铺装地砖做法，吊顶采用石膏板。底层构造宜设置架空层，具体详见图 5.2.21。

集装箱顶板承载能力较差，不能直接作为承重屋面。本项目采用方钢管承重、上部加塑木地板构造，屋面坡度 2%，如图 5.2.22 所示。

建筑构造

砌体勒角

排水口
保温材料

铸铁通气口

≥600（进人检修）
<600（没检修沟或由上部检修）

排水管

硬化地面

3%

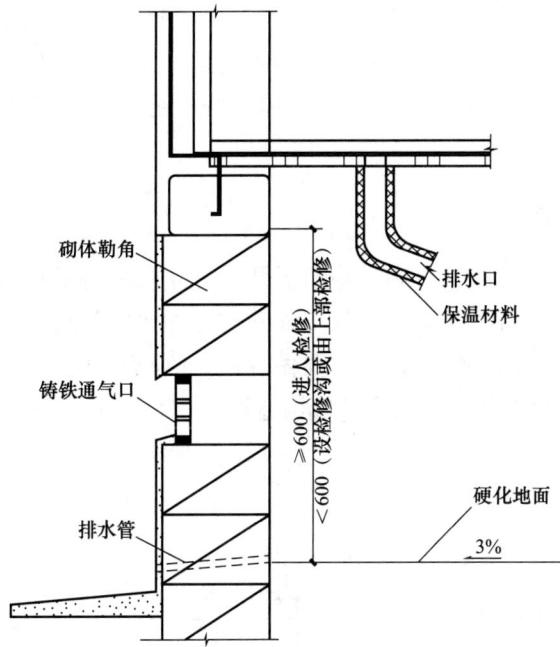

图 5.2.21　架空地面及勒脚构造

25mm厚塑木
露台次梁：30×50方管
30×30方管（焊接于平台主梁间用以彩钢板铺设）

30×30方管
（焊接于平台主梁间用以彩钢板铺设）

檐沟
落水管

彩钢板

2%

1

1—1

25mm厚塑木
露台次梁：30×50方管
彩钢板（坡度：2%）
30×30方管（焊接于平台主梁间用以彩钢板铺设）
30×30方管（焊接于平台主梁间用以彩钢板铺设）

露台主梁：60×120方管

1—1

图 5.2.22　本项目屋顶做法

对于非上人屋面可以采用檩条和屋面压型钢板的轻型屋面构造，其中檩条宜采用镀锌冷弯型钢，固定在箱体上；压型钢板宜选用咬边型彩涂压型钢板，压型钢板之间采用隐藏式连接方式，在屋面负风压较大部位应采取加强措施。如果采用坡屋面，其坡度应大于5%。

5.2.6 外围护构造

一般集装箱箱体结构不能完全满足建筑需要，建筑物外围护结构需要考虑保温隔热问题。因此在箱体内部要进行改装，加上保温隔热层、通风空气层或反射构造，有些门窗部位要采取一定遮阳措施。顶层集装箱不但要做好保温隔热，而且要有充分排水设施保证屋顶积水及时排除。本项目地面及内保温外墙构造详见图5.2.23。

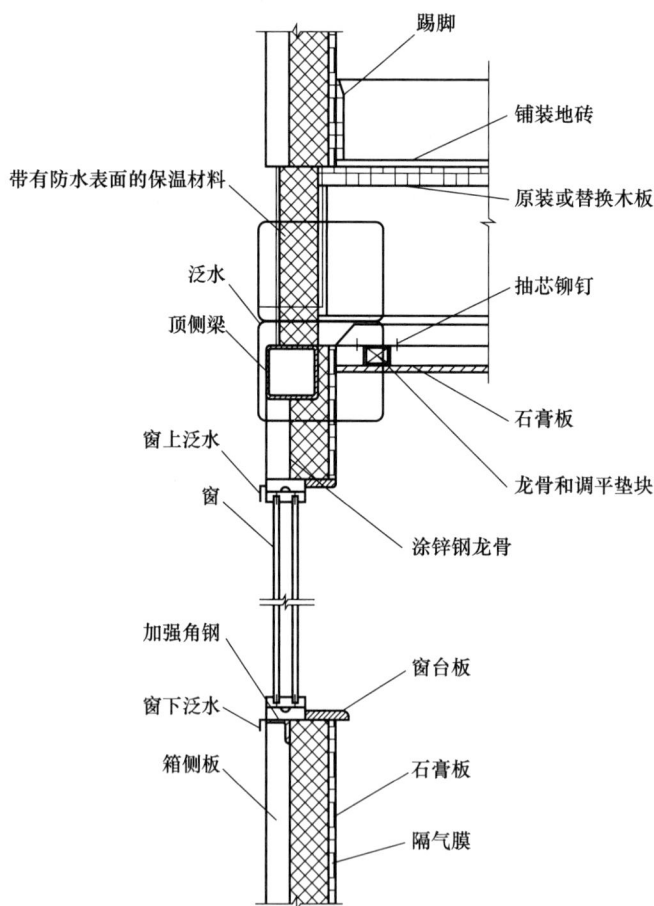

图 5.2.23 地面及内保温外墙构造

集装箱建筑热工性能应符合国家现行标准《民用建筑热工设计规范》（GB 50176—2016）、《公共建筑节能设计标准》（GB 50189—2015）、《建筑节能与可再生能源利用通用规范》（GB 55015—2021）等的有关规定。

对于非集装箱模块建筑，外保温防潮同时兼顾气密性的做法详见图5.2.24所示。

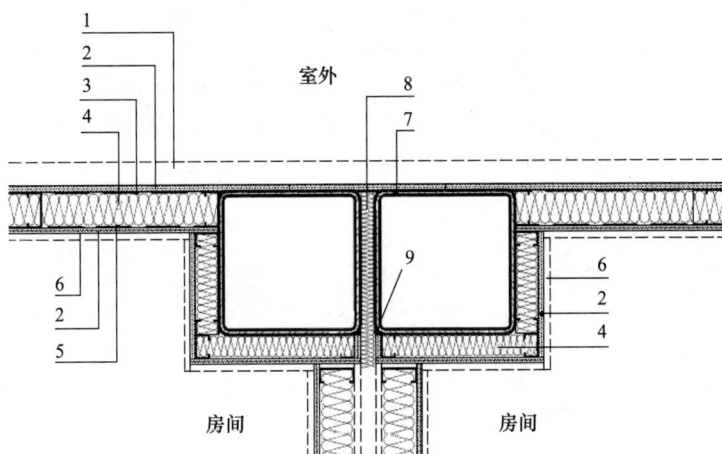

（a）外墙典型构造

1——外墙饰面层；2——纤维增强硅酸钙板或同等性能的防火板；3——防水透气膜；4——轻钢龙骨及空腔，岩棉填充；5——隔气膜；6——石膏板或其他装饰面层；7——模块单元柱；8——岩棉或其他防火封堵材料；9——防火胶。

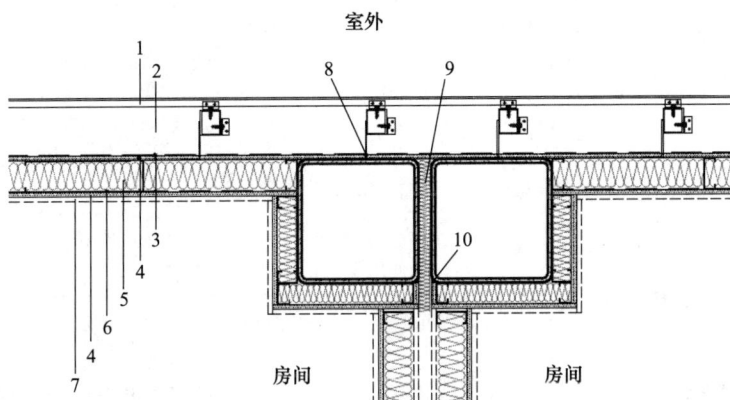

（b）幕墙结构外墙构造

1——幕墙面板；2——幕墙框架；3——防水透气膜；4——纤维增强硅酸钙板或同等性能防火板；5——轻钢龙骨及空腔，岩棉填充；6——隔气膜；7——石膏板；8——穿孔处防火胶封堵；9——岩棉或其他防火封堵材料；10——防火胶。

图 5.2.24 非集装箱模块建筑外墙构造做法

5.2.7 防火与防腐

模块建筑防火要求应符合现行国家标准《建筑设计防火规范（2018 年版）》（GB 50016—2014）、《钢结构设计标准》（GB 50017—2017）、《建筑钢结构防火技术规范》（GB 51249—2017）的相关要求，内装修工程防火设计应符合现行国家标准《建筑设计防火规范（2018 年版）》（GB 50016—2014）和《建筑内部装修设计防火规范》（GB 50222—2017）的要求。模块建筑防腐应遵守《建筑钢结构防腐蚀技术规程》（JGJ/T 251—2011）和《钢结构防腐蚀涂装技术规程》（CECS 343—2013）的有关规定。

模块建筑钢构件防火做法可采用涂层或包覆等方法。防火包覆做法可参考表 5.2.3。

表 5.2.3　模块建筑主要构件防火构造

构件名称	主要设计材料		耐火极限设计值 /h
防火墙	3×12mm 耐火纸面石膏板 + 100 龙骨（填 100mm 厚 100kg/m³ 岩棉） + 3×12mm 耐火纸面石膏板		3
楼梯间和前室的墙 电梯井的墙 单元之间的墙和分户墙	2×12mm 耐火纸面石膏板 + 75 龙骨（填 50mm 厚 120kg/m³ 岩棉） + 2×12mm 耐火纸面石膏板		2
管道井、排气道等竖向井道井壁	12mm 耐火纸面石膏板 + 75 龙骨（填 50 厚 100kg/m³ 岩棉） + 12mm 耐火纸面石膏板		1
疏散走道两侧隔墙			
房间隔墙			
模块单元承重钢柱	构造做法一：12mm 纤维增强硅酸盐板 + 50 龙骨（填 50mm 厚 100kg/m³ 岩棉） 构造做法二：高性能耐火石膏板由内向外厚度分别为 20mm、20mm、15mm。耐火石膏板分层固定，相互压缝，拼缝采用防火腻子填缝抹平		3
模块单元承重钢梁	25mm 耐火石膏板		2
梁和楼板复合系统	模块单元底板	上部 24mm 水泥纤维板	2
	模块单元顶板	下部 2×9mm 纤维增强硅酸钙板或同等性能防火板（配合使用 50mm 厚 60kg/m³ 岩棉）	

注：采用梁和楼板复合系统防火构造时，在确定材料品牌后应补充耐火试验。

　　由于模块建筑是由各单元拼接而成的，模块建筑的相邻模块单元间的水平缝、竖缝，模块单元和非模块单元间的水平缝、竖缝，模块单元间洞口周围缝隙，模块单元和非模块单元间的洞口周围缝隙，底层模块单元与支座连接处等位置，应采用不燃材料进行填塞封堵，不燃材料填塞封堵深度不宜小于 200mm。

　　钢结构在涂装前应进行表面除锈处理，除锈等级应符合国家标准对钢材表面锈蚀等级和除锈等级的规定，不同涂料表面除锈等级的最低要求应符合表 5.2.4 的规定。设计文件未做规定时，涂层干漆膜总厚度应符合下列规定：室内构件不应小于 125μm；室外构件不应小于 150μm。

表 5.2.4　不同涂料表面除锈等级的最低要求

项目	最低除锈等级
富锌底涂料	Sa2 ½
环氧或乙烯基酯玻璃鳞片底涂料	Sa2
喷锌及其合金	Sa2 ½

5.2.8 设备与管线

集成式厨房、集成式卫生间的管道应在预留的安装空间内敷设,其位置与尺寸宜标准化。

本项目采用非整体卫浴,地面设置了柔性防水层,淋浴间的地面防水层延伸至1.8m处。如果采用连续焊接的金属板地面、墙面,也可以作为防水层用。

若采用整体卫浴,宜优先采用同层侧排水方案:设置可安装、检修的管道空间,排水管道沿地面明装在室内,其优点是管道不需要做保温,安装简单,如图5.2.25所示。如果采用下方排水方案,下部箱体顶板应开设检修孔。

图5.2.25 卫生间同层侧排水做法

设备和管线系统的设计应符合模数协调要求,便于装配式建筑的部品部件进行工业化生产和装配;应与主体结构相分离,方便维修更换;应集中设置、减少平面交叉,设备、管线及部品间的连接接口应标准化。图5.2.26所示为箱体电线接入工业接口。

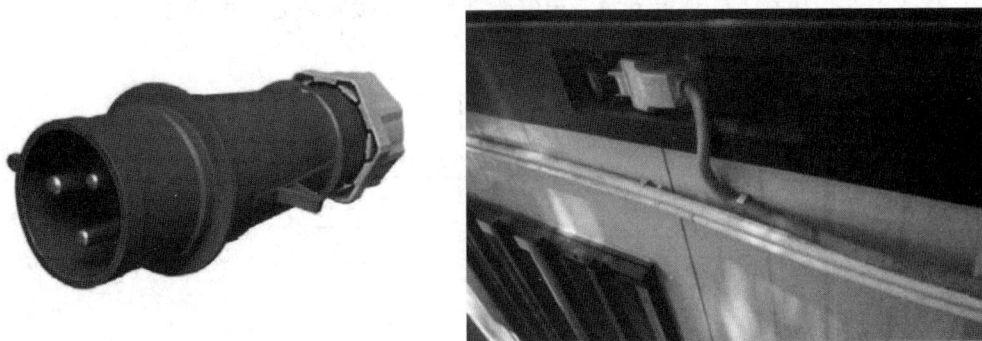

图5.2.26 工业插座

竖向主干管线宜统一集中布置在管道井内,管道井位置应合理设置,减少对建筑室内空间的影响;管道井进深须留出设备管道操作安装空间,当安装空间不能满足要求时,局部开检修口;管道随模块单元安装时,竖向连接处可采用柔性连接方式现场安装,如图5.2.27所示。

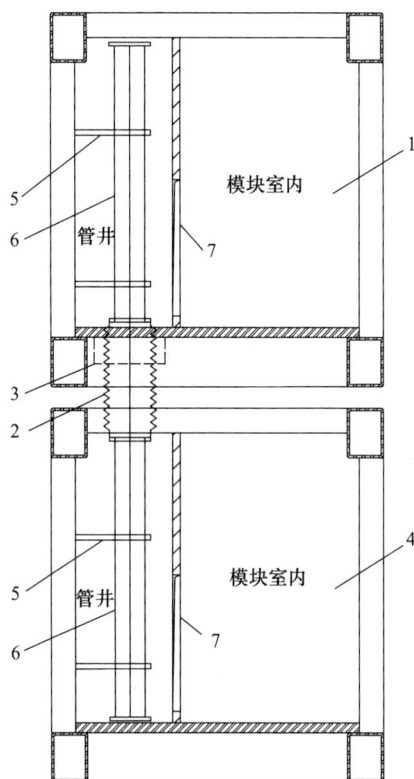

1——上层模块单元；2——柔性连接；3——阻火带（当为排水立管时增设）；

4——下层模块单元；5——固定管卡；6——竖向立管；7——检修口或检修门。

图 5.2.27　竖向预装管道采用柔性连接示意图

横向主干管线宜安装于走道、架空层等公共部位，电气管线安装间距应符合《电力工程电缆设计标准》（GB 50217—2018）的有关规定；管道随模块单元安装时，连接处可采用法兰连接或柔性连接等方式现场安装，电气管线现场连接安装方式可参考图 5.2.28 做法。

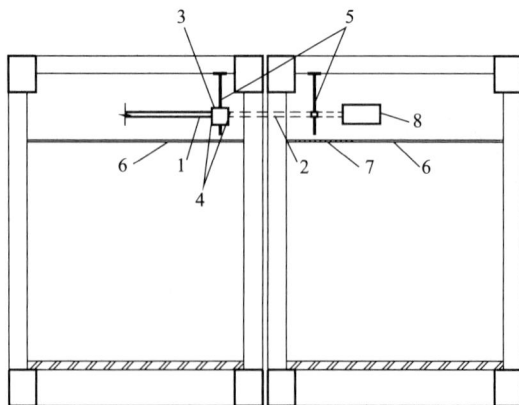

1——工厂预装导管；2——现场安装导管；3——电气接线盒；4——导管连接接口；

5——钢管吊钩组件；6——吊顶板；7——现场安装检修口；8——桥架。

图 5.2.28　预装管道穿墙连接示意图

箱体内分支管线应考虑在工厂内完成安装，可在本层地板内、隔墙内、吊顶空间内敷设，应减少平面交叉。隔墙内暗敷的电气及智能化管线，应在接线处预埋深型接线盒，如图 5.2.29 所示。

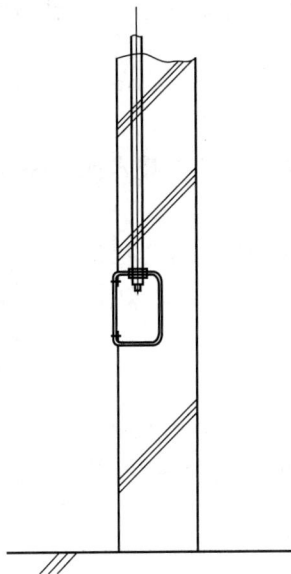

图 5.2.29 预埋接线盒示意图

▌任务流程

本任务为 BIM 建模，要求每个学生独立完成，具体流程如下：

（1）教师根据课时安排，下发任务进度计划。

（2）学生通过线上线下混合学习掌握钢结构模块建筑构造。

（3）学生根据随堂进度，绘制 Revit 模型。

（4）学生利用课外时间对模型进行整体组装。

（5）教师对学生模型进行点评。

（6）学生修改、整理模型文件，并上交。

▌注意事项

（1）本任务由于采用一样的项目建模，要求集体在机房绘制，每人成果不得复制。

（2）任务实施过程中，教师可以边授课，边让学生建模。

（3）教师要求建模细度。

▌提交成果

提交 BIM 模型文件。

想一想：如何高效实现箱体螺栓空位对齐？

任务 *3* 安装集装箱建筑模块

▎任务描述

完成单箱体模块的安装，安装完成后按技术标准进行交接验收，要求拆卸，并将箱体放回原地。

实训环境需要有集装箱或其他箱体 1 个，尽量使用小尺寸的，有条件的学校可用塑料材质的轻质箱体替代。与箱体配套的下部基础和连接预埋件已经具备。

▎任务分析

完成此任务必须具备吊装经验，学生无吊装经验需要教师先演示示范；同时场地需要有龙门吊或其他吊具 1 座，安装使用的高强度螺栓若干，还需要扳手等手工工具若干以及扭矩测力器和测量用具。

▎知 识 点

▎5.3.1　箱体工厂集成制作

装配式集成模块建筑中的模块单元根据标准化的生产流程和严格的质量控制体系，在专业技术人员指导下由工人在模块组装工厂车间流水生产线上制作完成，其制作加工精度高，不受天气影响，可在现场结构施工的同时进行工厂生产，完成度高，集建筑、结构、机电、内外装修于一体，是一种较彻底的工业化、标准化建造技术产品。

箱体工厂集成
制作与验收

模块单元工厂加工流程为：模块结构构件加工→底框、顶框、端框加工→模块钢结构组装→打砂、防腐处理→结构防火涂料涂装→内装、设备机电管线安装→外立面装修→密封打包→模块出厂。图 5.3.1 为集装箱建筑生产线。

工厂加工期间应严格控制模块加工精度，特别是连接节点的加工精度，监理应驻厂验收。在项目模块单元正式批量加工前，应先加工样箱并进行相关性能测试，各方对样箱验收，确定建筑、内装成品等总体效果，并提出修改和完善意见。

模块单元钢结构加工制作应符合现行国家标准《钢结构工程施工规范》（GB 50755—2012）的

图 5.3.1　集装箱建筑生产线

有关规定，对箱体应进行满足运输、吊装等工况下的强度、刚度及稳定性计算，对构造复杂的构件宜进行工艺性试验。

模块单元外围护系统安装制作宜在工厂内完成，并应预留现场施工作业空间，同时外墙固定件不应损伤模块单元壁板。

模块单元设备管线施工安装与质量应按现行国家标准《建筑给水排水及采暖工程施工质量验收规范》（GB 50242—2002）和《通风与空调工程施工质量验收规范》（GB 50243—2016）的有关规定执行。

（1）模块单元水暖系统的横向支管伸到服务井内时，应预留不少于150mm的接管长度；横向支管水平穿越相邻模块单元时，可采用焊接、螺纹连接、法兰或卡套式专用管件连接；预留的管道应采取临时封堵措施。

（2）当模块单元底板内的采暖管道水平穿越模块单元时，应在接管处的楼板上留设检修孔。

（3）模块单元内所有隐蔽工程的给排水及采暖系统中各种承压管道和设备在隐蔽前应做水压试验。试验合格后方可封闭墙面和吊顶，应按设计要求填实穿墙套管与管道之间缝隙，并应将预留管道连接接口进行临时密封与保护。

模块单元内的电气系统施工和安装应按现行国家标准《建筑电气工程施工质量验收规范》（GB 50303—2015）和《智能建筑工程施工规范》（GB 50606—2010）等的有关规定执行，管道设备等的安装及调试应在建筑装饰装修工程施工前完成，所有弱电线路应点对点进行测试，完成后才能封墙面板材。

模块单元装饰装修工程应符合下列规定：

（1）卫生间部品安装前应先进行地面基层和墙面防水处理，并应做蓄水试验。

（2）装饰装修工程不应影响管道、设备等的使用和维修，半成品、成品应做好保护，不得污染和损坏。

（3）模块单元出厂前，外围护系统、内装饰系统、家具、部品、水电管线和接口器件等应有相应保护措施，模块单元防水措施应可靠。

5.3.2 验收出厂

模块单元原材料、成品、半成品、构配件、器具和设备等应按相关产品标准、设计文件及合同约定进行进厂验收。

涉及使用功能安全的原材料及半成品，应按国家相关规定进行复检。同一厂家生产的同一品种、同一类型的进厂材料，应至少抽取一组样品进行复检；当合同另有更高要求时，应按合同执行。见证检验应委托具有国家法定资质的检测机构进行检验。

部件、构件、单元制作完成后，应对构配件及模块单元的内在质量、外观质量和尺寸精度进行验收，形成验收记录，出具出厂合格证。

模块单元出厂前应有唯一的产品标识。标识应包括下列内容：

（1）项目名称。

（2）栋号、单元号、楼层号、位置信息。

（3）制作的起始及完成日期。

（4）模块单元质量、吊点位置。

（5）制作单位名称或商标。

模块单元出厂时应有产品合格证，并应在产品交付时提供。产品合格证应包括下列内容：

（1）产品名称、商标。

（2）制作单位名称、地址。

（3）产品规格、类型。

（4）生产日期。

（5）检验部门印章、检验人员代号。

模块单元出厂时应附有产品说明书。产品说明书应包括下列内容：

（1）模块单元设计图，包括单元面积、使用功能、建筑性能指标、配备设备设施、主体结构构件性能指标等。

（2）现场吊装和安装工艺说明书。

（3）现场结构节点和连接部位施工设计图纸或技术要求。

（4）现场装饰装修施工说明书。

（5）模块单元间设备管线连接设计图纸或技术要求。

（6）备带现场材料、工具清单。

5.3.3 包装、运输与堆放

模块单元在运输前应使用防水防潮的包装，并应采取防止污染的措施。提前制定专项运输方案，模块单元的宽度及高度宜符合大件运输的限值规定。在运输过程中应牢固固定，并采取防止损坏的措施，如设置必要的垫木防止运输过程中造成损坏，必要时设置专门的防震措施。

部分箱式单元采用打包方式，以集成打包箱式房屋的箱底为储存空间的底，以箱顶为储存空间的盖，立柱作为支撑，再配以围挡板形成封闭的储存空间，将集成打包箱式房屋的其他构件材料（如墙板、门窗、辅料等）存放于储存空间内，详见图 5.3.2。多个打包箱组合成集运箱，吊装到车上并运送到工地，详见图 5.3.3。

第一步　　　　　　　　　　　　　　　　第二步

图 5.3.2　打包作业过程

第三步

第四步

图 5.3.2 （续）

模块单元在工厂和工程现场堆放时堆放场地应坚实、平整、无积水，并应对模块单元采取防雨、防污染等措施。模块单元底部可设置临时垫块以平整堆放，垫块高度不宜小于 100mm，垫块宜与模块单元柱上下对齐。

重叠堆放时，每层的模块单元垫块应上下对齐，堆垛层数应根据场地、构件、垫块

图 5.3.3　集运箱装车

的承载力确定，并应根据需要采取防止堆垛倾覆的措施。模块单元相互之间留有一定的间隙，当多层模块单元堆放时应加设临时固定安全措施，堆垛层数应根据场地、构件、垫块的承载力确定。

如果产品堆放超过 3 个月及以上时，应采取通风、防霉等措施。

5.3.4　箱体吊装

箱体单元吊装前，施工现场工序为：先放线，再进行基础部分施工，基础完工后将第一层单元角件与预埋板焊接固定，然后将相邻箱体模块的顶底角件连接扩展，并做好底部防水处理。

模块建筑安装施工

箱体单元吊装前应选择合适的吊装设备，对于有较大开孔刚度削弱的箱体，应适当增加临时支撑，并应采用专用吊装架吊装。

在吊装过程中（图 5.3.4），应根据建筑物平面形状、结构形式、安装机械规格和现场条件划分吊装流水段。箱体安装前应先对连接角件的距离、孔边距等相关尺寸进行测量，并在安装过程中进行调校。若采用加垫

图 5.3.4　模块单元现场起吊

块的方式调整偏差尺寸，可采用不多于一块的整体垫块，定位后与角件焊接牢固。

尺寸较大或形状复杂的模块单元吊装时，应选择设置分配梁或分配桁架的吊具，并应保证起重设备主钩位置、吊具及模块单元重心在竖直方向上重合，可采取下列构造措施：

（1）模块单元进行直接提升，如图 5.3.5（a）所示。

（2）通过单独的横梁进行提升，如图 5.3.5（b）所示。

（3）通过独立的二级框架进行提升，如图 5.3.5（c）所示。

（4）通过等尺寸的重型框架进行提升，如图 5.3.5（d）所示。

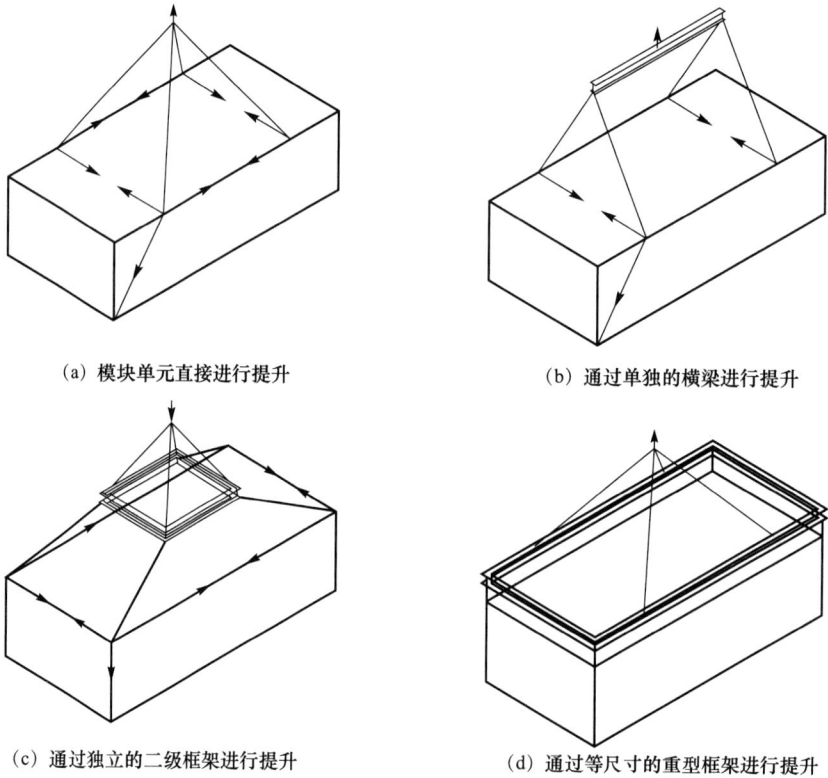

(a) 模块单元直接进行提升　　　　　　　　(b) 通过单独的横梁进行提升

(c) 通过独立的二级框架进行提升　　　　　(d) 通过等尺寸的重型框架进行提升

图 5.3.5　模块单元吊装方法

模块单元安装偏差的检测，应在结构形成空间刚度单元并连接固定后进行。模块建筑的安装允许偏差应符合表 5.3.1 的要求。

表 5.3.1　模块建筑的安装允许偏差

项目	允许偏差	图例
模块单元底座中心线对定位轴线的偏移 Δ	3.0mm	

项目	允许偏差	图例
单层模块单元垂直度 Δ	3.0mm	
模块单元间连接板顶标高与设计标高之间高差 Δ	±1.0mm	
模块单元间连接板顶水平度 Δ	$l/1000$（l 为连接板测量方向边长）	
模块建筑整体垂直度 Δ	$\Delta \leqslant H/2500 + 10$，且 $\Delta \leqslant 50.0\text{mm}$	
主体结构整体平面弯曲 α	$\leqslant L/1500$，且 $\leqslant 25.0\text{mm}$	

5.3.5　除锈与涂装

箱体与钢结构构件除锈与涂装应符合现行国家标准《建筑防腐蚀工程施工规范》（GB 50212—2014）、《钢结构防火涂料应用技术规程》（T/CECS 24—2020）和《钢结构工程施工规范》（GB 50755—2012）的规定。当设计文件未做规定时，工程制作应选用喷砂或抛丸除锈方法，并应达到 Sa2½ 级除锈等级；工地小范围采用手工和动力工具除锈时，应达到 St3 等级要求。对于室内或室外构件，涂装涂层分别不少于 4 道或 5 道，干膜总厚度分别不小于 200μm 或 240μm。

为防止除锈后的钢材表面再度生锈，影响底层漆膜质量，钢材表面要求 4h 内进行底漆涂装，且涂装后 4h 内不得淋雨。

钢结构连接处的缝隙应采用防火涂料或其他防火材料填堵防护。

现场焊接后应除去焊渣和污垢后重新进行涂装。

▌5.3.6 管线安装

模块建筑的设备管线需要在施工现场进行连接，因此，模块单元间的给排水管线、通风管道以及电气管线在现场连接完成后，还应进行相关试验，并做记录。

为便于施工人员现场穿线及日后检修或换线，户内配电箱、弱电箱安装时，需要检查上方吊顶处的活盖板是否预留到位。

模块单元内的给排水、电气、暖通等专业工程需要在工厂内进行，部分工程为隐蔽工程，现场吊装后修改难度大，吊装前应确定相关工作是否完成。另外，模块单元施工工况验算要考虑强度与变形是否满足设计要求，不满足要求时应在吊装前采取增加临时支撑等加固措施。

管道穿越楼板部位不得有渗漏出现；卫生间、厨房地面排水应畅通，无积水；厨房排气装置管道接口应严密，排气通畅。

▌任务流程

本任务是实体操作，要求分组进行，具体流程如下：

（1）教师讲解安全知识和本项目安全要求。
（2）学生进行安全笔试，合格者进入实训环节。
（3）教师布置任务，讲解要点。
（4）学生查看现场情况，安排每人任务。
（5）通过指导教师批准后，学生安装起吊绳索。
（6）起吊箱体。
（7）对中后边下放边校正。
（8）落地后安装螺栓。
（9）教师组织学生对安装尺寸和螺栓进行验收。
（10）拆卸螺栓。
（11）将起吊箱体放回原位。

▌注意事项

（1）实训前每人发放安全帽、护眼罩和手套等劳保用品 1 套。
（2）教师集中讲解安全事项，起吊前教师要对吊钩等情况进行检查。
（3）实训前组长明确组员工作分工。

提交成果

包括安装过程照片和安全要求的1000字左右实训报告。

———————————— 模块小结 ————————————

　　模块建筑是装配式钢结构建筑中最接近工业化的建筑。本模块系统介绍了模块建筑的概念、发展历史和应用，通过集装箱住宅建筑案例对集装箱建筑基础、箱体结构、箱体开洞和叠放等结构构造要求进行了阐述，同时还介绍了建筑地面、屋面与吊顶做法，以及防火、防腐等构造措施，并对管线设备安装进行了叙述。本模块还介绍了施工和验收中的相关要求。

———————————— 习　　题 ————————————

1. 下面哪些是火神山医院的创新点？（　　）

A. 采用了钢结构模块建筑

B. 模块采用了架空处理

C. 全局防渗膜布置，地面雨水和空调冷凝水统一处理

D. 通风系统灵活借用并优化"人防工程防毒通道"作为卫生通道出口

2. 下面关于装配式钢结构模块建筑叙述正确的是（　　）。

A. 钢结构模块建筑集成了结构、设备、管线等部分

B. 钢结构模块建筑的建筑主体装配率可达90%以上

C. 钢结构模块建筑最符合工业产品概念

D. 钢结构模块建筑可以创造丰富多彩的形式

3. 本模块案例建筑特点为（　　）。

A. 采用了大面积落地玻璃窗　　　　　　　B. 采用了两种型号的集装箱

C. 采用了整体卫浴　　　　　　　　　　　D. 利用了集装箱原有内饰

4. 基础顶部预埋件钢筋粗细、根数和长度取决于以下哪个因素？（　　）

A. 建筑物质量大小　　　　　　　　　　　B. 建筑结构横向力作用工况

C. 箱底角件的形式　　　　　　　　　　　D. 预埋件钢板厚度

5. 集装箱的五大部分为（　　）。

A. 底板、侧板、顶板、前端、盲端　　　　B. 底架、侧板、顶板、前端、角柱

C. 底板、侧板、顶梁、前端、门端　　　　D. 底架、侧板、顶板、前端、门端

6. 下列关于集装箱开洞改装描述正确的是（　　）。

A. 集装箱侧壁在不损伤立柱的情况下可以随意开大洞

B. 集装箱开洞应保留与角柱相连接的半壁宽度少于一个波距

C. 洞口补强构件应伸过洞口一定距离再切断

D. 并非所有开洞都需要补强

7. 本模块工程案例中箱体叠放的形式是（　　）。

A．并列式　　　　　　B．纵横交错　　　　C．立面凹凸　　　D．纵横咬合

8. 箱体连接哪种连接刚度最大？（　　）

A．直接叠置焊接连接　　　　　　　　B．角件螺栓连接

C．短柱焊接连接　　　　　　　　　　D．型钢焊接连接

9. 有关箱体角件与框架连接说法错误的是（　　）。

A．箱体直接叠置与框架焊接连接可以传递框架弯矩

B．刚性短柱与框架连接可以传递弯矩

C．箱体直接叠置与框架焊接连接可以传递水平力

D．刚性短柱与框架连接可以传递水平力

10. 集装箱房屋底部架空益处为（　　）。

A．防潮　　　　　　　B．方便管道检修　　　C．保温　　　　　D．防虫

11. 集装箱屋面做法正确的是（　　）。

A．直接用集装箱顶做上人屋面

B．坡屋顶的坡度应大于15%

C．为了防止屋面风力影响，屋面压型钢板间采用隐藏式连接，并采用加强措施

D．屋顶檩条宜采用镀锌构件

12. 下面关于集装箱外围护构造说法错误的是（　　）。

A．集装箱箱体能完全满足建筑需要

B．有些门窗部位要采取一定遮阳措施

C．箱体连接处必须考虑防火、防水和气密性要求

D．保温层内侧必须设置隔气膜防止冷凝水

13. 模块建筑防火墙耐火极限是（　　）h。

A．1　　　　　　　　　B．2　　　　　　　　C．3　　　　　　　D．4

E．由建筑物性质确定

14. 模块建筑卫生间宜采用（　　）。

A．集成式卫生间　　　B．同层侧排水方案　C．下方排水方案　D．非整体卫浴方案

15. 非整体卫浴地面柔性防水应延伸至离地面（　　）m。

A．0.6　　　　　　　　B．1.2　　　　　　　C．1.8　　　　　　D．2.1

16. 关于模块建筑管道空间描述正确的是（　　）。

A．管线设计应符合模数协调要求，应与主体结构相分离，集中设置

B．管道随模块单元安装时，竖向连接处宜采用刚性连接

C．设备、管线及部品间的连接接口应标准化

D．箱体内分支管线在现场安装能减少出错率

17. 车间模块生产中管道安装应注意（　　）。

A．水暖系统的横向支管伸到服务井内时，应预留不少于200mm的接管长度

B．采暖系统中各种管道可以不做水压试验

C．模块建筑在生产中不用对所有弱电线路进行点对点测试

D．预留的管道应采取临时封堵措施

18．模块单元出厂时应有产品合格证。产品合格证包括（　　）。

A．产品名称、商标　　　　　　　　　　B．产品规格、类型

C．检验部门印章、检验人员代号　　　　D．制作单位名称、地址

19．模块单元出厂时应附有产品说明书。产品说明书不包括（　　）。

A．现场吊装和安装工艺说明书　　　　　B．生产日期

C．现场装饰装修施工说明书　　　　　　D．备带现场材料、工具清单

20．箱体单元在运输时要注意（　　）。

A．应使用防水防潮的包装　　　　　　　B．提前制定专项运输方案

C．物品应牢固固定　　　　　　　　　　D．必要时设置专门的防震措施

21．箱体单元吊装要注意（　　）。

A．吊装前应选择合适的吊装设备

B．较大开孔后刚度削弱的箱体，应适当增加临时支撑

C．划分吊装流水段

D．在安装过程中对距离和位置进行调校

22．下列不是箱体吊装方法的是（　　）。

A．直接起吊　　　　　　　　　　　　　B．外加横梁起吊

C．通过多台吊机起吊　　　　　　　　　D．通过等尺寸的重型框架起吊

23．模块单元底座中心线相对定位轴线偏差不能超过（　　）mm。

A．1.0　　　　　B．2.0　　　　　C．3.0　　　　　D．4.0

24．模块单元间连接板顶标高与设计标高之间的高差不能超过（　　）mm。

A．1.0　　　　　B．2.0　　　　　C．3.0　　　　　D．4.0

25．下列关于构件除锈后进行防腐涂装说法错误的是（　　）。

A．钢材表面除锈后要求5h后进行底漆涂装

B．对于室内或室外构件，涂装涂层分别不少于4道或5道

C．对于室内或室外构件，干膜总厚度分别不小于200μm或240μm

D．现场焊接后应除去焊渣和污垢后重新进行涂装

答案

1．ABCD	2．ABCD	3．AB	4．B
5．D	6．BC	7．B	8．B
9．A	10．ABD	11．CD	12．A
13．E	14．AB	15．C	16．AC
17．D	18．ABCD	19．B	20．ABCD
21．ABCD	22．C	23．C	24．A
25．A			

模块 6

大跨度钢结构建筑

■**价值目标** 1. 弘扬艰苦奋斗，自强不息的精神

2. 树立大国工匠，建设祖国的职业理想

3. 了解中国速度，培养爱国精神

■**知识目标** 1. 掌握装配式大跨度钢结构施工方法

2. 熟悉装配式大跨度场馆建筑施工流程

3. 熟悉装配式大跨度场馆建筑施工要点

■**能力目标** 1. 能够根据建筑实际情况选择施工方法

2. 能够合理设计装配式大跨度钢结构施工流程

3. 能够正确组织项目施工流程

■**素质目标** 1. 时刻关注工程技术发展并不断自我学习

2. 培养创新意识

3. 养成细致严谨的工作习惯

学习引导

国家体育场（鸟巢）（图 6.0.1），是 2008 年北京奥运会的主会场，2022 年北京冬奥会和冬残奥会开闭幕式场馆，也是全球首个"双奥开闭幕式场馆"。作为代表国家形象的标志性建筑，鸟巢超越了纯粹的体育或建筑概念，承载着深远的社会意义，已经成为国际交往的平台和展示中国形象的重要窗口。

此外，鸟巢在建设中采用了先进的节能设计和环保措施，如良好的自然通风和自然采光、雨水的全面回收、可再生地热能源的

图 6.0.1 国家体育场（鸟巢）

利用、太阳能光伏发电技术的应用等，是名副其实的大型"绿色建筑"。

鸟巢和它的名字一样，外观像鸟筑成的巢穴，一丝一丝地缠绕在一起，体现出凌乱的美感。鸟巢中间稍稍凹进去，增加了鸟巢的立体感，巢穴的上边缘不是长方形，上面比下面的底座大一些，倾泻下来，加上凹进去的设计，让鸟巢充满了时尚气息。

鸟巢造型新颖、前卫，构思独特，是传统与现代、浪漫与现实的结合。整个建筑通过巨型网状结构联系，内部没有一根立柱，看台是一个完整的没有任何遮挡的碗状造型，如同一个巨大的容器，赋予体育场以不可思议的戏剧性和无与伦比的震撼力。

鸟巢这座当代奇观，在其建成之前就已经因其工期紧、任务重、技术含量高而在工程界闻名。鸟巢的建设留下了工程技术人员、施工人员奋斗的足迹。他们参与施工技术管理，在方案评定阶段，大家废寝忘食、夜以继日进行焊接工艺性试验，反复论证，确立最佳方案。在构件制作阶段，他们克服了结构复杂、组合节点制作难度大等困难。从首个精品弯扭构件，到首个精品节点，到首批精品腹杆，完成了一个个精益求精的产品。他们秉承工匠精神，从开始招标，到构件加工制作完成，再到最后的钢结构合龙、卸载成功，以一流的技术和质量完成了项目任务，交上了一份优秀的答卷。

体育场建筑是典型的大跨度建筑，钢材是建造大跨度结构的最佳材料，本模块我们开始学习大跨度钢结构建筑。

想一想： 大跨度钢结构一般出现在哪些类型建筑上？

任务1 大跨度钢结构建筑结构分析

任务描述

通过观看教学视频，学生学习大跨度钢结构建筑结构分类，分组选取一种结构类型，查阅资料；选择对应结构类型的典型大跨度钢结构建筑，进行结构分析，讨论荷载传递路线，总结结构受力特点。课上由教师组织各组学生进行课堂讨论与总结。

任务分析

本任务需要了解大跨度钢结构建筑的定义，了解大跨度钢结构建筑常用结构类型的受力、传力特点，适用范围。本任务主要通过课内学习和课外查找资料来获取知识，为进一步分析和学习大跨度钢结构建筑施工方法做基础准备；同时培养学生团队合作精神，提升沟通交流能力。

▌知 识 点

▌6.1.1 大跨度钢结构建筑概述

社会发展使建筑功能愈来愈复杂，造型要求不断提高。如果说超高层建筑解决了土地资源供应紧张的问题，那么大跨度建筑则满足了人们举行社会文化活动、体育活动等对高大公共建筑空间的需求。

大跨度钢结构通常是指跨度在 60m 以上的空间结构，具有刚度大、跨度大、受力合理、质量轻，建筑造型优美、富有艺术表现力等特点，广泛应用于造型独特、结构复杂的大跨空间结构中，是目前大跨度空间结构的主要发展趋势。近 20 年来，我国体育建筑（图 6.1.1、图 6.1.2）、会展建筑、交通枢纽建筑（图 6.1.3）等大跨度钢结构建筑建设规模居全球前列。

图 6.1.1　北京冬奥会国家速滑馆"冰丝带"

图 6.1.2　铜陵市体育中心体育场

图 6.1.3　贵阳龙洞堡国际机场

大跨度建筑结构可分为平面结构和空间结构。平面结构通常依靠构件截面几何性质和材料强度抵抗外荷载，如梁系结构、框架结构、拱式结构等。空间结构有网架结构

（图 6.1.4）、薄壳结构（图 6.1.5）、折板结构（图 6.1.6）、网壳结构（图 6.1.7）、薄膜结构、悬索结构、组合结构等。空间结构具有三维空间的结构形体，在荷载作用下三向空间受力，充分利用结构体系的三维几何组成，形成合理的受力形态，发挥材料性能优势，具有容纳空间较大、造型别致、使用性能较好等特点，在公共建筑中应用越来越多。

图 6.1.4　湖南衡阳体育场（网架结构）

图 6.1.5　北京国家大剧院（薄壳结构）

图 6.1.6　青岛国际邮轮母港客运中心（折板结构）

图 6.1.7　河南漯河市城市规划建设展示馆（网壳结构）

6.1.2　大跨度钢结构建筑特点

随着建筑物的跨度和规模越来越大，新材料和新技术在大跨度钢结构建筑中的应用越来越广泛，进入了鼎盛发展时期，大跨度钢结构建筑成为很多城市的地标性建筑。国内大跨度钢结构建筑数量越来越多，空间结构形式越来越广泛，相应的理论分析和设计技术也逐步完善。在设计和施工方面，大跨度钢结构建筑主要有以下特点：

（1）结构形式日益多样化和复杂化。大跨度装配式钢结构建筑已经不局限于采用传统的单一结构形式，新的结构形式和各种组合结构形式不断涌现。

（2）结构跨度、钢材等级、钢板厚度等不断增加。大跨度装配式钢结构建筑跨度越来越大，短轴跨度超百米已屡见不鲜，如鸟巢短轴跨度 296m，国家游泳中心跨度 177m，广州国际会议展览中心跨度 126.6m，南京奥体中心体育场跨度 360m，等等。

这些大跨度空间钢结构采用了大量的高强度级别钢材，如 Q390C、Q420C、Q460E 等。高强度厚钢板板厚甚至超过 100mm。

（3）节点形式复杂多样。为了满足大跨度建筑空间造型要求，节点形式复杂多样，如铸钢节点、锻钢节点、球铰节点等。

（4）构件数量和截面类型多，深化设计难度大。大型工程往往由几万个甚至数十万个构件组成；构件的截面形式尺寸和长度也不相同。这给深化设计、施工单位放样带来了极大的困难。

（5）构件加工精度要求高，施工技术难度大。大跨度钢结构工程质量要求高、构件加工精度要求高。为了保证施工精度，常采用预拼装施工工艺，并且现场焊接工作量大，施工技术难度大。

▌任务流程

本任务主要包括课前自学、小组讨论、成果汇报 3 个阶段，任务主要流程为：

（1）课前观看教学视频，选取典型建筑并查阅收集相关资料。重点收集所选取建筑的图片、视频，结构设计、建造施工过程视频等。

（2）小组合作讨论。整合收集的资料，集体讨论选取大跨度钢结构建筑的结构类型、受力特征，总结荷载传递路径。

（3）小组分工制作 PPT，上传至课程平台。

（4）课中进行 PPT 汇报。

（5）教师引导对比各组的建筑，归纳总结大跨度钢结构的整体特点。

任务重点是让学生学会收集资料，整理并选取关键信息，小组分工合作完成任务。

▌注意事项

（1）各组独立收集资料，每组完成不同结构类型的大跨度钢结构建筑分析。

（2）介绍的建筑必须真实存在，建筑信息不得虚构。

▌提交成果

每个小组提交一份汇报演示文件。

想一想：装配式大跨度钢结构网架的构成是什么？如何进行吊装设备选型？

任务 2 大跨度钢结构建筑结构施工流程设计

▌任务描述

学习案例建筑安装施工方法，熟悉分条（分块）安装方法的特点，结合案例工程施工过程，细化施工步骤，总结案例工程施工流程，提交流程设计。课上由教师组织各组学生进行设计方案评比和讨论。

▌任务分析

完成本任务需要学习案例项目视频，总结案例项目体能训练馆、棒球主场馆、棒球副场馆等的施工流程。本任务主要通过细化学习案例项目，掌握案例项目施工过程中分条（分块）安装方法的要点、施工流程设计要点，以及吊装设备配置等；同时培养学生的团队合作精神，提升沟通交流能力。

▌知 识 点

▌6.2.1　某棒（垒）球体育文化中心项目介绍

某棒（垒）球体育文化中心（图6.2.1）分为两个地块，总用地面积163332m²。其中，棒球项目用地面积120666m²，总建筑面积145000m²，地上建筑面积89200m²，地下建筑面积55800m²。功能区包括一个棒球主场馆（座位数5000个）、一个棒球副场馆（座位数2500个）、一个集训中心和一个体能训练馆，见图6.2.2。

某棒（垒）球体育文化中心项目介绍

垒球项目用地面积42666m²，建筑面积8000m²，含一个垒球主场馆（座位数2000个）、一个垒球副场馆（座位数500个），见图6.2.3。

图6.2.1　某棒（垒）球体育文化中心鸟瞰图

图6.2.2　棒球主场馆和棒球副场馆

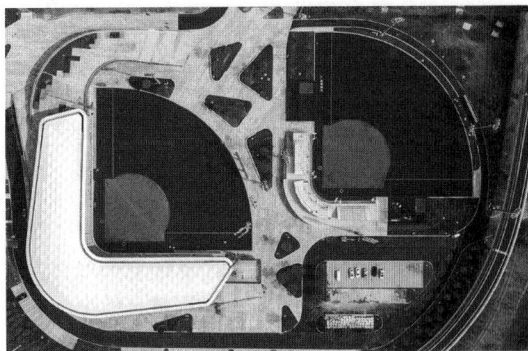

图6.2.3　垒球主场馆和垒球副场馆

设计以该地区最著名的纺织与丝带为切入点，使建筑和平台以丝带的形态将各个场馆联系起来，并将丝带的曲线元素运用到建筑立面上。

项目分为两个地块。在A地块中，棒球主场馆、棒球副场馆、集训中心、体能训练馆形成一个体育文化综合体，在合适位置设置防震缝兼伸缩缝，形成相对规则的结构单体；棒球副场馆位于基地的东侧，处于相对独立的位置。所有建筑均通过二层平台连接。除集训中心为11层，其余建筑均为2～3层。棒球主场馆、棒球副场馆及二层平台主体采用钢筋混凝土框架结构，顶部罩棚采用管桁架结构；集训中心采用纯钢框架结构；体能训练馆采用纯钢框架结构，大跨屋面采用桁架结构。

棒球主副场馆钢结构均采用管桁架结构，主要包括圆管立柱及罩棚管桁架（图6.2.4～图6.2.7）。其中，主场馆立柱主要规格为P450×20、P550×20、P600×30，罩棚规格为（P89×6）～（P325×14）；副场馆立柱主要规格为P450×16、P400×16，罩棚规格为（P89×6）～（P325×14）。

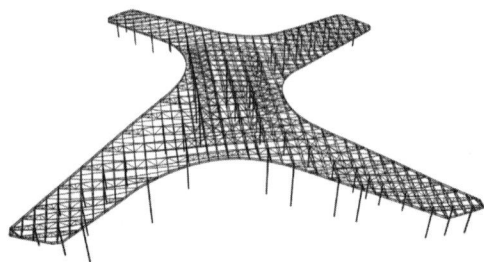

图 6.2.4　棒球主场馆轴测图

图 6.2.5　棒球主场馆俯视图

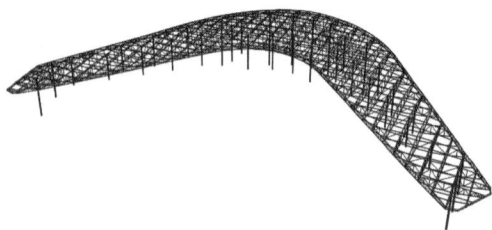

图 6.2.6　棒球副场馆轴测图

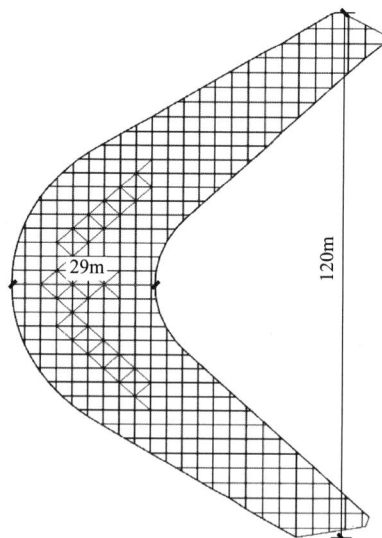

图 6.2.7　棒球副场馆俯视图

▌6.2.2　典型节点构造

大跨度钢结构由于构件形式复杂，构件样式多变，杆件交会多，节点分支多，所以节点构造复杂、多样。常用的节点形式包括螺栓球节点、焊接球节点、钢管相贯节点、支座节点、多杆交会铸钢节点等。其中，焊接球节点、螺

典型节点构造

栓球节点及支座节点为成品件，在深化设计中无须着重处理，而其他节点形式，需要在深化设计中重点关注。项目工程框架柱采用箱形截面，梁为H型钢梁。预制柱连接，钢梁、钢柱连接以及钢柱与支撑连接主要采用以下方式。

1）柱连接节点

十字形柱与箱形钢柱连接：箱形钢柱是封闭型结构，在两种截面的连接处，十字形柱的腹板伸入箱形柱内，形成两种截面的过渡段，伸入长度取柱宽加200mm，过渡段截面呈田字形。接头处上下均设置焊接栓钉，栓钉的间距和列距在过渡段内宜采用150mm，应不大于200mm，沿十字形柱全高不大于300mm。翼缘和腹板均宜采用焊接，如图6.2.8所示。

箱形柱现场对接连接采用焊接，柱连接处的下柱设盖板，与柱口齐平，盖板厚度不小于16mm，采用单边V型坡口焊在柱壁板上，并与柱口一起刨平，使上柱口焊垫与下柱接触良好。上柱还应设置横隔板，厚度一般为10mm，以防止运输及焊接变形。上下柱接头处焊接耳板，耳板与连接板采用螺栓连接固定，如图6.2.9所示。

变截面钢柱使用固定柱高、仅变换翼缘长度的方法连接，如图6.2.10所示。

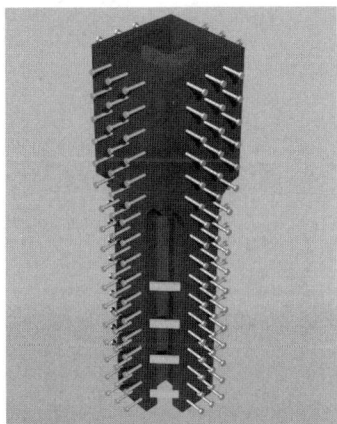

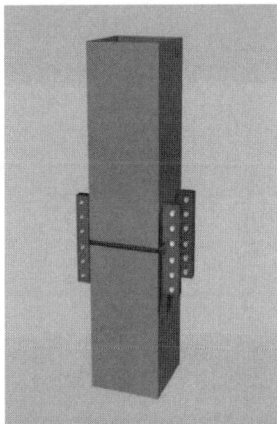

图 6.2.8 十字形柱与箱形柱过渡节点　图 6.2.9 箱形柱现场对接节点　图 6.2.10 变截面柱连接

2）梁柱刚性连接节点

箱形柱与H型钢梁刚性连接采用外连式加劲板连接方式，以保证节点强度显著大于钢梁强度，如图6.2.11所示。

3）梁柱与支撑节点

梁柱与支撑节点示意如图6.2.12所示，图6.2.12(a)所示是柱两侧均安装梁和支撑，图6.2.12（b）所示是单侧安装。本项目中梁与斜向支撑合装成一体，再安装到柱上。

图 6.2.11 梁柱刚性连接节点

4）罩棚桁架铸钢节点

罩棚桁架铸钢节点采用直接交会节点连接，将弦杆端部经机械加工成相贯面焊接在立杆上,如图 6.2.13(a)所示。弦杆交会节点将各连接构件加工成相贯面后交会,焊接连接,如图 6.2.13(b)所示,这种节点避免了采用任何连接件,节省了节点用钢量,但装配精度要求高。

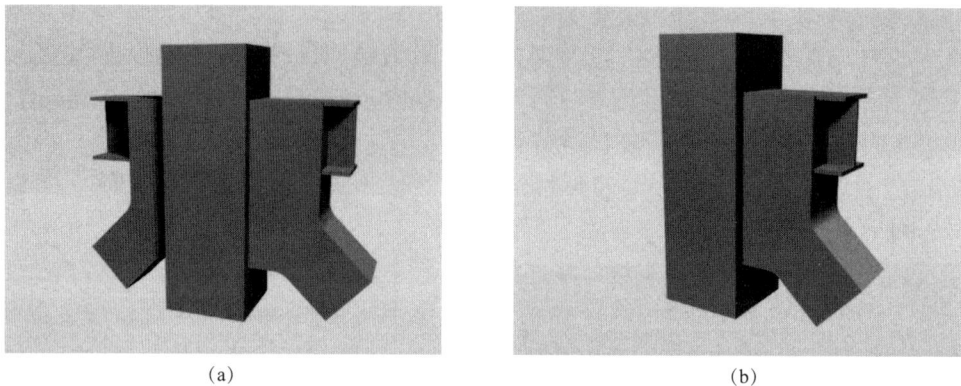

(a)   (b)

图 6.2.12　梁柱与支撑节点示意图

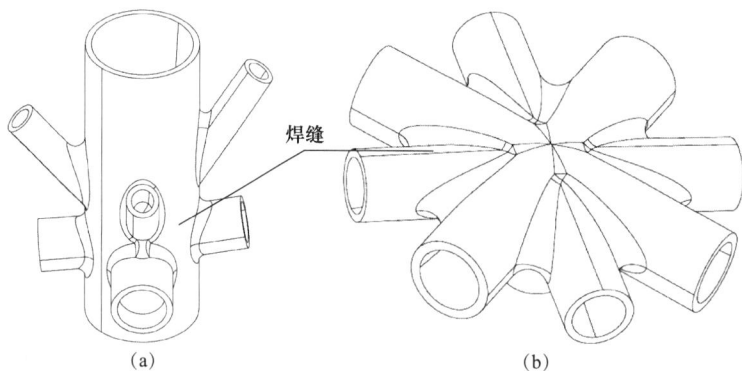

焊缝

(a)   (b)

图 6.2.13　罩棚桁架铸钢节点

图 6.2.14　螺栓球节点

网架连接也常采用螺栓球节点连接,如图 6.2.14 所示。螺栓球节点连接构造原理是:先将置有螺栓的锥头或封板焊在钢管杆件的两端,在伸出锥头或封板的螺杆上套有长形六角套筒(或称长形六角无纹螺母),并以销子或紧固螺钉将螺栓与套筒连在一起,拼装时直接拧动长形六角套筒,通过销钉或紧固螺钉带动螺栓转动,从而使螺栓旋入球体,直至螺栓头与封板或锥头贴紧为止,各交会杆件均按此连接后即形成节点,螺栓拧紧程度靠销钉来控制。将螺栓球节点和弦杆安装好后,吊装连接在柱上,可以减小节点体积。

6.2.3　项目施工重难点及对策

本任务案例项目工程跨度大,构造复杂,深化设计难度大,构件加工精度要求高;节点形式和数量复杂多变，并且关键节点需要现场高空焊接施工，焊接难度大，技术要求高。因此构件的拼装焊接、高空吊装、就位安装等是施工关键。

1）深化设计与其他专业的配合

钢结构深化设计作为装配式钢结构工程实施的第一步，是整个项目能否顺利进行的关键所在。由于本项目须在多专业相互配合下施工，深化设计时由业主、监理单位牵头，总包及其他分包单位明确指出需要配合的具体事项，如穿筋孔预留位置，灌浆孔和透气孔开设位置，外幕墙、机电工程需预留洞口位置等，并准确反映到深化设计图纸中。因此如何保障深化前期与其他分包单位前期的协调配合是本项目的重点。

具体解决措施如下。

（1）深化设计与其他单位协调配合。各分包单位深化前期以书面形式反馈，业主、总包、监理及设计单位确认后实施深化设计。配合事项主要包括以下内容：

深化设计时在考虑运输条件的同时，还应充分考虑构件的吊装问题，对超重的构件及时和现场进行沟通，重新对构件单元进行划分，以使构件单元合理可靠。

本项目工程结构连接形式多样，钢结构深化设计前期依据现场安装的要求，将吊装吊耳及连接件一一反映在深化设计图纸中。工厂按照深化设计图纸进行制作，对一些特殊的吊耳及连接件进行设计并提交计算书供监理及现场安装单位审核。

现场坡口焊缝处均须采用带引弧段的钢垫板，以达到焊缝焊头熔合良好的效果。在深化过程中，应考虑现场焊缝所需的衬板。

关键节点须现场高空焊接时，由于节点复杂、焊缝交叉重叠多、钢板较厚，焊接操作困难。在节点深化设计时，必须与现场安装技术人员就构件现场焊接方法、形式，焊接顺序，节点安装工艺孔设置等方面协商配合，同时充分考虑构件受力特点、组装顺序，将坡口的大小和方向、安装工艺孔的设置位置及尺寸完全反映到三维模型及图纸上，确保施焊空间满足操作要求。

（2）深化设计与土建专业施工的配合。因本项目工程为综合工程，预埋件多，所以在深化设计时对钢结构预埋件的平面定位与标高定位应重点关注。施工中应及时跟踪土建的进度，技术人员应及时提醒土建施工单位和钢结构制作厂做好预埋件的制作与预埋工作。设计人员在前期深化设计时应综合考虑钢结构与土建的关系，做好预埋件平面定位与标高定位图。及时检查预埋件的位置与土建钢筋、梁的位置等有无矛盾，并配合土建做好钢筋连接工作。

在劲性钢骨结构中，钢筋与钢构件之间的交叉矛盾比较突出。地下室采用劲性钢骨结构，纵筋上绕有箍筋，在深化设计前设计人员应与土建单位密切配合，协商钢筋与钢骨连接问题。

2）施工工期保证

本项目工程楼层数量较多，工程量较大，现场施工工期较紧。如何确保施工工期内各方面工作能够有序展开，且按时完工，是工程总工期得到保证的关键之一。在项目实施中从以下几个方面予以解决。

深化设计：选派有类似工程经验的管理人员，以便能够快速展开各项工作；成立深化设计项目部，以技术中心为核心支持，投入经验丰富的深化人员进行深化设计。

材料供应：与国内大型钢厂合作，投标阶段已经完成对本项目各种管材、板材的规格、品牌统计，与各厂家就需要提供的材料达成了合作协议，保障材料供应。

构件制作工期保证：投入多个班组进行构件制作。劳动力进行优化组合，使各施工区段上作业队的人员素质基本相当，采用齐头并进的作业思路。对于必须连续施工的工作安排好加班作业人员和后继人员，为避免人员疲劳作业，实行轮班制，保证停人不停工。现场劳动力实行两班制，轮流施工，在保证质量的前提下尽可能提前完成。

制定进度控制工作制度，在施工中，定期检查，随时监控施工过程的信息流，实现连续、动态的全过程进度目标控制，比照计划，分析进度执行情况，及时调整人力、物力、资金及机械的投入量。

以合同形式保证工期进度的实现，首先是保持总进度控制目标与合同总工期相一致，其次为分段工期与总包合同的工期相一致。

6.2.4 钢结构安装施工方案

钢结构现场施工总体思路采取分条（分块）安装施工方案，项目分为地下室钢结构安装和地上钢结构安装两部分。

地下室钢结构安装主要包括集训中心及体能训练馆地下钢骨柱安装。采用塔吊进行吊装作业，其中部分塔吊未覆盖区域采用汽车吊在基坑外分段吊装，详见图 6.2.15。

钢结构安装
施工方案

彩图 6.2.15

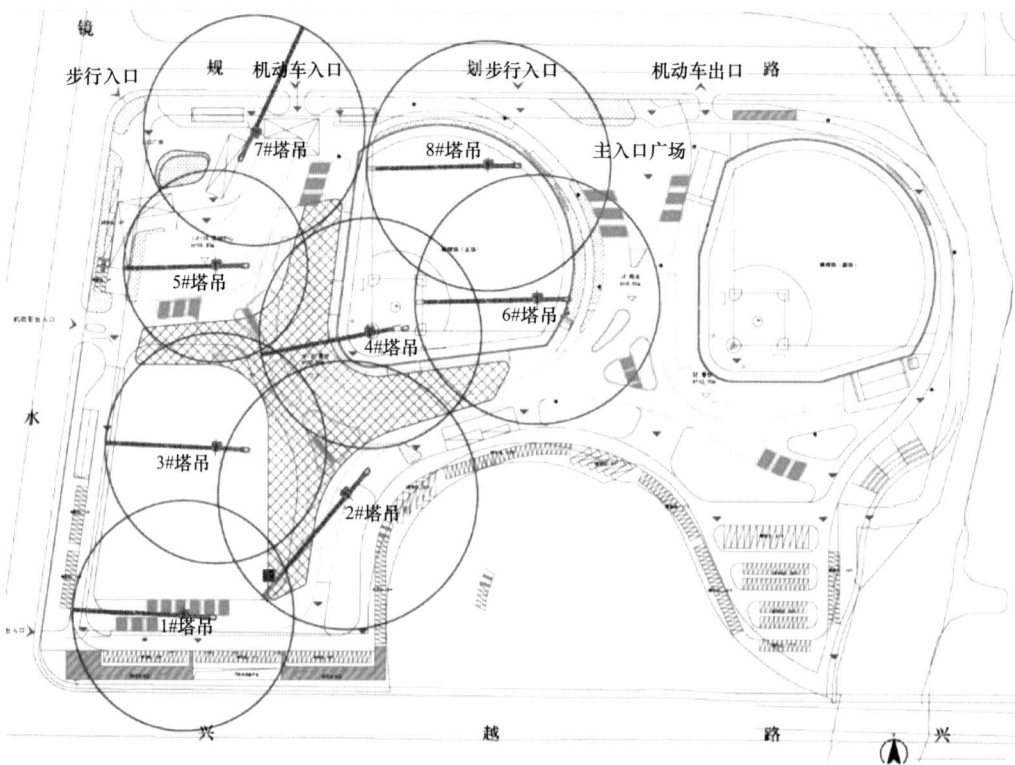

图 6.2.15　现场平面布置图

地上部分钢结构主要包括集训中心、体能训练馆及棒球主副场馆4部分。

集训中心为11层高层结构，主要采用塔吊与汽车吊配合分段进行吊装作业，其中钢柱分为两层一段，部分一层一段，分段点位于楼层标高以上1.3m处，钢梁部分均自然分段。

体能训练馆四周钢框架部分采用汽车吊在地下室顶板面进行分段吊装作业；中心区域大梁及屋顶桁架主要采用汽车吊＋履带吊形式进行分段吊装作业。二层大梁分两段吊装，屋顶桁架分三段或两段吊装，钢柱一层一段，其余钢梁均自然分段。

棒球主场馆主要采用汽车吊＋举臂车在地下室顶板面分段吊装及进行焊接作业，棒球副场馆主要采用履带吊＋举臂车进行分块吊装及焊接作业。

大跨度钢结构建筑具有覆盖面积大的特点，在施工作业时，固定式起重设备通常无法覆盖所有钢构件的安装位置，须再选用可灵活移动的起重设备才能顺利完成吊装任务。大跨度钢结构施工起重设备包括塔吊、汽车吊、履带吊、捯链、卷扬机等，采用提升、顶升、滑移等施工方法时，还包括液压提升器、液压千斤顶和液压牵引（顶推）器等。

与超高层施工以塔吊为核心起重设备不同，大跨度钢结构施工无明确的核心起重设备，常常根据周边及现场的不同情况，选择不同的起重设备，主要遵循技术可行、经济合理的配置原则。

（1）起重设备的起重能力必须满足所有钢构件顺利安装的要求。在选定设备时，应根据构件的额定质量、起吊位置及其在结构中的位置选用起重设备，其中应优先保证大型构件的顺利安装。

（2）起重设备配备数量应能够满足钢结构的安装进度要求。应针对钢构件位置的分布情况和构件吊装量，配置足够数量的吊装设备，确保施工进度。

（3）垂直运输设备的配置应在满足施工要求的同时，兼顾降低成本投入。大跨度钢结构施工中，设备费占措施费比例较大，配置时，应权衡设备投入、劳动力成本和施工进度等多种因素，优化施工吊装方案，尽可能实现成本最小化。

本项目工程钢结构安装主要使用的垂直运输机械为1#、3#TC7035（60m），5#T600（50m），7#TC7020（60m）。

吊装机械选择及其性能参数如表6.2.1所示。

表6.2.1 机械性能参数

编号	吊装机械	用途
1#	TC7035（60m）	体能训练馆地下钢骨吊装
2#	TC8039（70m）	体能训练馆吊装及卸货
3#	TC7035（60m）	体能训练馆地下钢骨吊装
4#	TC6020（60m）	棒球主场馆吊装
5#	T600（50m）	集训中心吊装
6#	TC6513（65m）	棒球主场馆吊装
7#	TC7020（60m）	集训中心吊装
8#	TC6513（65m）	棒球主场馆吊装

6.2.5 分条（分块）安装方法概述

分条（分块）安装法是指将网架分成条状或块状单元，分别由起重机吊装至高空设计位置就位搁置，然后再拼装成整体的安装方法。网架分条（分块）单元的划分，主要根据起重机的负荷能力和网架的结构特点而定。

分条划分是指将网架沿长跨方向分割为若干区段，而每个区段的宽度可以是 1 个网格至 3 个网格，其长度则为短跨的跨度，见图 6.2.16。

分块划分是指将网架沿纵横方向分割为矩形或正方形的单元。每个单元的重量以现有起重机能胜任为准，见图 6.2.17。

图 6.2.16　分条拼装

图 6.2.17　分块拼装

这种施工方法大部分焊接、拼装工作在地面上进行，有利于提高工程质量，并可省去大部分拼装支架时间，缩短了施工工期，减少了施工人员高空作业的任务量。由于分条（分块）单元的重量与现场起重设备相适应，可利用现场起重设备吊装网架，有利于降低成本。此法宜在中小型网架安装中推广，但仍有一定的高空作业量。当采用分条吊装法时，正放类网架一般来说在自重作用下自身能形成稳定体系，可不考虑加固措施，比较经济；斜放类网架分成条状单元后需要增设大量的临时加固杆件，不够经济。当采用分块吊装法时，斜放类网架只需在单元周边加设临时杆件，加固杆件较少；但是条状或块状的小单元自身须具备较高的刚度及几何尺寸稳定性。

分条或分块安装法经常与其他安装法配合使用，如高空散装法、高空滑移法。安装顺序通常由中间向两端安装，或从中间向四周发展，便于调整累积误差；如受施工场地限制，也可由一端向另一端安装。高空总拼应采用合理的顺序施焊，尽量减少焊接变形和焊接应力。总拼时的施焊顺序也应从中间向两端或从中间向四周发展。在条与条或块与块合龙处，可采用安装螺栓等装配措施，设立独立的支撑点或拼装支架。合龙时可用千斤顶将网架单元顶到设计标高，然后连接。工艺流程详见图 6.2.18。

大跨度钢结构拼装分段的优劣直接影响到工程的安全、质量和进度等，因此应综合考虑施工方案、制造、运输等条件，选取最优的分段方案。主要考虑以下几个因素：

（1）分条的断开点应尽量设置在结构受力较小的位置。

（2）分段单元的吊装重量不能超出起重机的提升能力。

（3）分段后的桁架单元应有足够多的绑扎位置，一般设在刚度大、便于调节锁具的节点附近。

复核定位轴线和标高 → 检查安装前的准备工作

核对进厂的各种节点、构件及连接件的规格、数量

构件编号

小拼或中拼单元验收报告

原材料质量保证书和试验报告

检查预埋件或预埋螺栓的平面位置和标高

编制施工组织设计或施工方案

网架安装所使用的测量仪器必须按国家有关计量法规的规定定期送检

构件制作质量检验

局部搭设高空拼装操作平台 ← 支点位置（纵横轴线）、支点标高

网架单元在地面套拼 ← 网架单元长度不大于20m

安装顺序由中间向两端或从中间向四周发展 → 高空条或块体拼装

高空支顶点调整挠度 ← 螺栓球节点处高强度螺栓拧紧，将多余螺孔封口，并用油腻子将所有接缝填嵌严密

总拼施焊顺序应从中间向两端或从中间向四周发展 → 高空总拼应采取合理的顺序施焊

焊接检验

支座固定

验收

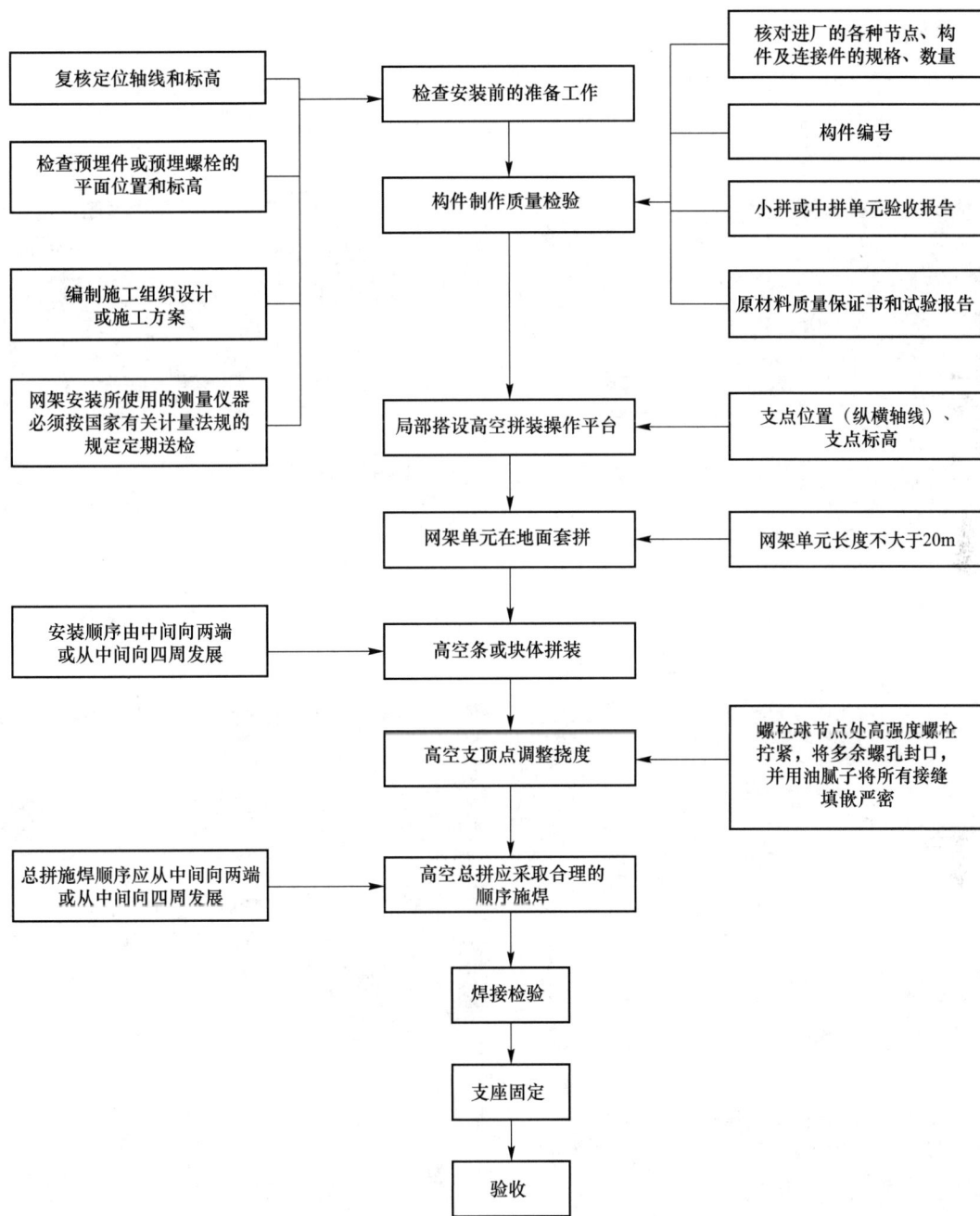

图 6.2.18　分条（分块）安装法施工工艺

（4）分条单元的划分要考虑分段间的相互影响。

（5）网格由上下弦杆、斜腹杆和竖向腹杆组成，各杆件相互紧靠时，可在上下弦杆的节点工作点约 1.2m 处分开，同向斜腹杆逐一布置时可在上下弦杆的相邻两节点附近分开，分段之间空一个节间。

6.2.6 钢结构施工总体流程

本项目工程总体施工流程如下。

（1）地下室施工阶段，柱脚锚栓预埋，如图 6.2.19 所示。

（2）吊装地下一层钢柱，如图 6.2.20 所示。

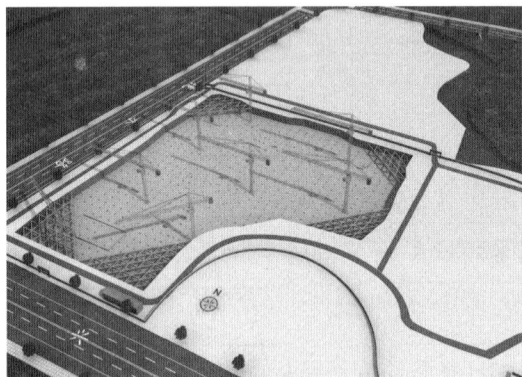

图 6.2.19　地下室柱脚锚栓分布

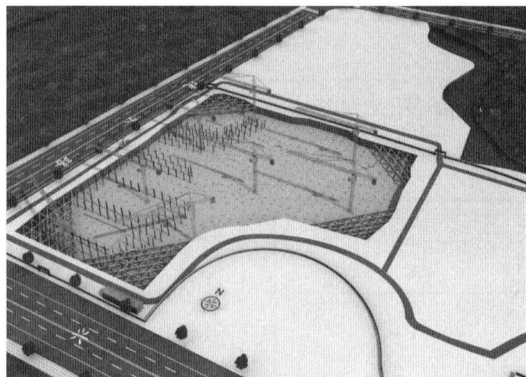

图 6.2.20　地下室钢柱吊装

（3）地下室结构封顶，如图 6.2.21 所示。

（4）集训中心率先施工至 3 层，如图 6.2.22 所示。

图 6.2.21　地下室结构封顶

图 6.2.22　集训中心主体施工

图 6.2.23　不同分段施工进程一

（5）集训中心继续施工，体能训练中心四周钢框架施工，棒球主副场馆下部土建施工，如图 6.2.23 ～图 6.2.25 所示。

（6）集训中心及体能训练馆钢结构施工完毕，如图 6.2.26 所示。

（7）集训中心及体能训练馆施工完毕，如图 6.2.27 所示。

（8）棒球主副场馆罩棚施工，采用分块安装方法，如图 6.2.28 所示。

（9）项目施工完成，如图 6.2.29 所示。

图 6.2.24　不同分段施工进程二

图 6.2.25　不同分段施工进程三

图 6.2.26　集训中心及体能训练馆钢结构施工完毕

图 6.2.27　集训中心及体能训练馆施工完毕

图 6.2.28　棒球主副场馆罩棚施工

图 6.2.29　施工完成

　　接下来，以本项目工程体能训练馆、棒球主场馆、棒球副场馆安装过程为例，具体介绍分块安装方法中的分段方案、吊运校核、安装流程及大跨度钢结构拼装施工等内容。

6.2.7 体能训练馆大跨度钢结构安装

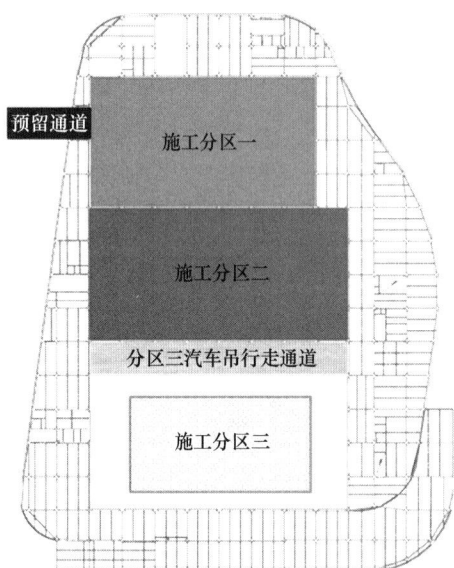

体能训练馆地上部分施工主要分为两部分：四周钢框架结构和中间大跨结构安装。整体施工顺序为先施工四周钢框架结构，后施工中间大跨结构。

四周钢框架主要采用汽车吊进行吊装，共安排2台70t汽车吊辅助2台25t汽车吊。钢柱分段一层一段，分段点位于楼层标高以上1.3m处，钢梁自然分段。

体能训练馆
大跨度钢结
构安装

如图6.2.30所示，中间大跨结构共分为3个施工分区，由北向南依次为施工分区一、施工分区二及施工分区三。

图6.2.31所示为施工布置示意图，施工分区一与施工分区二主要采用汽车吊场内吊装。每个分区安排1台130t汽车吊及1台70t吨汽车吊，先吊下部大梁后吊上部桁架，整体施工顺序为自东向西。其中大梁分3段，桁架分3段，大梁下部设置单管支撑，桁架下部设置支撑架。

图 6.2.30　体能训练馆中间大跨结构分区示意图

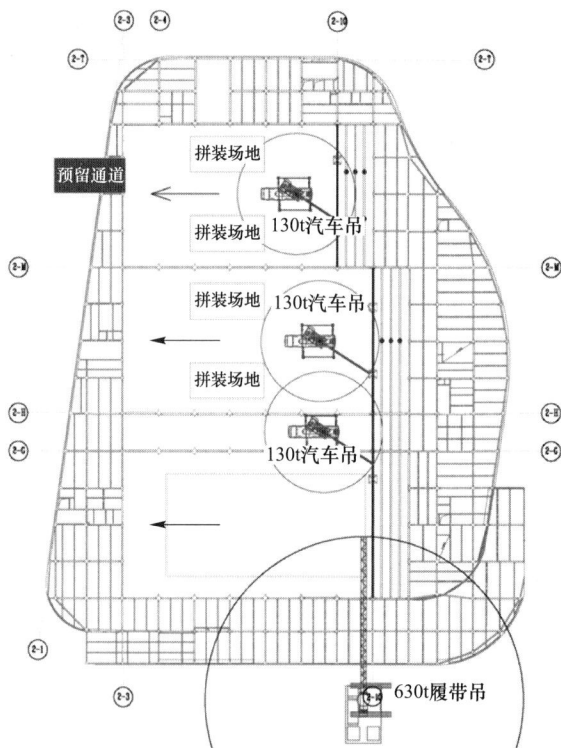

图 6.2.31　施工布置示意图

施工分区三主要采用汽车吊场内吊装＋履带吊场外吊装相结合的方式进行吊装。场内安排1台130t汽车吊，主要负责吊装桁架北侧分段及柱间钢梁；场外安排1台630t履带吊，主要负责吊装桁架南侧分段及二层大梁。顶部桁架一共分为两段，下部设置支撑架。

体能训练馆地上结构施工时，需要汽车吊上地下室顶板进行吊装作业。此部分区域楼板下底面与梁下底面齐平，楼板上部须回填素混凝土至梁顶齐平，混凝土面层须铺设

12mm 厚钢板进行楼面保护（图 6.2.32），南北向铺设 1 条，长度约 63m，宽度约 4.5m；东西向铺设 3 条，每条长度约 72m，宽度约 4.5m。

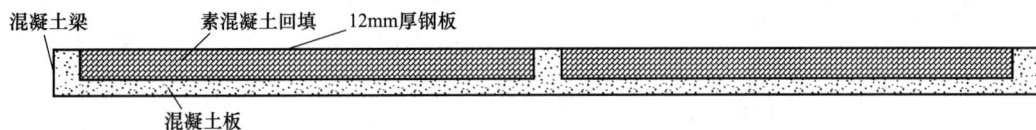

图 6.2.32 汽车吊行走区域楼板示意图

体能训练馆南侧桁架施工时，采用 1 台 630t 履带吊进行吊装作业。履带吊行走区域地面须进行压实处理，同时做 500mm 高毛石垫层，然后在毛石垫层上铺设 300mm 高路基箱，铺设长度约 80m，宽度约 12m，如图 6.2.33 所示。

图 6.2.33 履带吊行走范围地面做法示意图

1）体能训练馆钢结构分段

分段设计：体能训练馆钢柱分段一层一段，分段点位于楼层标高以上 1.3m 处，钢梁自然分段。二层大梁除施工分区三整段吊装外，其余两分区均分为 3 段。

屋顶桁架主要分为 3 类，主桁架一分为两段，主桁架二及主桁架三均分为 3 段。桁架分段如图 6.2.34 ～图 6.2.37 所示。表 6.2.2 所示为钢构件分段重量。

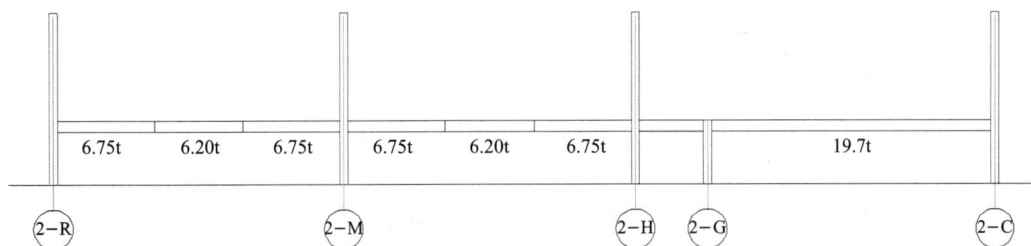

图 6.2.34 二层大梁分段

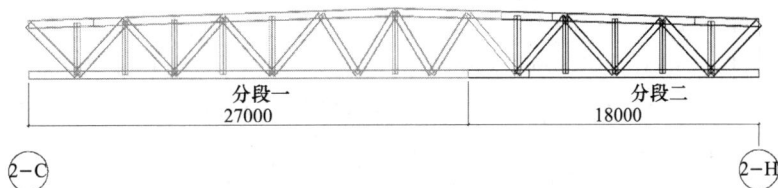

图 6.2.35 主桁架一分段

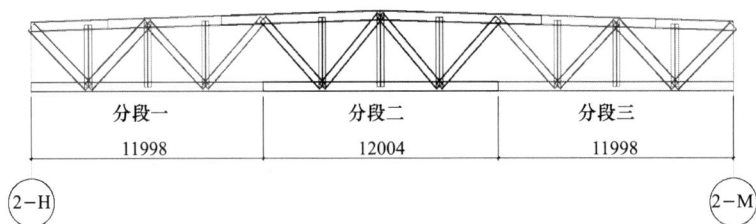

图 6.2.36　主桁架二分段

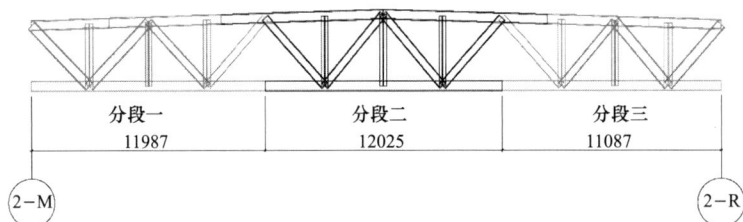

图 6.2.37　主桁架三分段

表 6.2.2　钢构件分段重量表

构件分类		重量
钢柱		一层一段，最重 9.3t
大梁		大梁整段 19.7t，分 3 段，最重分段 6.75t
主桁架一	分段一	38.73t
	分段二	23.96t
主桁架二	分段一	15.14t
	分段二	18.27t
	分段三	15.14t
主桁架三	分段一	15.09t
	分段二	18.36t
	分段三	14.19t
次桁架		分段重量 6.36t

2）体能训练馆钢结构吊重分析

选取最不利位置进行吊重分析，如图 6.2.38 ～图 6.2.40 所示。

130t 汽车吊吊重分析：桁架两侧分段最重分段重量为 15.14t，汽车吊吊装半径约为 20m，在臂长为 30.7m 时，额定吊重为 19.5t，＞ 15.14t ＋ 1.5t（吊钩、吊绳重量）＝ 16.64t，满足吊重要求。

桁架中间分段最重分段重量为 18.36t，汽车吊吊装半径约为 14m，在臂长为 30.7m 时，额定吊重为 27t，＞ 18.36t ＋ 1.5t（吊钩、吊绳重量）＝ 19.86t，满足吊重要求。

施工分区三桁架分段重量为 23.96t，汽车吊吊装半径约为 14m，在臂长为 30.7m 时，额定吊重为 27t，＞ 23.96t ＋ 1.5t（吊钩、吊绳重量）＝ 25.46t，满足吊重要求。

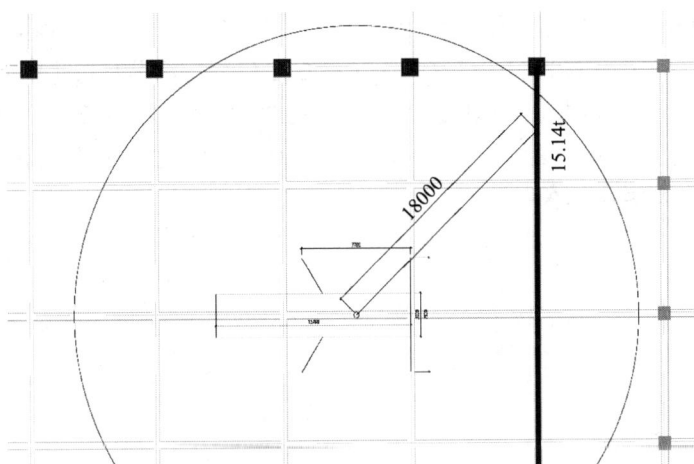

图 6.2.38　2-R 轴 130t 汽车吊吊重分析图（主桁架二，分段一）

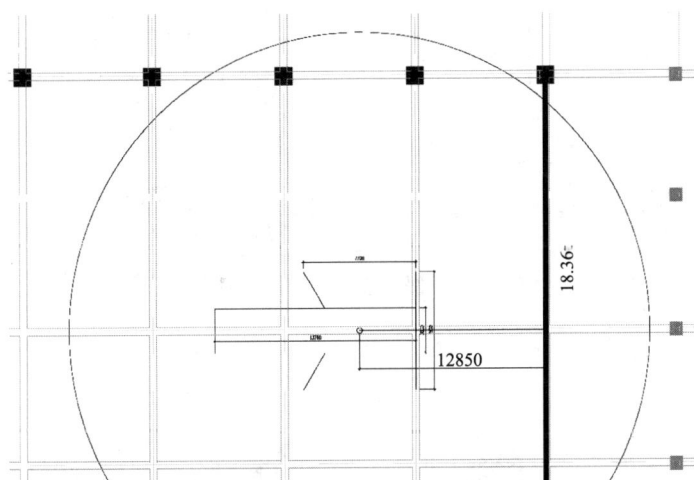

图 6.2.39　2-H 轴 130t 汽车吊吊重分析图（主桁架三，分段二）

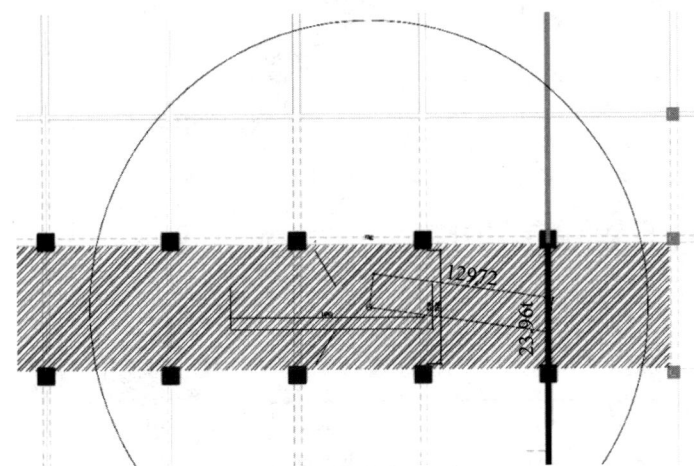

图 6.2.40　2-G 轴 130t 汽车吊吊重分析图

彩图 6.2.38

彩图 6.2.39

彩图 6.2.40

630t 履带吊吊重分析：大梁整段重量为 19.7t，履带吊主臂长度 30m，辅臂长度 48m，在吊装半径为 48m 时，额定吊重为 38.9t，> 19.7t ＋ 2.5t（吊钩、吊绳重量）＝ 22.2t，满足吊重要求，如图 6.2.41 所示。桁架分段最大重量为 38.73t，履带吊主臂长度 30m，辅臂长度 48m，在吊装半径为 44m 时，额定吊重为 43.9t，> 38.73t ＋ 2.5t（吊钩、吊绳重量）＝ 41.23t，满足吊重要求，如图 6.2.42 所示。

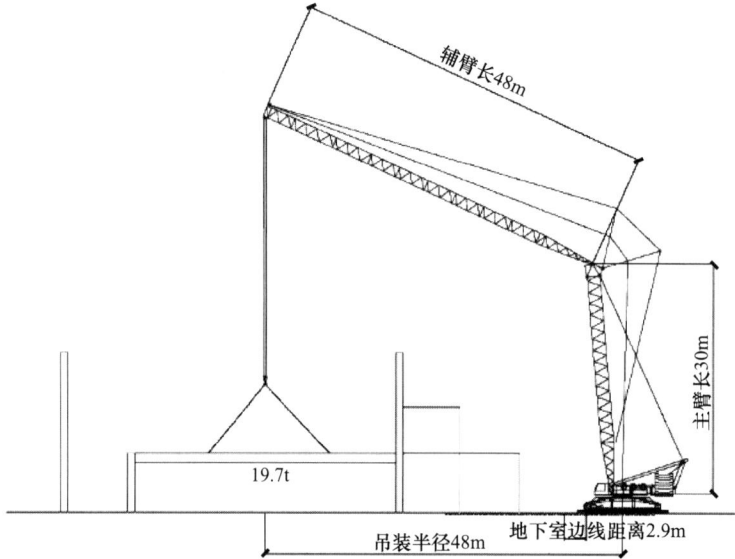

图 6.2.41　19.7t 大梁整段履带吊吊装示意图

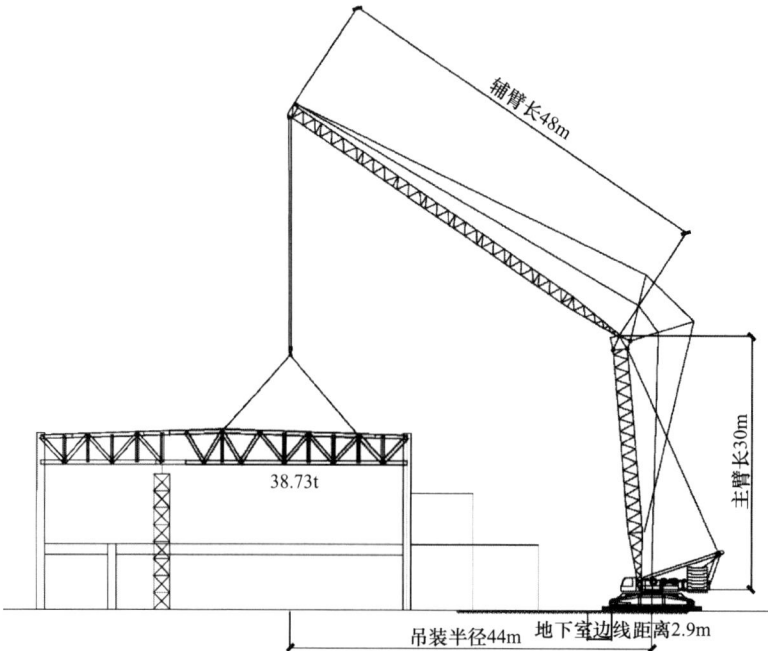

图 6.2.42　38.73t 桁架分段履带吊吊装示意图

3）体能训练馆钢结构支撑布置

体能训练馆支撑主要包括大梁单管支撑及桁架格构式支撑架支撑。其中单管支撑采用 P299×16 的圆管。格构式支撑架尺寸为 2m×2m，规格为立杆 B180×8，腹杆 B80×6，顶部横梁为 HM340×340×8×12。单管支撑及格构式支撑架具体布置如图 6.2.43 所示，格构式支撑架形式如图 6.2.44 所示。

彩图 6.2.43

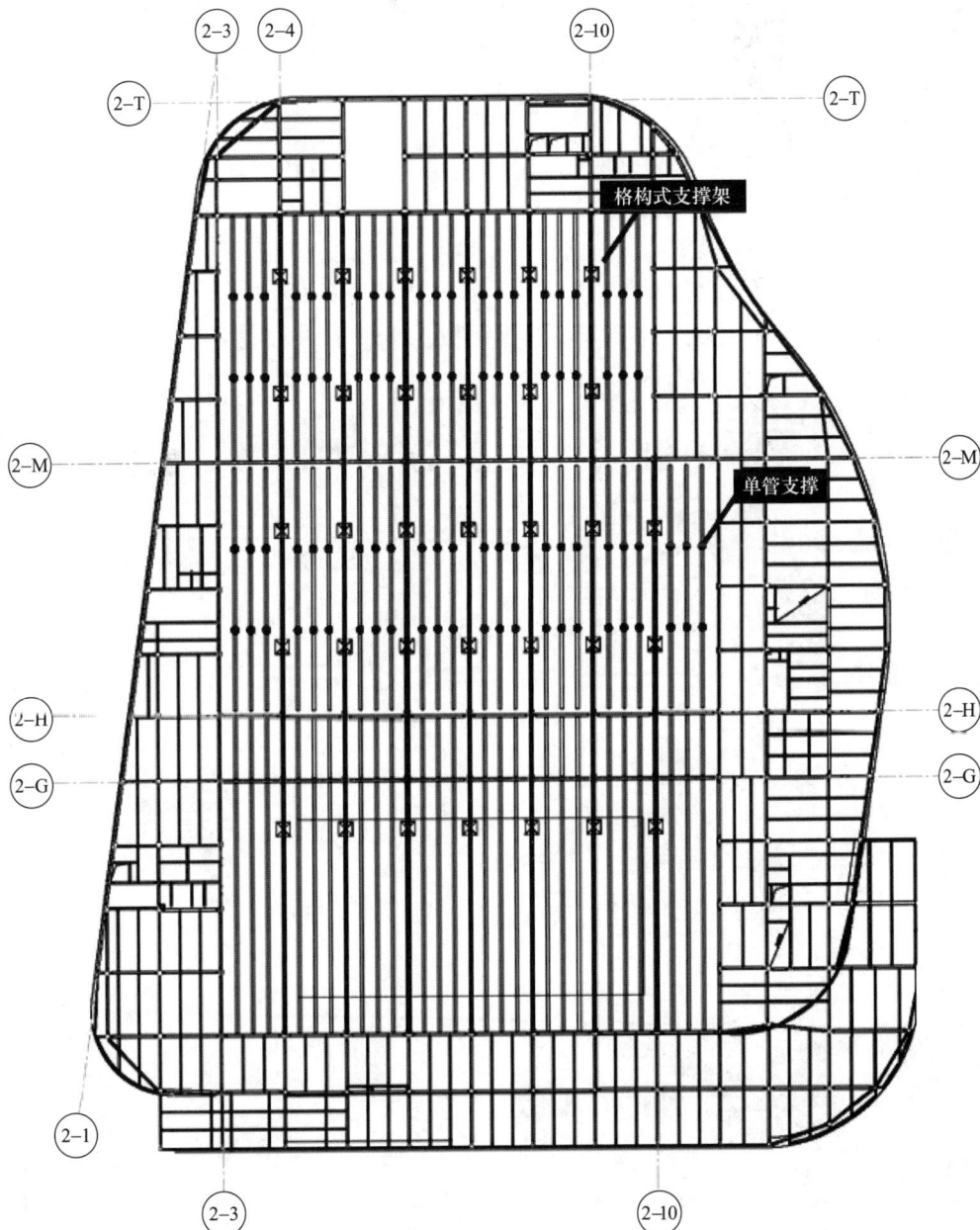

图 6.2.43 单管支撑及格构式支撑架布置示意图

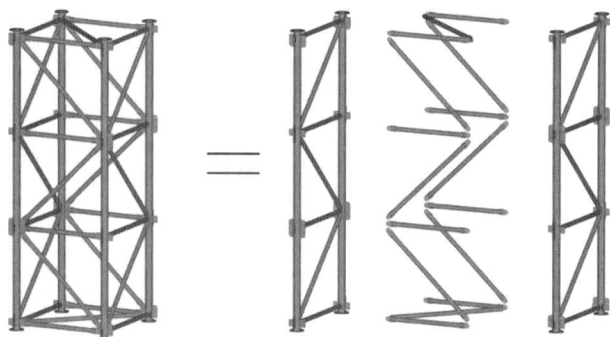

图 6.2.44 格构式支撑架示意图

4）体能训练馆钢结构施工流程

第一步：地下钢结构安装完毕，土建地下室封顶，开始吊装地上部分钢结构，如图 6.2.45 所示。

第二步：采用汽车吊率先安装四周钢框架结构，如图 6.2.46 所示。

图 6.2.45 钢结构柱吊装

图 6.2.46 钢框架吊装

第三步：将中间大跨区域分为 3 个施工分区，自东向西同步开始施工，率先安装下部大跨钢梁结构（图 6.2.47）。

第四步：按相同方法继续吊装后三跨钢梁。

第五步：吊装顶部第一榀大跨桁架结构，下部设置格构式支撑架，如图 6.2.48 所示。

彩图 6.2.47

彩图 6.2.48

图 6.2.47 按顺序吊装钢梁

图 6.2.48 吊装第一榀大跨桁架结构

第六步：安装次桁架结构，如图 6.2.49 所示。

第七步：安装柱间其余联系结构，完成后拆除下部支撑，如图 6.2.50 所示。

图 6.2.49　安装次桁架结构

图 6.2.50　安装联系结构

第八步：按相同施工方式继续施工下一柱间钢结构，直至柱间钢结构施工完成，如图 6.2.51～图 6.2.53 所示。

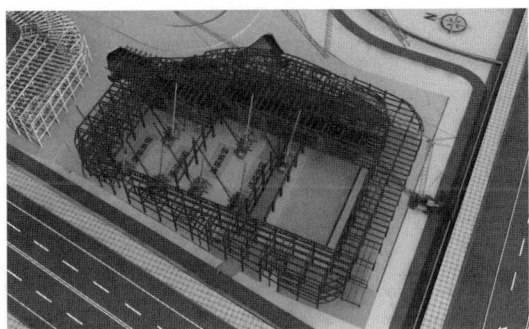

图 6.2.51　柱间钢结构施工

图 6.2.52　按照顺序继续其余柱间钢结构施工

图 6.2.53　柱间钢结构施工完成

彩图 6.2.49

彩图 6.2.50

彩图 6.2.51

彩图 6.2.52

彩图 6.2.53

第九步：率先施工施工分区三最后部分结构，如图 6.2.54 所示。

第十步：依次施工施工分区二最后部分结构，如图 6.2.55 所示。

图 6.2.54　施工分区三安装完成

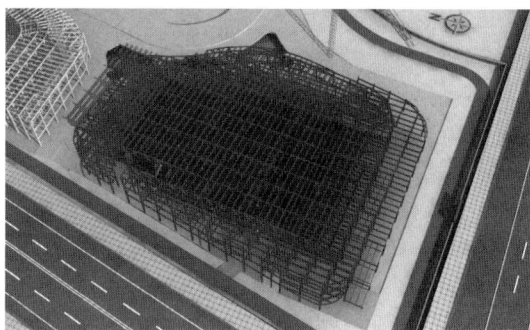

图 6.2.55　施工分区二结构施工完成

第十一步：完成施工分区一最后部分结构施工，如图 6.2.56 所示。

最后一步：补装预留通道处钢结构，如图 6.2.57 所示。

图 6.2.56　施工分区一结构施工完成

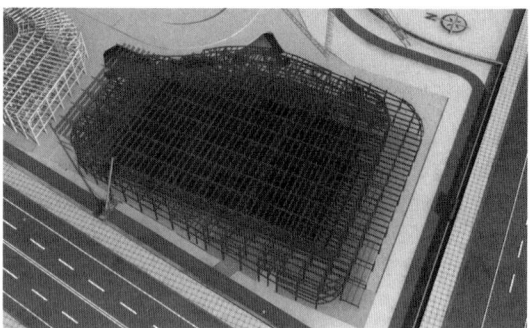

图 6.2.57　补装预留通道处钢结构

如图 6.2.58 所示，钢结构施工完成。

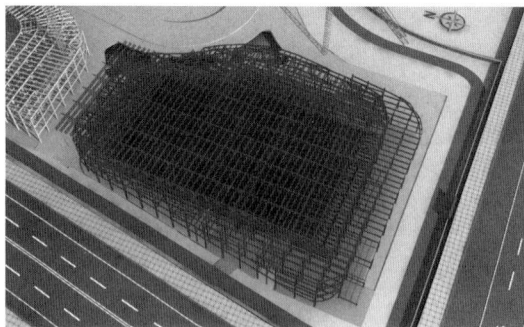

图 6.2.58　钢结构施工完成

彩图 6.2.54

彩图 6.2.55

彩图 6.2.56

彩图 6.2.57

彩图 6.2.58

▌6.2.8　棒球主场馆钢结构安装

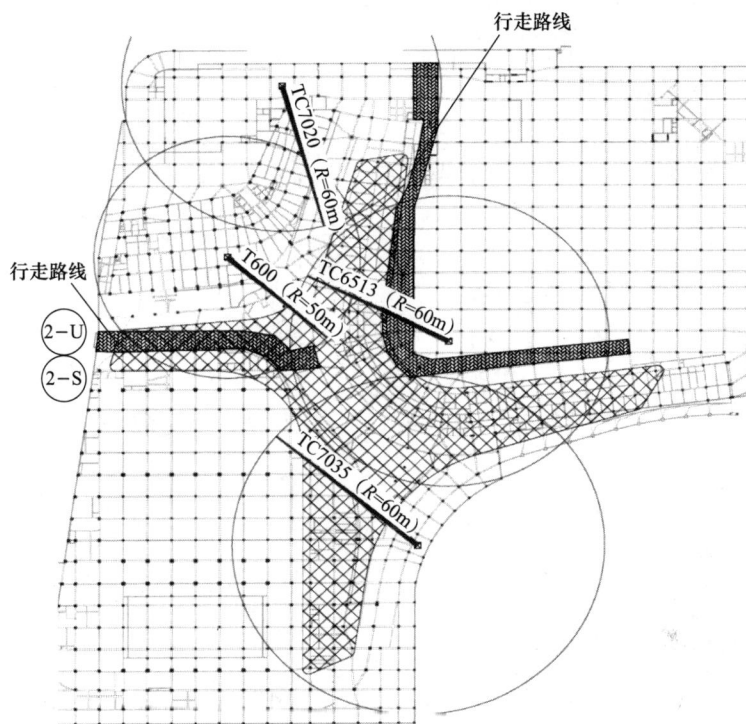

棒球主场馆钢结构主要采用分段安装方法,使用塔吊+汽车吊场内吊装的方式进行安装,如图 6.2.59 所示。其中,汽车吊主要负责塔吊未覆盖区域及主场馆看台内侧区域主桁架吊装,塔吊负责覆盖范围内钢结构吊装。二层平台相关部分需甩项后做(图 6.2.60),罩棚立柱下方设置临时支撑。

棒球主场馆
钢结构安装

图 6.2.59　棒球主场馆施工平面布置图

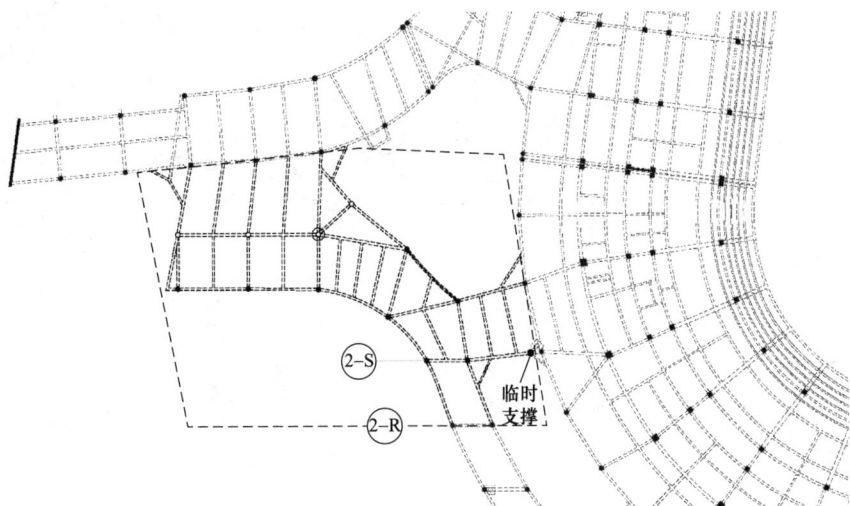

图 6.2.60　二层平台后做区域

1）棒球主场馆钢结构分段方案

棒球主场馆分段主要为主桁架单榀分段（图 6.2.61 中深蓝色和红色部分），次桁架分段（图 6.2.61 中粉红色、浅蓝色和黄色部分），其余构件散件分段。主桁架单榀分段最大重量约为 8.3t。

彩图 6.2.61

2）棒球主场馆钢结构支撑布置

支撑架布置示意图如图 6.2.62 所示。

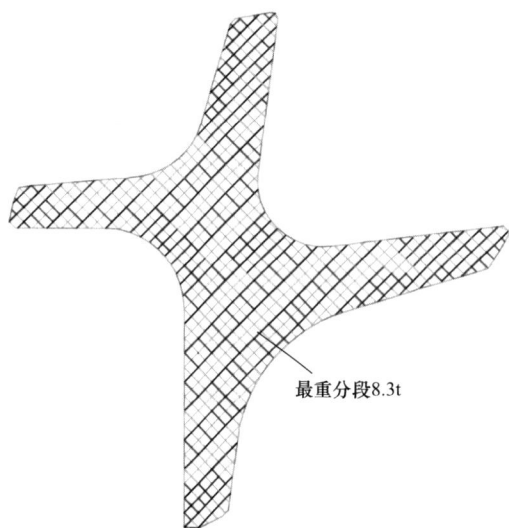

最重分段8.3t

图 6.2.61　棒球主场馆钢结构分段示意图

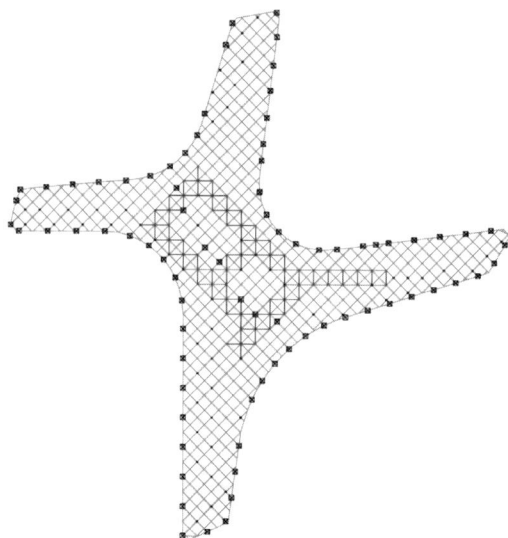

图 6.2.62　支撑架布置示意图

3）棒球主场馆钢结构机械布置及吊重分析

棒球主场馆吊装主要采用 130t 汽车吊，吊装站位示意如图 6.2.63 所示。

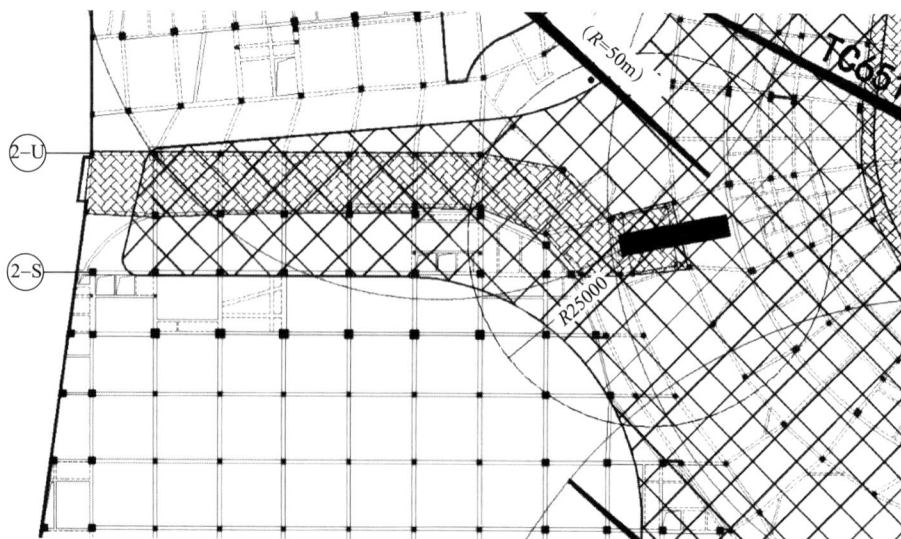

图 6.2.63　汽车吊吊装站位示意图

图 6.2.64 为汽车吊吊装示意图，桁架最重分段重量为 8.3t，汽车吊最大吊装半径约为 24m，在臂长为 43.9m 时，额定吊重为 13.2t，> 8.3t + 0.5t = 8.8t，满足吊重要求。

由于上部钢结构吊装需要，130t 的汽车吊需要在地下室顶板上行走及进行吊装作业，因此需要验算 130t 汽车吊行走及吊装状态下混凝土结构的受力情况。

本项目工程梁、板混凝土强度等级均为 C35，钢筋级别为 HRB400。130t 汽车吊行走及吊装区域混凝土板厚 300mm，板钢筋设置为 ⏀16@150、双层双向拉通，建立计算模型时柱间尺寸选取为 9m×9m，梁板布置同结构施工图。

计算分析主要依据设计资料、实际现场情况、施工阶段的实际载荷和行走路线，对地下室顶板进行计算分析。计算时，假定土建结构的混凝土强度已经达到了混凝土结构设计规范中对应的强度。

（1）汽车吊行走状态下混凝土结构承载力验算。

汽车吊上地下室顶板行走状态下，结合结构的布置特点，选取两种相对行走的站位，位置 1 为轮胎中心线与板中心对齐，位置 2 为右排轮与板中心对齐。当出现其中任何一个位置计算的楼板内力设计值超出楼板承载力时，须进行楼板的加固。

板的受力相对梁更为不利，因此主要选取板跨中正弯矩和支座处负弯矩相对不利时对应的工况进行分析验算。验算结果表明，130t 汽车吊上地下室顶板行走状态下，板承载力验算满足规范要求。

（2）汽车吊吊装状态下混凝土结构承载力验算。

选取最不利工况验算，130t 汽车吊自重 55t，起吊构件最大重量约 16t，作业半径为 14m，起吊时又有 45t 配重。支腿纵向距离为 5.8m，横向距离为 5.9m。

由于汽车吊需要全场站位吊装，汽车吊支腿对混凝土板的受力相对不利，吊装时支腿下方垫 2m×2m 路基箱，支腿反力通过路基箱传递到楼板上。

验算结果表明，汽车吊吊装状态下梁承载力验算结果不满足规范要求。因此梁采用单管加固，吊装时在每个汽车吊支腿下方设置一根单管，规格为 P273×6.5，汽车吊支腿由单管承担，单管最大荷载为 358.7kN，吊装动力系数取为 1.4，设计值为 358.7×1.4 = 502.18（kN）。计算结果表明，130t 汽车吊上地下室顶板吊装状态下，板承载力和裂缝验算满足规范要求。图 6.2.65 所示为单管支撑布置图。

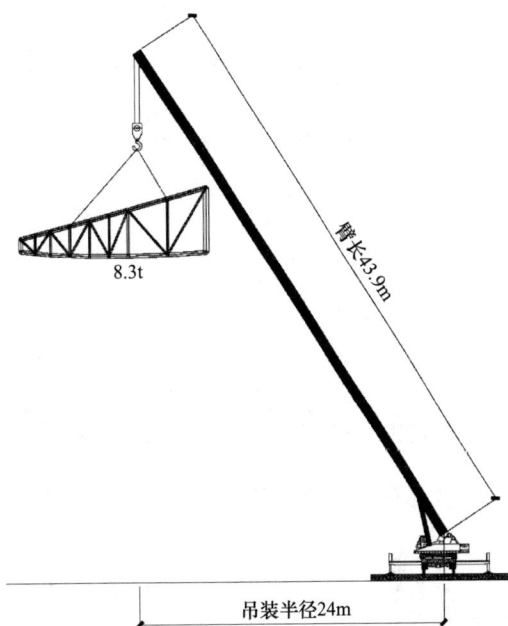

图 6.2.64 汽车吊吊装示意图

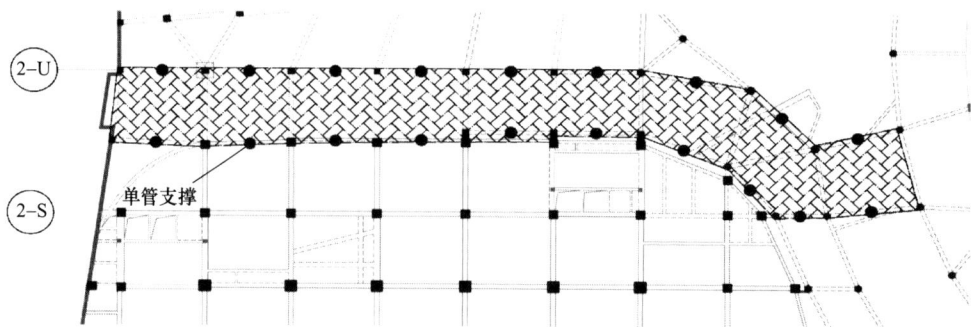

图 6.2.65　单管支撑布置图

6.2.9　棒球副场馆钢结构安装

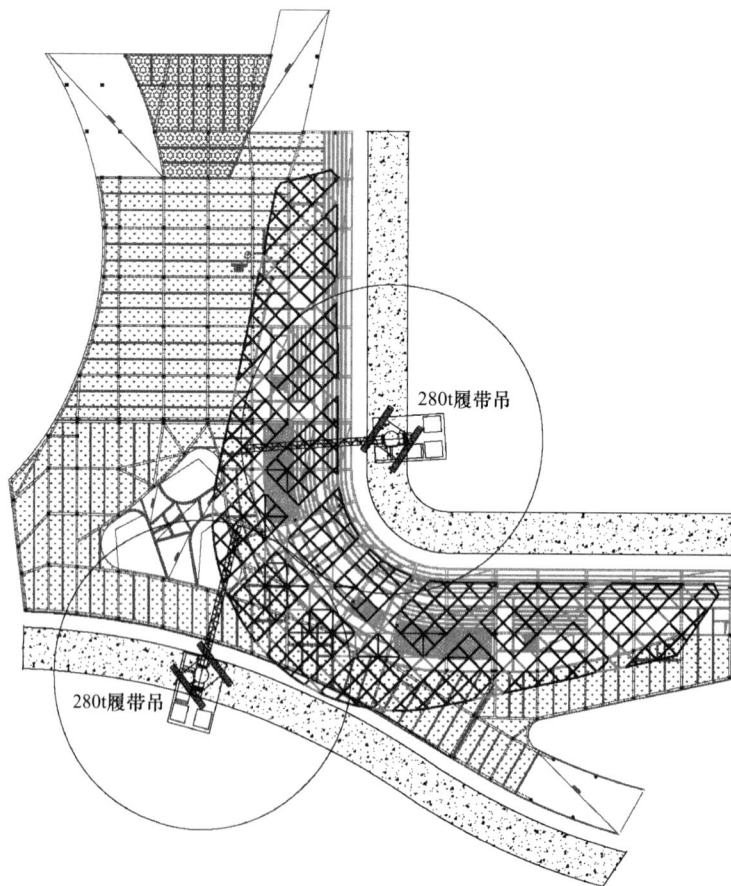

棒球副场馆钢结构主要采用履带吊场内外同步分块吊装的方式进行安装，详见图 6.2.66。罩棚结构一共分为 18 个吊装分块，在地面拼装，采用 280t 履带吊吊装就位，下部设置临时支撑架，分块之间采用散件补装。举臂车主要负责焊接作业。

棒球副场馆
钢结构安装

图 6.2.66　棒球副场馆施工道路布置图

1）棒球副场馆钢结构分方案

棒球副场馆钢结构分段安装主要为分块吊装＋散件安装。具体分块如图6.2.67所示，表6.2.3所示为桁架分块重量。

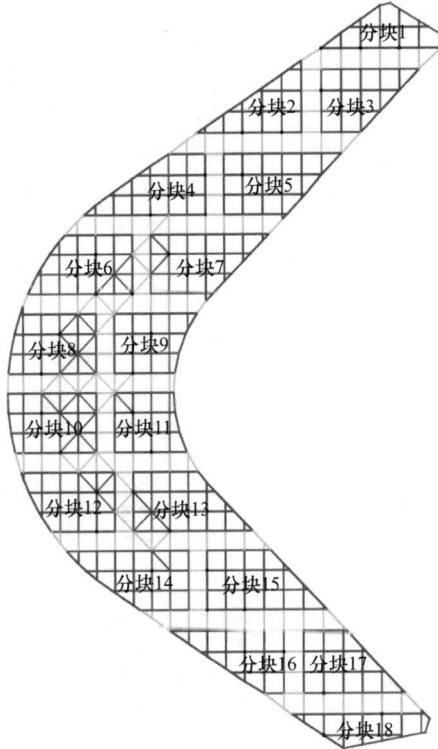

图 6.2.67　棒球副场馆桁架分块示意图

表 6.2.3　桁架分块重量

分块序号	分块重量 /t	分块序号	分块重量 /t
分块 1	16.68	分块 10	24.42
分块 2	19.21	分块 11	18.29
分块 3	19.57	分块 12	22.57
分块 4	24.20	分块 13	26.60
分块 5	23.43	分块 14	23.89
分块 6	25.53	分块 15	24.98
分块 7	24.66	分块 16	20.35
分块 8	24.47	分块 17	20.66
分块 9	19.32	分块 18	17.03

2）棒球副场馆钢结构机械布置及吊重分析

棒球副场馆桁架分块吊装主要采用280t履带吊，桁架最重分块重量为26.60t，履带吊最大吊装半径约为 30m，在主臂长度为 30m、辅臂长度为 30m 时，额定吊重为 32.8t，＞ 26.60t ＋ 1.5t ＝ 28.10t，满足吊重要求。图 6.2.68 所示为桁架分块吊装计算简图。

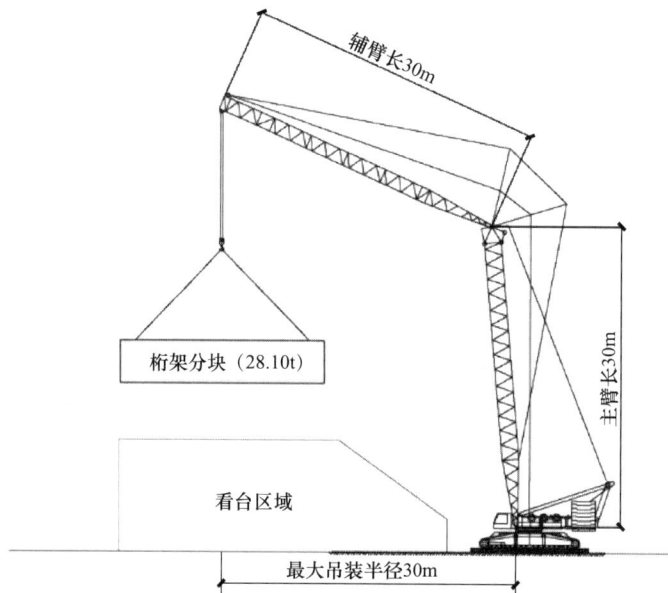

图 6.2.68　桁架分块吊装计算简图

3）棒球副场馆钢结构支撑架布置

棒球副场馆钢结构支撑架布置如图 6.2.69 所示，表 6.2.4 所示为各支撑架型号。

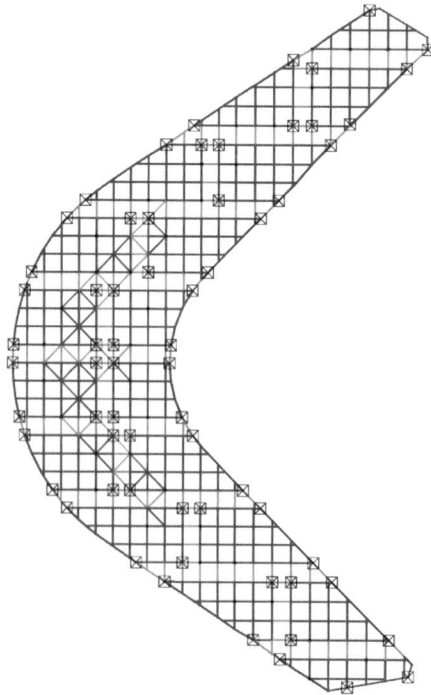

图 6.2.69　棒球副场馆钢结构支撑架布置示意图

表 6.2.4　支撑架型号

类型	型号	数量 / 个	高度 /m
支撑架 2.0m×2.0m	立杆 B160×5	64	20
	腹杆 B70×4		
	顶部横梁 HM340×250×9×14		
	封头钢板 260×260×12		
	底部田字形转换架 HM294×200×8×12		

4）棒球副场馆钢结构分块吊装分析

吊装施工过程中，吊装分块单元与最终设计状态受力有较大差别，采用有限元分析验证吊装过程中结构的安全性。吊装有限元分析主要考虑以下 3 个方面：①吊装过程中分块单元杆件满足承载力要求应力比小于 0.9；②分块单元的相对变形满足刚度要求，挠跨比小于 1/400；③对于长度超过 30m 的平面吊装分块单元，如平面桁架，还须满足平面外的稳定性要求，根据实际分段长度，必要时进行验算。

棒球副场馆采用分块吊装进行施工，吊装分析选取最不利吊装分块 13 进行分析。分块尺寸为 20.6m×9.6m，吊装重量为 26.60t。

吊装分析采用通用有限元分析软件 MIDAS1/Gen Ver.860 进行分析，计算荷载为结构自重，由软件自动考虑；吊装分块中节点板等的重量，取调整自重系数 1.1，同时，考虑到吊装过程中的加速度等不利因素，取吊装动力系数为 1.4。吊装模型如图 6.2.70、图 6.2.71 所示。

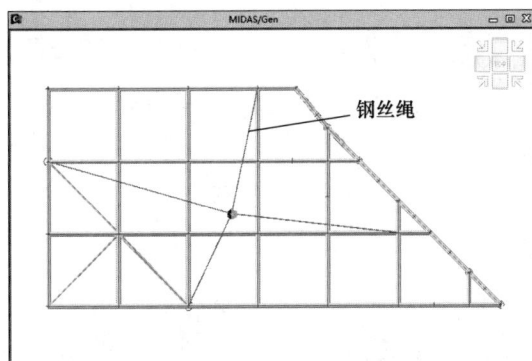

图 6.2.70　吊装计算模型

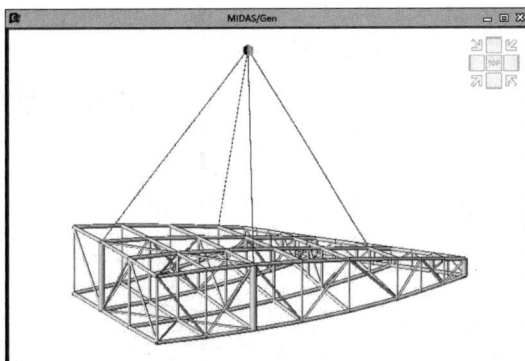

图 6.2.71　桁架吊装验算模型

计算结果列于表 6.2.5 中。

由表 6.2.5 可知，桁架分块在吊装过程中最大相对变形为 5.21mm，<$L/400 = 8$mm，能够满足刚度要求；吊装过程中桁架最大杆件应力比为 0.33，<1.0，能够满足承载力要求。

表 6.2.5 分段吊装验算结果

计算内容	计算结果
位移云图	 最大位移为 5.21mm
应力比云图	 杆件最大应力比为 0.33
吊绳反力	 吊绳最大荷载为 179.8 kN

6.2.10　大跨度钢结构拼装

案例项目钢结构拼装区域主要有体能训练馆顶部大跨度桁架、棒球主副场馆管桁架（图6.2.72、图6.2.73）。

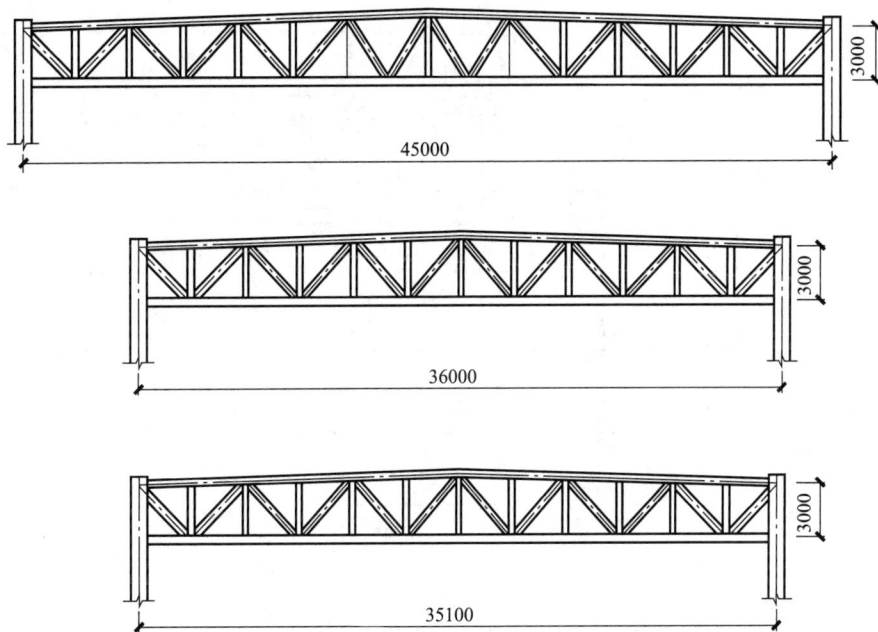

图6.2.72　体能训练馆桁架示意图

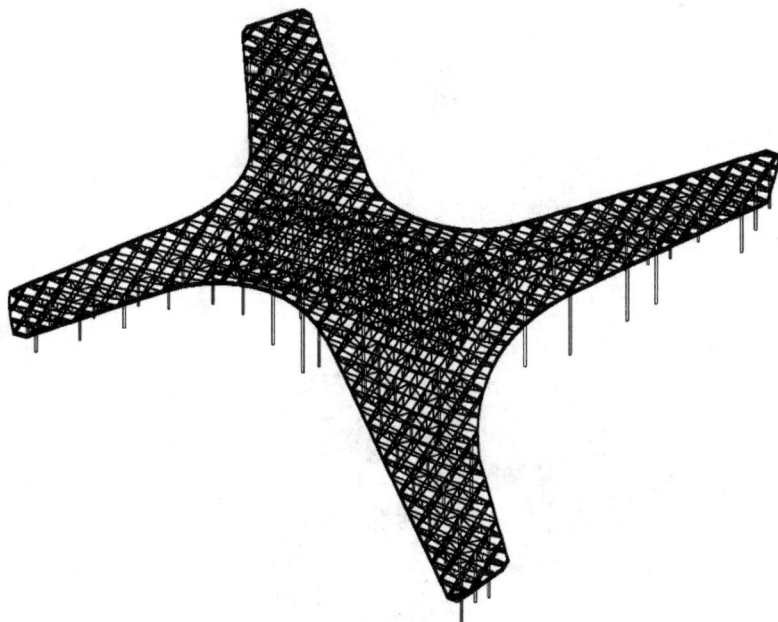

图6.2.73　罩棚桁架示意图

构件拼装工艺流程见图 6.2.74。

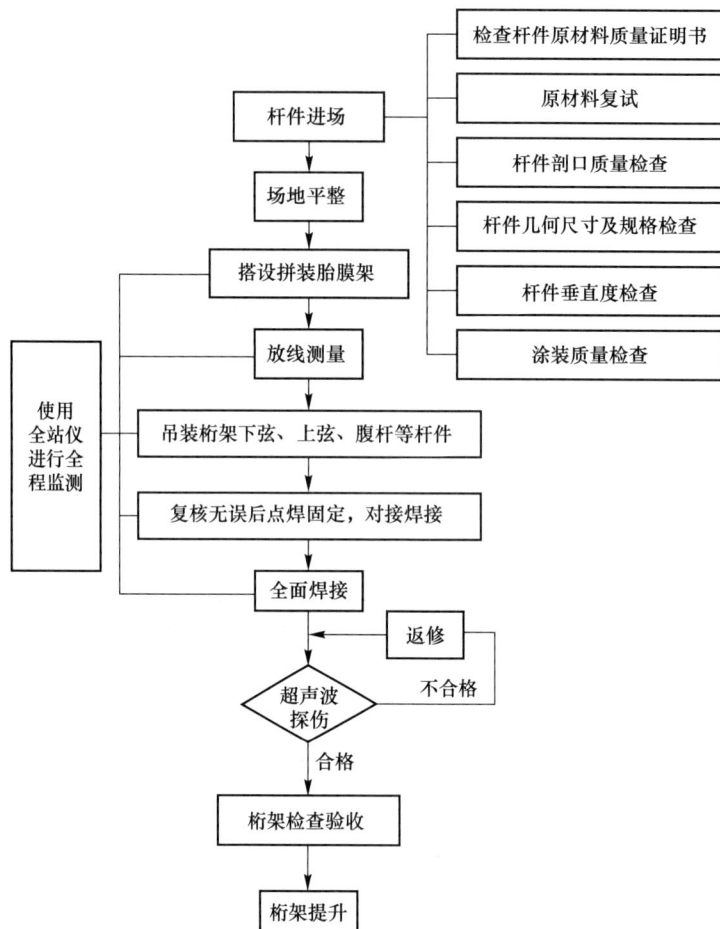

图 6.2.74　构件拼装工艺流程

第一步：拼装第一节的上下两根弦杆，如图 6.2.75 所示。

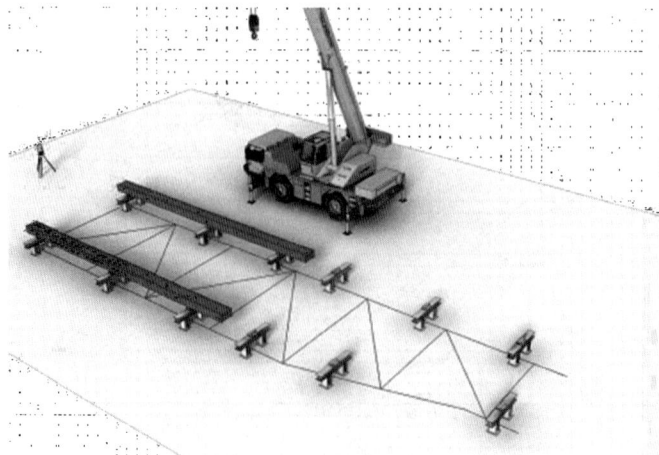

图 6.2.75　上下弦杆拼装

第二步：拼装第一节的竖向腹杆，如图 6.2.76 所示。

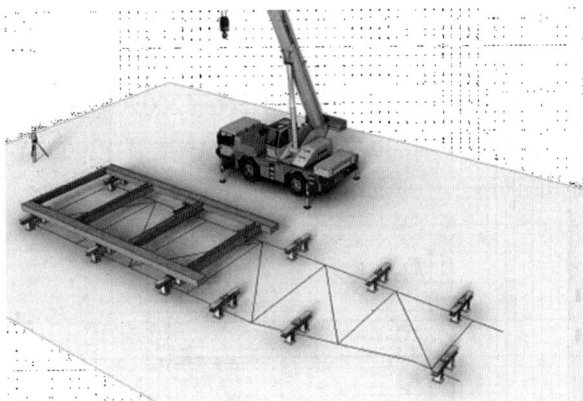

图 6.2.76 竖向腹杆拼装

第三步：拼装第一节的斜腹杆。第一节桁架拼装完成，如图 6.2.77 所示。

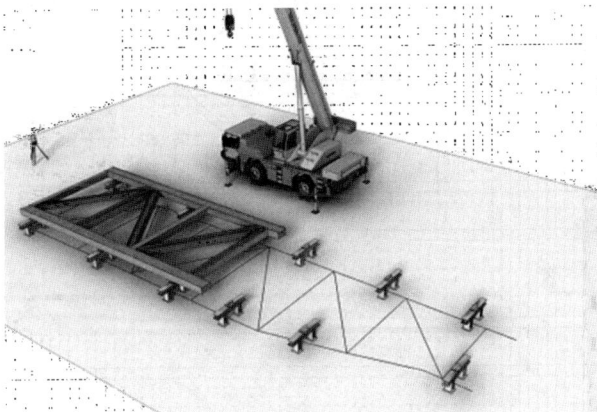

图 6.2.77 完成第一节桁架拼装

第四步：按照上述步骤，拼装完成第二节桁架，如图 6.2.78 所示。分段拼装完成后利用全站仪进行测量校核。

图 6.2.78 完成第二节桁架拼装

本项目钢结构拼装时，还必须注意以下事项。

1）体能训练馆拼装

体能训练馆顶部桁架拼装采用卧拼形式，下部采用分立式马凳支撑，每隔6m布置一道。根据桁架自重选取马凳规格：立杆规格为H200×200×8×12，高度800mm；底板规格为500×500×20；横梁规格为H200×200×8×12，宽度1200mm。场馆同时拼装6榀，总马凳个数为50个。体能训练馆桁架拼装示意图如图6.2.79所示。

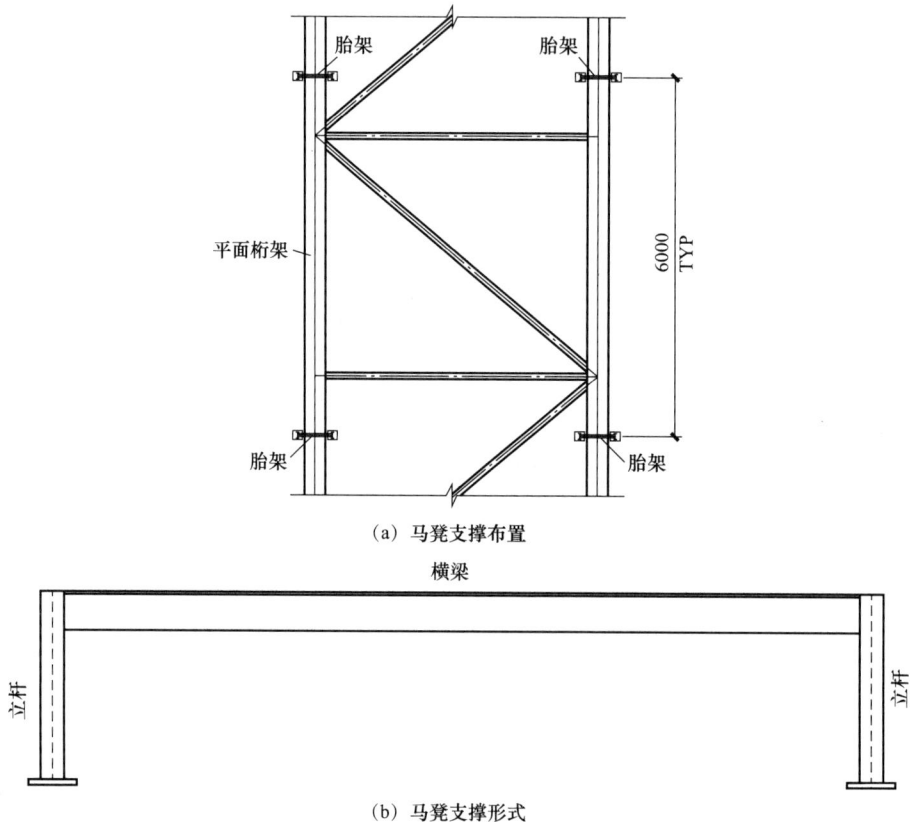

（a）马凳支撑布置

（b）马凳支撑形式

图6.2.79 体能训练馆桁架拼装示意图

2）棒球主场馆拼装

棒球主场馆拼装采用卧拼形式，下部采用分立式马凳支撑，每隔4m布置一道。根据桁架自重选取马凳规格：立杆规格为H150×150×6×8，高度800mm；底板规格为500×500×20；横梁规格为H150×150×6×8，宽度1000mm，如图6.2.80所示。主场馆同时拼装6榀，总马凳个数为48个。

3）棒球副场馆拼装

棒球副场馆由于采用分段吊装方式进行安装，故而拼装采用立拼形式，主要承重脚手架采用立式胎架（图6.2.81）。根据桁架自重选取胎架高立杆及牛腿规格为HW100×100×6×8，高度4m；斜撑及小立杆规格为C50×37×4.5×7；底部槽钢规格为C100×4.8×5.3×8.5。副场馆同时拼装4个分块，总胎架个数为64个。

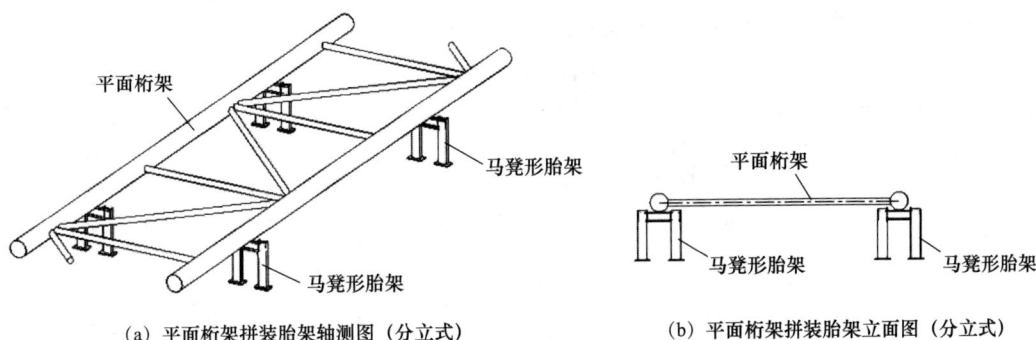

(a) 平面桁架拼装胎架轴测图（分立式）　　　(b) 平面桁架拼装胎架立面图（分立式）

图 6.2.80　棒球主场馆桁架拼装示意图

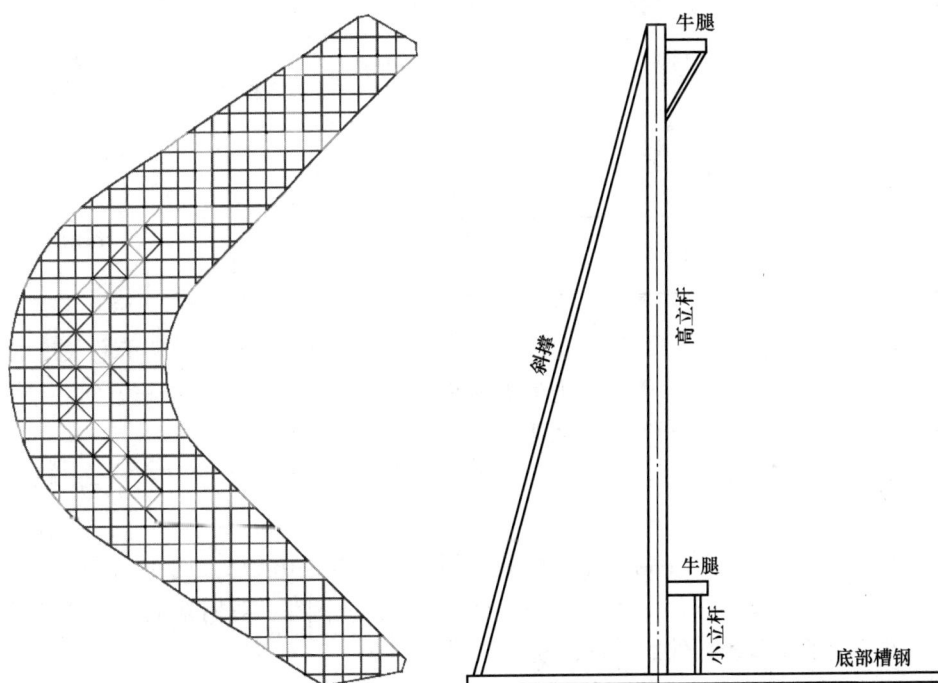

图 6.2.81　棒球副场馆桁架拼装示意图

拼装胎架搭设要点为：胎架设置时应先根据坐标转化后的 X、Y 投影点铺设钢路基箱板，相互连接形成一刚性平台（注意：地面必须先压平、压实）。平台铺设后，放 X、Y 的投影线、标高线、检验线及支点位置，形成田字形控制网，并提交验收，然后竖胎架直杆，根据支点处的标高设置胎架模板及斜撑。胎架设置应根据相应的屋盖设计、分段重量及高度进行全方位优化选择；另外，胎架高度最低处应能满足全位置焊接所需的高度，胎架搭设后不得有明显的晃动，并经验收合格后方可使用。

为防止刚性平台沉降引起胎架变形，胎架旁应建立胎架沉降观测点。在施工过程中结构自重全部作用于路基箱板上时观察标高有无变化，如有变化应及时调整，待沉降稳定后方可进行焊接。

拼装胎架的测量：拼装胎架的测量与定位直接影响到桁架的拼装质量，施工现场胎架的测量主要包括两方面。各构件预拼装允许偏差详见表 6.2.6。

表 6.2.6　钢构件预拼装的允许偏差

构件类型	项目	允许偏差	检验方法
多节柱	预拼装单元总长	±5mm	用钢尺检查
	预拼装单元弯曲矢高	$L/1500$，且不大于 10mm	用拉线和钢尺检查
	接口错边	2mm	用焊缝量规检查
	预拼装单元柱身扭曲	$H/200$，且不大于 5mm	用拉线、吊线和钢尺检查
桁架	跨度最外两端安装孔或两端支撑面最外侧距离	+ 5mm − 10mm	用钢尺检查
	接口截面错位	2mm	用钢尺检查
	节点处杆件轴线错位	4mm	划线后直尺检查
管构件	预拼装单元总长	±5mm	用钢尺检查
	预拼装单元弯曲矢高	$L/1500$，且不大于 10mm	用拉线和钢尺检查
	对口错边	$L/10$，且不大于 3mm	用焊缝量规检查
	坡口间隙	+ 2mm − 1mm	

拼装前的测量：拼装胎架设置完成后进行拼装前的测量，对桁架胎架的总长度、宽度、高度等进行全方位测量校正，然后根据桁架杆件的搁置位置建立控制网格，对各点的空间位置进行测量放线，设置好杆件放置的限位块。

拼装完成一榀桁架的测量：胎架在完成一次拼装后，必须对其尺寸进行检测复核，复核满足要求后才能进行下一次拼装。

在径向桁架拼装完成后，为防止在吊装过程中端部杆件由于受力造成变形，使安装就位时上下弦不容易对接，在吊装前，用临时杆件（角铁或圆管）对桁架上下弦杆进行加固，这样就有效控制了端部各杆件的变形，使桁架顺利就位。

▌任务流程

本任务主要包括课前自学、小组讨论、课后研学 3 个阶段，任务主要流程为：

（1）课前观看教学视频，学习案例工程施工技术要点和安装施工流程。

（2）小组讨论，总结分条（分块）法在案例工程中的施工流程。

（3）总结设计成果，在平台中提交施工流程设计，并深入讨论和优化。

本任务重点是让学生学习岗位知识，仔细研读案例工程施工过程，总结并设计施工流程，寻求最优的施工流程。

▌注意事项

（1）各组独立完成，对项目工程深入分析，总结及优化施工流程。

（2）综合比较施工方便、组织合理、经济等方面进行施工方案优化设计。

（3）编制施工流程时需要查阅相关的技术标准，使施工流程符合施工技术相关规定。

▌提交成果

（1）每个小组提交一份施工流程设计文件。

（2）每个小组提交一份施工流程说明。

想一想： 如何拼装大跨度钢结构网架？

任务 *3* 大跨度钢结构安装方案设计

▌任务描述

观看教学视频，学习常见大跨度钢结构建筑安装施工技术，各小组分析任务1中选取的典型建筑，选择1种安装施工方案，设计安装方案和流程。小组合作，用BIM施工管理软件模拟施工流程。由教师组织各组学生进行课堂展示与总结。

▌任务分析

完成本任务需要学生运用所学知识，在学习了案例项目工程的安装施工方法和流程设计后，进一步学习为其他常用安装方法设计施工流程。学生运用在任务1中选取的建筑结构的分析成果，进一步选取合适的安装方法，设计相应的安装方案，以BIM施工管理软件进行模拟实践。本任务主要通过拓展学习和实践应用进一步巩固学习效果，提升岗位知识应用能力，同时培养学生团队合作精神，增强沟通交流能力。

▌知 识 点

▌6.3.1 常见大跨度装配式钢结构建筑施工技术

随着科技的发展和施工技术水平的提高，我国装配式大跨度钢结构已经从普通的网架结构发展至网壳结构、空间管桁架结构、张弦结构、索穹顶、索膜结构等。钢结构安装设备和施工方法也有诸多创新，提升、滑移技术广泛应用于大跨度钢结构工程施工中，现场焊接工艺、施工测量技术的提升，BIM施工管理的应用也保证了安装质量。

常见大跨度装
配式钢结构建
筑施工技术

大跨度空间钢结构常用施工方法一般分为整体安装和高空散装两大类。整体安装分为整体吊装、整体提升、整体顶升3类。高空散装可分为全单件散装，分条、分块散装。我国《钢结构工程施工规范》（GB 50755—2012）中规定，大跨度空间钢结构可根据结构特点和现场施工条件，采用高空散装法、分段（分块）安装法、单元或整体提升（顶升）法、滑移安装法、整体吊装法、折叠展开整体提升法和高空悬拼安装法等施工方法。

6.3.2 整体吊装法

整体吊装法适用于各种重型的网架结构，结构在地面拼装，总拼完成后采用拔杆或起重机吊装至网架的设计位置。

可根据网架结构形式、起重机或拔杆起重能力在建筑物原位或建筑物外侧进行总拼，即网架的拼装可以就地与柱错位或在场外进行。网架与柱错位总拼时，柱是穿在网架的网格中的，因此凡与柱相连接的梁均应断开，在网架吊装完成后再安装框架梁。吊装时可在高空平移或旋转移动（图 6.3.1）。

图 6.3.1　某交通枢纽西航站楼高空连廊采用整体吊装法安装

整体吊装法焊接作业在地面上进行，焊接质量和网架总体尺寸准确度较高，但吊装需要使用大型的吊装设备，且对安置起吊设备地面的承载力要求也比较高；同时，起吊安装会影响主体结构的施工，即不能同步进行主体结构的施工。场外拼装虽然解决了影响室内结构施工的问题，但起重机必须负重行驶较长距离。

整体吊装法施工首先应根据起重能力、场地条件选定在建筑物原位还是建筑物外进行总拼。网架拼装通常从中间向四周或从中间向两端进行。吊装之前应进行试吊，全面检查起重设备、拔杆系统、缆风绳、地锚、吊索、滑轮组、网架尺寸、指挥信号能否正常使用。正式吊装时要同步控制网架空中位移、旋转，确保安全。网架降落在支座上后，进行支座安装，检验纵横轴线及标高是否满足要求。整体吊装法施工流程详见图 6.3.2。

6.3.3 整体提升法

整体提升法适用于周边支承的大跨度重型屋盖系统网架或点支承大跨度网架的安装。整体提升法是将屋架零件在地面上完成结构拼接后，利用建筑自身结构柱或者提升架，使用多台起吊设备将屋盖起吊至指定位置，最后将屋架与结构主体进行有效连接，见图 6.3.3。

整体提升网架结构时按照高空安装位置在地面就位拼装，即高空安装位置和地面拼装位置在同一投影面上，网架提升过程中不能平移和转动，如需将网架移动或转动，另行采取滑移措施，适宜于施工现场狭窄时。整体提升法通常运用液压千斤顶、升板机等小型提升设备，作业方式灵活多样，被提升的结构一般在地面进行组装完成，焊接组装作业效率高、质量好，施工过程机械化程度高。在整体提升过程中可利用结构柱安装提升器，缩短了提升施工周期，并节约了建设费用。但是整体提升技术专业性较强，应充分把握各提升点的同步性，同时保证下部提升架或支撑柱的稳定性。

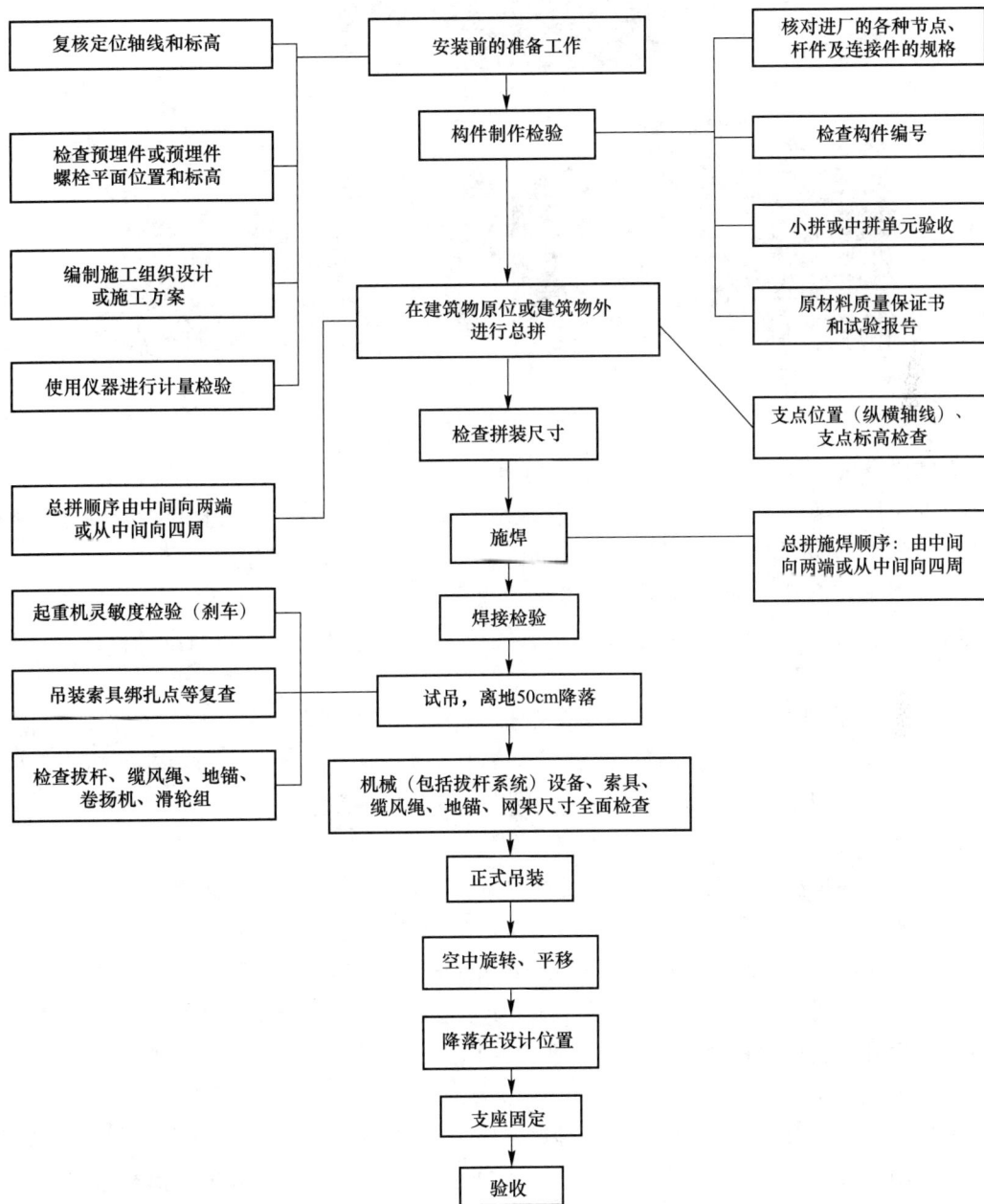

```
┌─────────────────┐         ┌─────────────────┐         ┌──────────────────────┐
│ 复核定位轴线和标高 │────┐    │  安装前的准备工作  │    ┌────│ 核对进厂的各种节点、    │
└─────────────────┘    │    └─────────────────┘    │    │ 杆件及连接件的规格      │
                       │             │             │    └──────────────────────┘
┌─────────────────┐    │    ┌─────────────────┐    │    ┌──────────────────────┐
│ 检查预埋件或预埋件 │    ├────│   构件制作检验    │────┤    │     检查构件编号        │
│ 螺栓平面位置和标高 │    │    └─────────────────┘    │    └──────────────────────┘
└─────────────────┘    │             │             │    ┌──────────────────────┐
┌─────────────────┐    │                           ├────│   小拼或中拼单元验收     │
│ 编制施工组织设计   │    │                           │    └──────────────────────┘
│   或施工方案     │────┤    ┌─────────────────┐    │    ┌──────────────────────┐
└─────────────────┘    │    │ 在建筑物原位或建筑物外│    ├────│ 原材料质量保证书        │
┌─────────────────┐    │    │    进行总拼      │    │    │ 和试验报告             │
│ 使用仪器进行计量检验│────┘    └─────────────────┘    │    └──────────────────────┘
└─────────────────┘             │                   │    ┌──────────────────────┐
                       ┌─────────────────┐          └────│ 支点位置（纵横轴线）、    │
┌─────────────────┐    │   检查拼装尺寸    │               │ 支点标高检查           │
│ 总拼顺序由中间向两端│    └─────────────────┘               └──────────────────────┘
│ 或从中间向四周    │────────────│                        ┌──────────────────────┐
└─────────────────┘    ┌─────────────────┐          ┌────│ 总拼施焊顺序：由中间     │
                       │      施焊       │──────────┤    │ 向两端或从中间向四周     │
                       └─────────────────┘               └──────────────────────┘
                                │
                       ┌─────────────────┐
                       │    焊接检验      │
┌─────────────────┐    └─────────────────┘
│起重机灵敏度检验（刹车）│        │
└─────────────────┘    ┌─────────────────┐
┌─────────────────┐    │ 试吊，离地50cm降落│
│吊装索具绑扎点等复查 │────└─────────────────┘
└─────────────────┘             │
┌─────────────────┐    ┌─────────────────┐
│检查拔杆、缆风绳、地锚│    │机械（包括拔杆系统）设备、索具、│
│卷扬机、滑轮组     │────│缆风绳、地锚、网架尺寸全面检查 │
└─────────────────┘    └─────────────────┘
                                │
                       ┌─────────────────┐
                       │     正式吊装     │
                       └─────────────────┘
                                │
                       ┌─────────────────┐
                       │   空中旋转、平移   │
                       └─────────────────┘
                                │
                       ┌─────────────────┐
                       │  降落在设计位置   │
                       └─────────────────┘
                                │
                       ┌─────────────────┐
                       │     支座固定     │
                       └─────────────────┘
                                │
                       ┌─────────────────┐
                       │      验收       │
                       └─────────────────┘
```

图 6.3.2 整体吊装法施工流程

(a) 提升前

(b) 提升中

(c) 提升后

图 6.3.3　整体提升法

　　整体提升法又可以分为单提网架法、网架爬升法、升梁抬网法和升网滑模法。

　　（1）单提网架法。网架在设计位置就地总拼后，利用安装在柱子上的小型设备（穿心式液压千斤顶）将网架整体提升到设计标高以上，然后下降就位、固定。

　　（2）网架爬升法。网架在设计位置就地总拼后，利用安装在网架上的小型设备（穿心式液压千斤顶），提升锚点固定在柱上或拔杆上，将网架整体提升到设计标高，就位、固定。

　　（3）升梁抬网法。网架在设计位置就地总拼，同时安装好支承网架的装配式圈梁（提升前圈梁与柱断开，提升网架完成后再与柱连成整体），把网架支座搁置于此圈梁中部，在每个柱顶上安装好提升设备，这些提升设备在升梁的同时，抬着网架升至设计标高。

　　（4）升网滑模法。网架在设计位置就地总拼，柱用滑模施工。网架提升是利用安装在柱内钢筋上的液压滑模千斤顶，一边提升网架一边滑升模板浇注混凝土。

　　网架整体提升，一般采用小机群（电动螺杆升板机、液压滑模千斤顶等），其布置原则是：①网架提升时受力情况应尽量与设计受力情况接近；②每个提升设备所受荷载尽可能接近；③提升设备的负荷能力应按额定能力乘以折减系数，电动螺杆升板机为 0.7 ~ 0.8，穿心式液压千斤顶为 0.5 ~ 0.6。

　　网架提升过程中，各吊点间的同步差将影响升板机等提升设备和网架杆件的受力状况，测定和控制提升中的同步差是保证施工质量和安全的关键措施。由各吊点提升差引起的内力值可通过计算求得。当网架采用整体提升法施工时，应使下部结构在网架提升时已形成稳定的框架体系，否则应对独立柱进行稳定性验算，如稳定性不够，则应采取缆风绳、水平支撑、柱间支撑等措施加固。

　　图 6.3.4 是将穿心式液压千斤顶放在柱顶上实施整体提升法的施工流程。

提升模拟试验

对千斤顶进行空载、负载、超载试验

提升柱顶悬臂重新验算

每一榀主桁架下弦预应力张拉

钢结构验收

提升钢绞线上孔与下部锚具孔偏差测量

因千斤顶尺寸变化而局部修改柱顶悬臂尺寸

提升桁架端部行驶路线障碍物清理

搭设提升工作平台

安装柱顶千斤顶及其他设备

穿提升钢绞线

检查设备、液压、泵站、千斤顶、电控系统功能情况，施工现场障碍物排除、钢结构问题处理等

用YC20Q预紧钢绞线

提升前工作检查

提升设备组、障碍排除组、钢结构施工技术组

指挥台设五人领导小组

上下通话联络员

三个职能组作出保证并签字

五人领导小组决定试提升

两组和四组千斤顶同步提升和整体提升1.8m

按提升前检查内容进行全部检查

搭设脚手架、安装牛腿和主桁架上下弦连接板

正式提升

检查千斤顶、梳理钢绞线

安装、焊接主桁架上下弦连接板

一次就位，距设计标高500mm以内

检查及测定各桁架端部距设计标高实际值，定出平均值及设计标高

焊接主桁架端支座和牛腿连接

安装、焊接钢牛腿

第二次主桁架上弦及斜向预应力张拉

二次就位，即落到钢牛腿上

钢结构总验收

跟踪测量提升、就位几道工序，对比主桁架有代表性杆件受力前后的应力情况

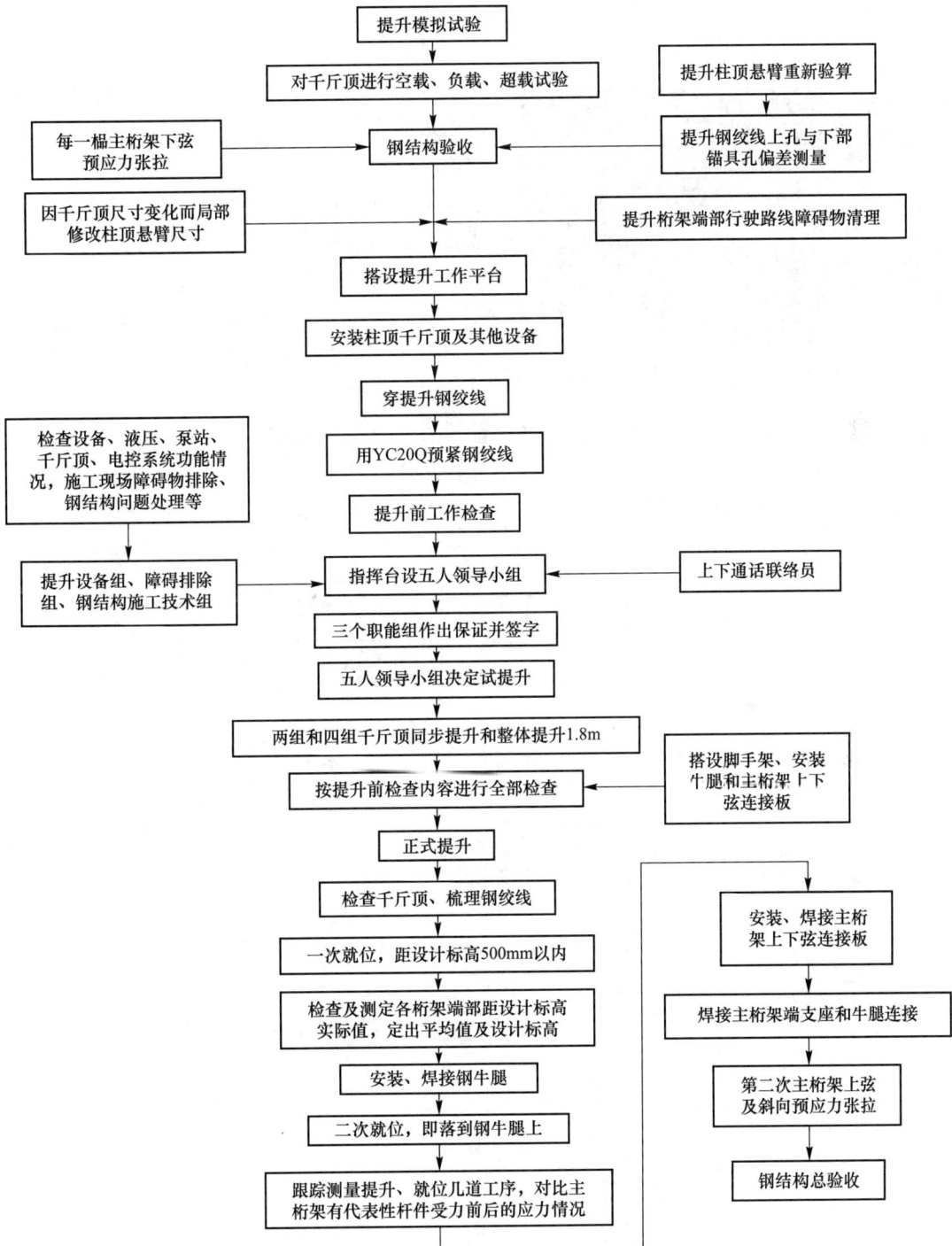

图 6.3.4 整体提升法施工流程

6.3.4 整体顶升法

整体顶升法适用于支点较少的点支承大跨度重型屋盖系统网架的安装（图 6.3.5）。顶升法和提升法的原理相同，不同之处在于所使用的机械不同、起吊或提升的位置不同。提升法起吊设备置于结构及屋盖上方，而顶升法是通过在屋盖下部、结构内部安装千斤顶等小型顶升设备进行顶升施工。

图 6.3.5　某钢结构屋盖网架采用整体顶升法施工

整体顶升法可以在主体结构施工同时组装屋盖，缩短了施工工期。在顶升过程中，除用专用支架外，一般均利用结构柱作为支承，减少了临时支撑量，有效缩减了工期，并降低了工程费用。顶升阶段网架的支承情况与使用阶段相同，不需要考虑顶升阶段的加固措施。

顶升施工需要注意顶升的同步控制及保证垂直上升，网架整体顶升时必须严格保持同步，避免各支点间产生升差，造成杆件内力和柱顶压力的变化，产生网架的偏移。当利用结构柱作为顶升的支承结构时，应注意柱在顶升过程中的稳定性。整体顶升法施工流程见图 6.3.6。

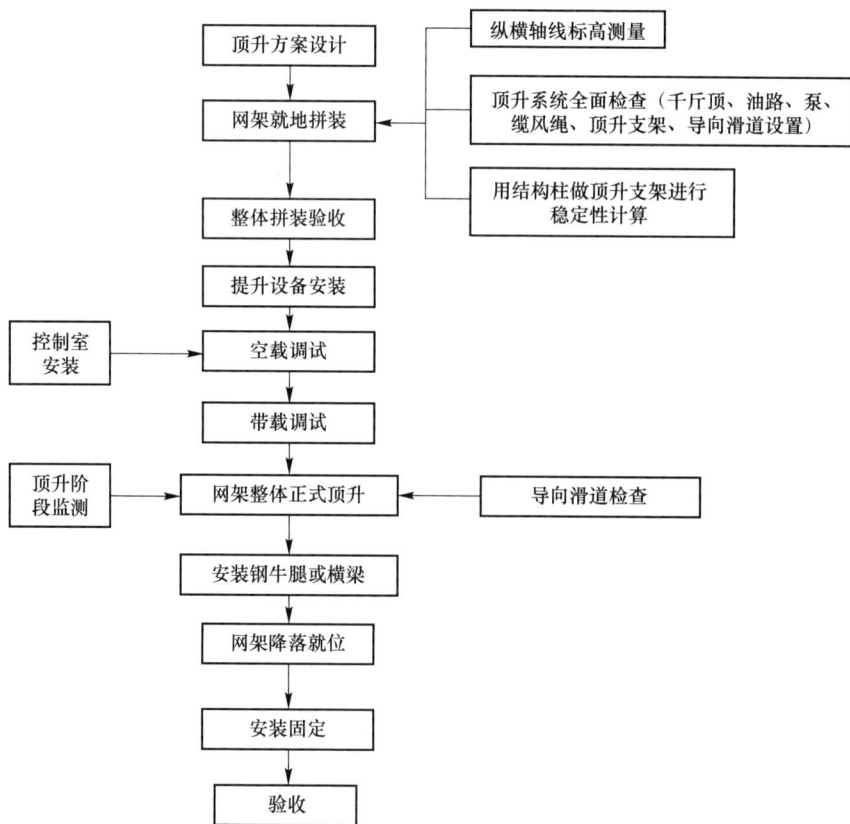

图 6.3.6　整体顶升法施工流程

6.3.5　高空散装法

高空散装法是将散装零件或小拼单元根据结构设计图纸直接进行高空现场安装的施工方法（图6.3.7）。这种方法具体包含两种施工方法：全支架法和悬挑法。全支架法主要是将散装零件进行拼装安装，适用于螺栓连接的网架或起重运输较困难的地区，也适用于小拼单元用起重机吊至设计位置进行拼装。悬挑法主要适用于将小拼单元进行高空安装。由于所安装的零件多数为小型构件，其他局部为大型零散构件，安装时须采用临时支撑进行安装或采用吊装设备进行高空吊装安装。针对大悬挑结构，可不用临时支撑进行安装，直接使用吊装设备进行高空拼装即可。

图6.3.7　高空散装法施工现场图

高空散装法的安装顺序应根据网架形式、支承类型、结构受力特征、杆件小拼单元、临时稳定的边界条件、施工机械设备的性能和施工场地情况等诸多因素综合确定。选定的高空拼装顺序应能保证拼装的精度，减少累积误差。安装过程严格控制基准轴线位置、标高及垂直偏差，并及时纠正。拼装支架需要进行设计，保证足够的强度和刚度，对于重要的或大型的工程，还应进行试压，以检验其使用的可靠性。拼装结束，拼装支承点（临时支座）拆除时遵循"变形协调，卸载均衡"的原则，避免临时支座超载失稳，或者网架结构局部甚至整体受损。临时支座拆除顺序一般为由中间向四周，中心对称进行。根据各支撑点的结构自重挠度值，采用分区分阶段按比例下降或用每步不大于10mm等步下降法拆除临时支承点。高空散装法施工流程详见图6.3.8。

6.3.6　滑移安装法

滑移安装法是指先将分散的网架单元通过搭设好的脚手架平台组装成单条状，两端部设置支撑，然后将组合好的条状单元通过滑轨或导轨滑移到设计位置，再进行组合安装的方法，详见图6.3.9。

使用该方法施工时，散件吊运、散拼、滑移、组装等施工工序可同时进行，下部主体结构也可不受上部结构安装施工的影响，上下交错施工影响较小，加快了施工进度，大大节约了工期，且施工过程灵活多变。使用滑移安装法施工时，无须使用大型起吊设备和其他大型牵引设备，但须在安装施工前安装、铺设导轨等滑移装置。

```
复核定位轴线和标高 ──────┐        ┌─── 检查安装前的准备工作 ───┐   核对进厂的各种节点、杆件
                                                            及连接件规格、品种、数量
检查预埋件或预埋螺                                              构件编号
栓的平面位置和标高 ──────┤        ┌─── 构件制作质量检验 ───┤   小拼单元的验收报告
                                                            原材料质量保证书和试验报告
编制施工组织设计
或施工方案 ──────────────┤        ┌─── 搭设拼装操作平台 ───┤   支点位置(纵横轴线)
                                      (一般为满堂脚手架)        支点标高
网架安装所使用的测
量仪器必须按国家有                      制定合理拼装顺序        从一端向另一端
关计量法规的规定                                                从中间向两端
定期送检 ────────────────┘                                    从中间向四周发展

                        严格控制支点轴线位置标高              挠度控制
                        及小拼单元垂直偏差并纠正              支架沉降观测

                                                            螺栓球节点网架按规定施拧
                        焊接球节点焊接
                                                            螺栓球节点网架检验
                        焊缝超声波检验
                        验收
```

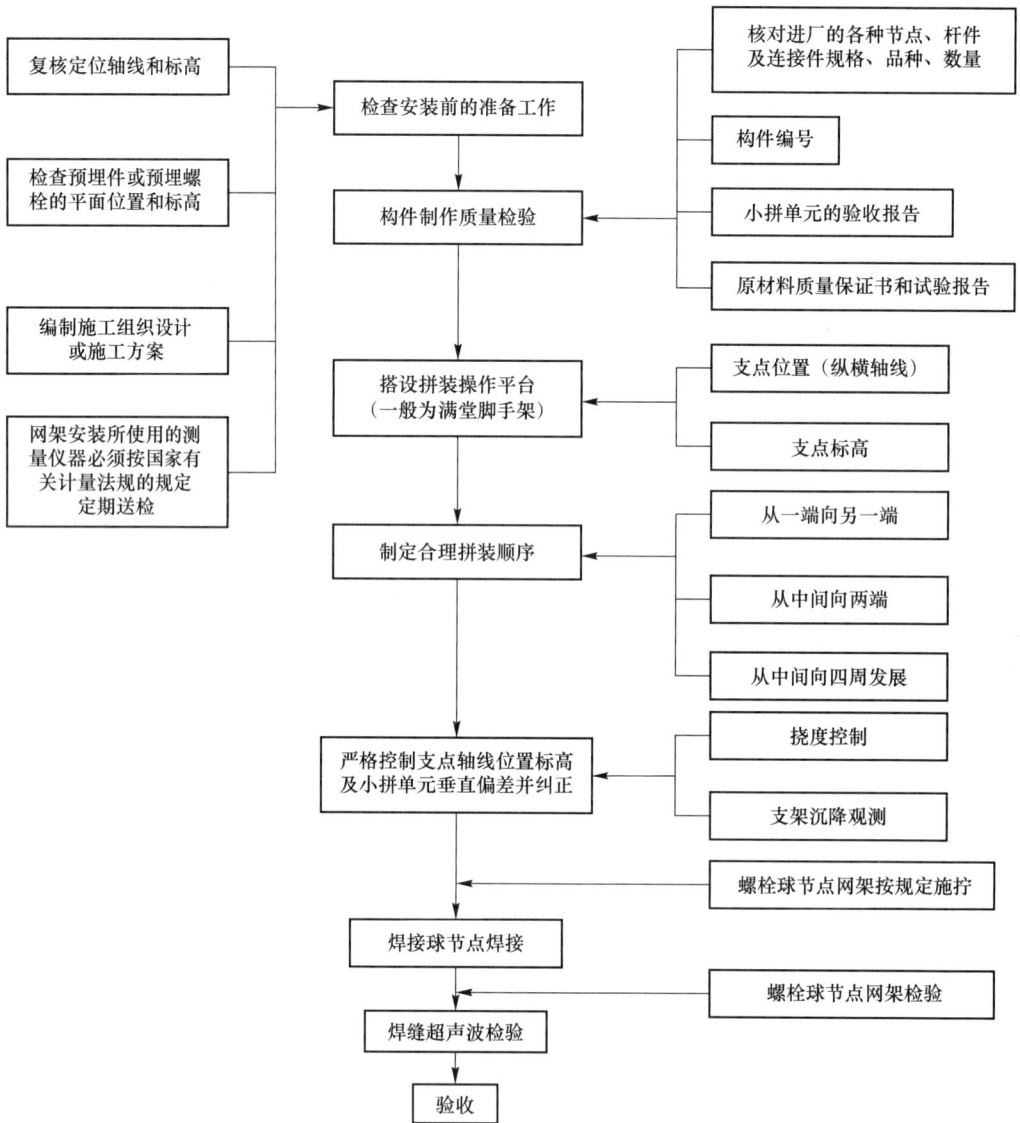

图 6.3.8　高空散装法施工流程

图 6.3.9　滑移安装法施工现场图及滑轨图片

滑移安装法施工流程见图 6.3.10：搭设脚手架→设置滑道→设置导轨→安装反力架→设置牵引环→网架组装→安装滑车→滑移→根据轴线定位→段与段间的连接→检查验收。

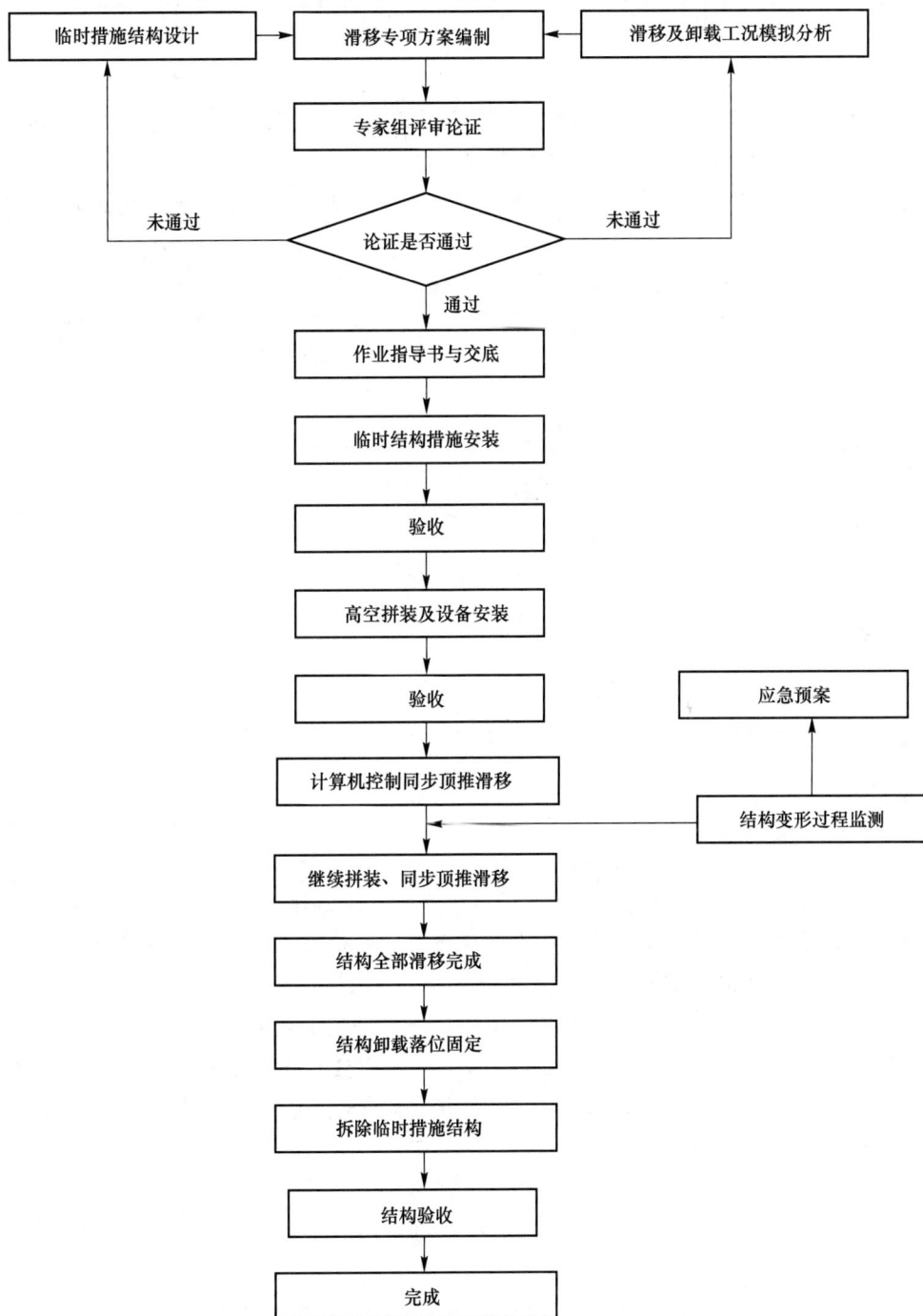

图 6.3.10 滑移安装法施工流程

▌任务流程

本任务主要包括课前自学、施工过程信息化建模、成果汇报3个阶段，任务主要流程为：

（1）课前观看教学视频，进一步分析任务1中所选的典型建筑，选择适合的安装方法，设计施工流程。

（2）小组合作模拟实践施工。整合收集的资料，分工合作，完成所选建筑的BIM信息化施工模拟，导出建设过程视频，上传至课程平台。

（3）课中进行BIM模拟施工视频汇报。对比各组成果，深入理解各种施工方法的特点和施工要点。

本任务重点是让学生学会应用所学岗位知识，提升解决问题的能力；同时理论与实际结合，运用前面所学BIM课程技能，完成信息化施工实践模拟。小组分工合作完成任务。

▌注意事项

（1）各组独立完成。每组完成已选大跨度钢结构建筑项目施工流程设计。

（2）施工方案选择以适合为首要条件，可以综合考虑施工方便、组织合理、经济等因素进行选择。

（3）施工方案需要查阅相关的技术标准，应具有技术合理性。

▌提交成果

（1）每个小组提交一份施工流程设计文件。

（2）每个小组提交一份BIM施工模拟视频。

─── 模块小结 ───

本模块以某棒（垒）球馆为例，阐述了装配式大跨度钢结构分条（分块）安装方法和施工技术，项目技术难度大，质量要求高，参建方多，组织协调难度大。在建设过程中，将钢网架拆分，使用BIM信息化管理技术进行施工活动的组织协作优化，有效地解决了施工难度大、管理难、数据信息量大等难点，清晰展示了分段安装施工技术。其中任务1学习大跨度钢结构建筑结构分析、分类。任务2学习施工流程设计。任务3作为知识迁移任务，学习常见大跨度钢结构建筑安装方法后，由多小组选择典型建筑，尝试设计安装施工流程，对接岗位技能需求。

─── 习　　题 ───

1. 大跨度钢结构通常是指跨度在60m以上的空间结构，具有（　　　）、建筑造型优美、富有艺术表现力等特点。

A．刚度大　　　　　B．跨度大　　　　　C．受力合理　　　　D．质量轻

2．大跨度建筑结构可分为平面结构和（　　）结构。

A．二维　　　　　　B．线性　　　　　　C．空间　　　　　　D．三维

3．在设计和施工方面，大跨度钢结构建筑主要有（　　）特点。

A．结构形式日益多样化和复杂化，节点形式复杂多样

B．结构跨度、钢材等级、钢板厚度等不断增加

C．构件数量和截面类型多，深化设计难度大

D．构件加工精度要求高，施工技术难度大

4．（　　）是指将网架沿长跨方向分割为若干区段，而每个区段的宽度可以是1个网格至3个网格，其长度则为短跨的跨度。

A．分块　　　　　　B．分条　　　　　　C．高空散装　　　　D．滑移

5．大跨度钢结构分条安装方案考虑的内容不包含下列（　　）项。

A．分条的断开点应尽量设置在结构受力较小的位置

B．分段单元的吊装重量不能超出起重机的提升能力

C．分段后的桁架单元应有足够多的绑扎位置

D．分条单元的划分不考虑分段间的相互影响

6．分条（分块）安装法总拼时的施焊顺序应（　　）发展。

A．从左到右　　　　B．从中间向两端　　C．从右到左　　　　D．从中间向四周

7．整体提升法义可以分为（　　）。

A．单提网架法　　　B．网架爬升法　　　C．升梁抬网法　　　D．升网滑模法

8．（　　）是将散装零件或小拼单元根据结构设计图纸直接进行高空现场安装的施工方法。

A．分条（分块）安装法　　　　　　　B．整体吊装法

C．高空散装法　　　　　　　　　　　D．滑移法

9．（　　）适用于各种重型的网架结构，结构在地面拼装，总拼完成后采用拔杆或起重机吊装至网架的设计位置。

A．分条（分块）安装法　　　　　　　B．整体吊装法

C．高空散装法　　　　　　　　　　　D．滑移法

10．使用滑移安装法施工时，无须使用大型起吊设备和其他大型牵引设备，但须在安装施工前安装、铺设（　　）等滑移装置。

A．滑轮　　　　　　B．枕木　　　　　　C．导轨　　　　　　D．圆钢

11．临时支座拆除顺序一般为由中间向四周，中心对称进行，分区分阶段按比例下降或用每步不大于（　　）mm等步下降法拆除临时支承点。

A．5　　　　　　　　B．10　　　　　　　C．20　　　　　　　D．30

12．网格分段时，可在上下弦杆的节点工作点约（　　）m处分开。

A．1.0　　　　　　　B．1.2　　　　　　　C．1.5　　　　　　　D．1.8

13．对于长度超过（　　）m的平面吊装分块单元，如平面桁架，还需要满足平面外的稳定性要求。

A．15　　　　　　　B．20　　　　　　　C．30　　　　　　　D．50

14．吊装动力系数一般取为（   ）。

A．1.2 　　　　　　 B．1.3 　　　　　　 C．1.4 　　　　　　 D．1.5

15．高空散装法具体包含（   ）两种施工方法。

A．单提网架法 　　 B．全支架法 　　 C．升梁抬网法 　　 D．悬挑法

16．顶升施工需要注意（   ）避免各支点间产生升差，造成杆件内力和柱顶压力的变化，产生网架的偏移。

A．顶升的同步控制 　　　　　　　　 B．保证垂直上升

C．保证网架节点位移 　　　　　　　 D．保证网架节间位移

17．螺栓球节点的优点主要是（   ）。

A．连接牢固 　　 B．抗震性能好 　　 C．减少节点体积 　　 D．零配件少

18．钢柱吊装起吊前，应垫上枕木以避免起吊时柱底与地面的接触，钢柱起吊距地面高度（   ）m以上后才开始回转。

A．5 　　　　　　　 B．4 　　　　　　　 C．3 　　　　　　　 D．2

19．钢柱吊装校正的内容包括（   ）。

A．垂直度校正 　　 B．标高校正 　　 C．扭转校正 　　 D．错位校正

20．分条（分块）安装法中，分条划分区段的宽度一般是（   ）。

A．一个网格 　　 B．两个网格 　　 C．三个网格 　　 D．五个网格

答案

1．ABCD　　　　　 2．C　　　　　　　 3．ABCD　　　　　 4．B

5．D　　　　　　　 6．BD　　　　　　 7．ABCD　　　　　 8．C

9．B　　　　　　　 10．C　　　　　　 11．B　　　　　　 12．B

13．C　　　　　　 14．C　　　　　　 15．BD　　　　　 16．AB

17．C　　　　　　 18．D　　　　　　 19．ABC　　　　　 20．ABC

7 模块

门式刚架钢结构厂房

价值目标　1. 科学严谨，培养工匠精神
2. 脚踏实地，培养求真务实之心

知识目标　1. 了解门式刚架轻型房屋钢结构基本概念
2. 掌握门式刚架轻型房屋构造
3. 掌握门式刚架檩条与墙梁的构造
4. 掌握柱间支撑与屋面支撑的构造
5. 熟悉门式刚架钢结构厂房的主要技术标准
6. 掌握门式刚架钢结构厂房施工工艺

能力目标　1. 能熟练查找门式刚架钢结构设计的各类规范
2. 能准确识读门式刚架钢结构厂房施工图
3. 能编制门式刚架钢结构厂房的安装方案

素质目标　1. 善于沟通，能有效参与交流沟通和团队合作
2. 知技兼备，能熟练运用专业知识解决实际问题

学习引导

　　轻型房屋钢结构是近年来建筑业内发展最快的领域。经过不断地研究与实践，轻型房屋钢结构在设计理论和方法、承重结构的制作和加工技术、墙体和屋面围护材料的开发等方面已取得了系列研究成果和专利产品，轻型房屋钢结构建筑的构造做法、房屋的隔热保温、防火防漏防腐等技术已日益成熟，轻型房屋钢结构已进入快速发展时期。

　　轻型房屋钢结构广泛用于工业厂房、住宅、商业建筑和库房，典型的结构体系之一是门式刚架结构。在门式刚架轻型房屋钢结构体系中，屋盖一般采用压型钢板屋面板和冷弯薄壁型钢檩条，主刚架采用变截面实腹刚架，外墙采用压型钢板墙面板和冷弯薄壁型钢墙梁。门式刚架结构体系构造简单，材料单一，质量轻，减少了安装与运

输工作量，能够较好地践行绿色环保理念；结构整体用钢量少，经济性好，符合绿色制造的发展理念；门式刚架结构属于柔性结构、自重轻，能有效降低地震响应；与其他建筑形式相比，轻钢结构建筑物易于回收，符合我国可持续发展战略的要求。

想一想：钢结构厂房结构形式有哪些？

任务1 绘制门式刚架钢结构厂房节点构造 BIM 模型

▌任务描述

本任务以绍兴某产业园二期 1#厂房装配式钢结构工程项目为例，来介绍门式刚架钢结构厂房各节点构造。案例项目工程主体结构形式为轻型门式刚架结构，局部有夹层，总长 242m，宽度 116m。结构占地面积约为 28600m^2，建筑高度为 15.4m。刚架跨度主要为 22m，最大跨度达 22.45m，刚架檐口标高为 13.6m。刚架间柱距主要为 12m。屋面排水坡度为 1：20。效果如图 7.1.1 所示。

项目介绍

图 7.1.1　某产业园二期 1#厂房效果图

案例项目工程钢结构材料选用如下：主结构（刚架柱、刚架梁、夹层梁、钢吊车梁等）、屋面檩条、墙梁均采用 Q345 钢材，其余次结构（抗风柱、女儿墙柱、配电房钢柱、制动桁架、柱间支撑、隅撑、水平支撑、系杆等）均采用 Q235 钢材，预埋螺栓采用 Q235 钢材。

学生通过本部分内容的学习，掌握门式刚架各节点的连接构造，完成案例项目中各节点的 BIM 模型的创建。

▌任务分析

学生需要掌握门式刚架钢结构厂房各节点构造。本任务主要通过课内学习和项目 CAD 施工图，完成连接节点 BIM 模型的创建；同时培养学生准确识读门式刚架钢结构厂房施工图的能力。

▌知 识 点

▌7.1.1　门式刚架结构体系

《门式刚架轻型房屋钢结构技术规范》（GB 51022—2015）是我国设计、制作和安装门式刚架结构的主要技术标准。随着科学技术水平的进步，建筑行业内部也正在寻求更好的发展方向和更绿色的建筑方式。对绿色建筑的重视，对环保要求的提升，装配式门式刚架钢结构厂房作为一种新型的建筑形式，得到越来越多重视与期待。

门式刚架结构
体系组成和结
构布置

单层门式刚架主要适用于一般工业与民用建筑及公共建筑。单层工业厂房一般采用实腹式构件，其特点是用钢量较少，可装运性好，还可降低房屋高度。实腹式门式刚架梁柱节点多视为刚接，从而具有卸载作用，使得实腹式门式刚架具有跨度大的特点，横梁高度可取跨度的 $1/40 \sim 1/30$。目前国内单跨刚架的最大跨度已达 72m。

单层门式刚架（图 7.1.2）是一种轻型房屋结构体系，以轻型焊接 H 型钢（等截面或变截面）、热轧 H 型钢（等截面）或冷弯薄壁型钢等构成的实腹式门式刚架或格构式刚架作为主要承重骨架；用冷弯薄壁型钢（槽钢、卷边槽钢、Z 形钢等）作檩条、墙梁，并适当设置支撑；以压型金属板（压型钢板、压型铝板）作屋面、墙面；采用聚苯乙烯泡沫塑料、硬质聚氨酯泡沫塑料、岩棉、矿棉、玻璃棉等作为保温隔热材料。

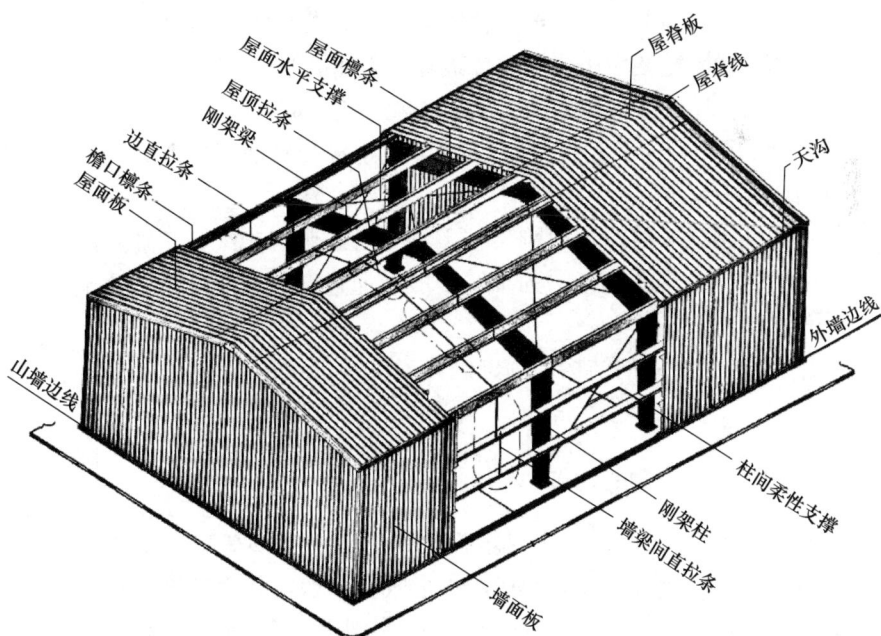

图 7.1.2　门式刚架

轻型门式刚架结构体系包括以下组成部分：①主结构，如横向刚架、楼面梁、托梁等；②次结构，如屋面檩条和墙梁等；③围护结构，如屋面板和墙面板；④辅助结构，如楼梯、平台、扶栏等；⑤基础，如钢筋混凝土独立基础、钢筋混凝土条形基础等。

平面门式刚架和支撑体系，再加上托梁、楼面梁等，组成了轻型门式刚架的主要受力骨架，即主结构体系。屋面檩条和墙梁既是围护材料的支承结构，又为主结构梁柱提供了部分侧向支撑作用，构成了轻型门式刚架的次结构。屋面板和墙面板对整个结构起围护和封闭作用，由于蒙皮效应，事实上也增加了轻型门式刚架的整体刚度。外部荷载直接作用在围护结构上。其中，竖向和横向荷载通过次结构传递到主结构的平面门式刚架上，门式刚架依靠其自身刚度抵抗外部作用。纵向风荷载通过屋面和墙面支撑传递到基础上。

▎7.1.2　门式刚架结构布置

（1）门式刚架的跨度取横向刚架柱轴线间的距离；门式刚架的跨度为 9 ～ 36m，以 3m 为模数，必要时也可采用非模数跨度。当边柱宽度不等时，外侧应对齐。挑檐长度根据使用要求确定，一般为 0.5 ～ 1.2m。

（2）门式刚架的高度是指地坪至柱轴线与斜刚架梁轴线交点的高度，根据使用要求的室内净高确定。无吊车时，高度一般为 4.5 ～ 9m；有吊车时，应根据轨顶标高和吊车净空要求确定，一般为 9 ～ 12m。

（3）门式刚架的柱距宜为 6m，也可以采用 7.5m 或 9m，最大可到 12m，门式刚架跨度较小时，也可采用 4.5m。多跨刚架局部抽柱处一般布置托梁。

（4）门式刚架的檐口高度为地坪至房屋外侧檩条上缘的高度。

（5）门式刚架的最大高度为地坪至房屋顶部檩条上缘的高度。

（6）门式刚架的房屋宽度为房屋侧墙墙梁外皮之间的距离。

（7）门式刚架的房屋长度为房屋两端山墙墙梁外皮之间的距离。

（8）门式刚架的屋面坡度宜取 1/20 ～ 1/8，在雨水较多地区应取较大值。挑檐的上翼缘坡度宜与横梁坡度一致。

（9）门式刚架的轴线一般取通过刚架柱下端中心的竖向直线；工业建筑边刚架柱的定位轴线一般取刚架柱外皮；斜刚架梁的轴线一般取通过变截面刚架梁最小端中心与斜刚架梁上表面平行的轴线。

（10）门式刚架轻型房屋钢结构的温度区段长度一般纵向不宜大于 300m、横向不宜大于 150m。

▎7.1.3　门式刚架各构件的功能

（1）主刚架，如图 7.1.3 所示，主要承担建筑物上的各种荷载并将荷载传给基础。刚架与基础的连接有刚接和铰接两种形式，一般宜采用铰接；当水平荷载较大，房屋高度较高或刚度要求较高时，也可采用刚接。刚架柱与斜梁为刚接。主刚架的特点是平面内刚度较大而平面外刚度很小，这就决定了它在水平荷载作用下，可承担平行于刚架平面的荷载，而对垂直刚架平面的荷载抵抗能力很小。

门式刚架各
构件的功能

（2）墙梁，如图 7.1.4 所示，主要承担墙体自重和作用于墙上的水平荷载（风荷载），并将水平荷载传给主体结构。

图 7.1.3 主刚架

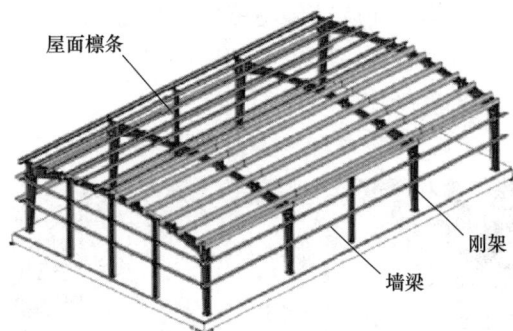

图 7.1.4 檩条、墙梁与刚架

（3）檩条，主要承担屋面荷载，并将屋面荷载传给刚架。檩条通过螺栓与每榀刚架连接，和墙梁一起与刚架形成空间结构。檩条与刚架斜梁连接如图 7.1.5 所示。

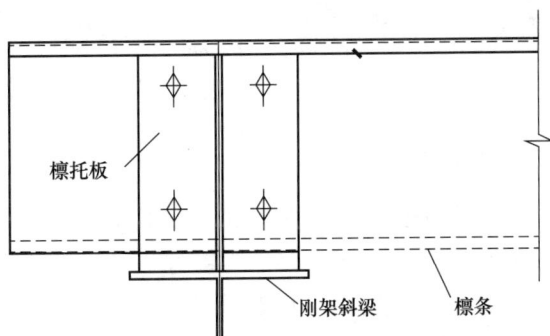

图 7.1.5 檩条与刚架斜梁连接

（4）隅撑。如图 7.1.6 所示，对于刚架斜梁，一般是上翼缘受压，下翼缘受拉，上翼缘由于与檩条相连，一般不会出现失稳，但当屋面受风荷载吸力作用时斜梁下翼缘有可能受压，从而出现失稳现象，所以在刚架梁上设置隅撑是十分必要的。

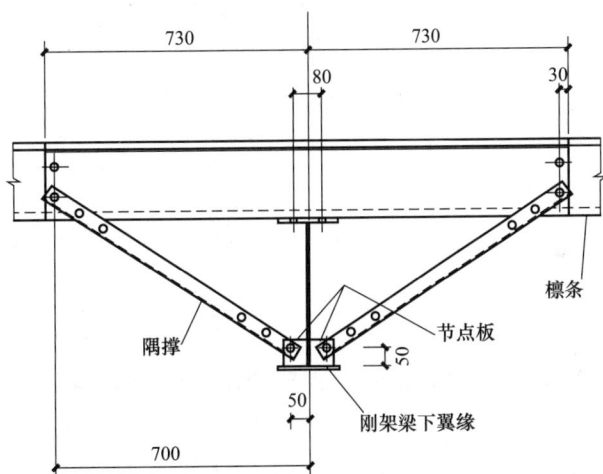

图 7.1.6 隅撑

（5）支撑。刚架平面外的刚度很小，必须在刚架柱之间设置柱间支撑，以及在刚架梁之间设置水平支撑，使结构具有足够的刚度。

（6）拉条。檩条和墙梁的平面外刚度小，有必要设置拉条（增加支撑），以减小弱轴方向上的长细比。

（7）刚性系杆。檩条和墙梁是采用普通螺栓与刚架连接的，所以接近铰接，又因为檩条和墙梁的长细比都较大，在平行于房屋纵向荷载的作用下，其传力刚度有限，所以有必要在屋面的各榀刚架之间设置一定数量的刚性系杆。

图 7.1.7　抗剪键预留孔槽

（8）抗剪键。如图 7.1.7 所示，门式刚架与基础通过地脚螺栓连接，当水平荷载作用形成的剪力较大时，螺栓就要承担这些剪力，一般不希望螺栓来承担这部分剪力，在设计时常常通过设置刚架柱脚与基础之间的抗剪键来承担剪力。

7.1.4　门式刚架结构形式

刚架结构是梁、柱单元构件的组合体，其形式种类多样，如图 7.1.8 所示。在单层工业与民用房屋的钢结构中，应用较多的为单跨、双跨或多跨刚架，以及带挑檐和带毗屋的刚架等形式。多跨刚架宜采用双坡或单坡屋面，也可采用由多个双坡屋盖组成的多跨刚架形式。根据通风、采光的需要，刚架厂房可设置通风口、采光带和天窗架等。

门式刚架结构
形式

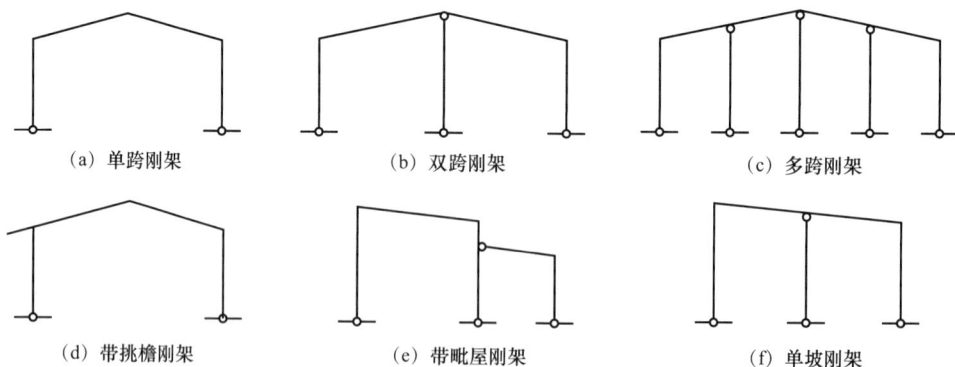

(a) 单跨刚架　　　　　(b) 双跨刚架　　　　　(c) 多跨刚架

(d) 带挑檐刚架　　　　(e) 带毗屋刚架　　　　(f) 单坡刚架

图 7.1.8　门式刚架的形式

在门式刚架轻型房屋钢结构体系中，屋盖应采用压型钢板屋面板和冷弯薄壁型钢檩条；主刚架可采用变截面实腹刚架；外墙宜采用压型钢板墙面板和冷弯薄壁型钢墙梁，也可采用砌体外墙或底部为砌体、上部为轻质材料的外墙。主刚架斜梁下翼缘和刚架柱内翼缘的平面外稳定性由与檩条或墙梁相连接的隅撑来保证。主刚架间的交叉支撑可采用张紧的圆钢。

单层门式刚架轻型房屋可采用隔热卷材作为屋盖隔热和保温层，也可以采用带隔热层的板材作屋面。

根据跨度、高度及荷载不同，门式刚架的梁、柱可采用变截面或等截面实腹焊接工字形截面或轧制 H 形截面。设有桥式吊车时，柱宜采用等截面构件。变截面构件通常改变腹板的高度，做成楔形，必要时也可以改变腹板厚度。

门式刚架的柱脚多按铰接支承设计，通常为平板支座，设一对或两对地脚螺栓。当用于工业厂房且有桥式吊车时，宜将柱脚设计为刚接。

7.1.5　门式刚架轻型房屋钢结构的特点

1）结构自重轻

门式刚架轻型房屋钢结构的围护结构采用压型金属板、玻璃棉等材料，屋面、墙面的质量很轻，一般支承它们的门式刚架也很轻。根据国内的工程实例统计，单层门式刚架房屋承重结构的用钢量一般为 $10 \sim 30 kg/m^2$；在相同的跨度和荷载条件下，自重大约仅为钢筋混凝土结构的 $1/30 \sim 1/20$。

门式刚架轻型
房屋钢结构的
特点

由于单层门式刚架结构的质量轻，地基的处理费用相对较低，基础尺寸也相对较小。

在相同地震烈度下，门式刚架结构的地震反应小，一般情况下，地震作用参与的内力组合对刚架梁、柱杆件的设计不起控制作用。但风荷载对门式刚架结构构件的受力影响较大，风荷载产生的吸力可能会使屋面金属压型板、檩条的受力反向，当风荷载较大或房屋较高时，风荷载可能成为刚架设计的控制荷载。

2）工业化程度高，施工周期短

门式刚架结构的主要构件和配件均由工厂制作，质量易于保证，工地安装方便。除基础施工外，现场基本无湿作业，现场所需施工人员也较少。各构件之间的连接多采用高强度螺栓或普通螺栓连接，这是门式刚架结构可以迅速安装的一个重要原因。

3）综合经济效益高

门式刚架结构由于材料价格的原因，造价虽然比钢筋混凝土结构等其他结构形式略高，但由于构件采用先进自动化设备生产制造，原材料的种类较少、易于采购、便于运输，因此门式刚架结构的工程周期短、资金回报快、投资效益高。

4）柱网布置比较灵活

传统的结构形式由于受屋面板、墙板尺寸的限制，柱距多为 6m，当采用 12m 柱距时，须设置托架及墙架柱。门式刚架结构的围护体系采用金属压型板，所以柱网布置可不受建筑模数的限制，柱距大小主要根据使用要求和用钢量最省的原则来确定。

5）支撑体系轻巧

门式刚架体系的整体性可以依靠檩条、墙梁及隅撑等来保证，从而减少了屋盖支撑的数量，同时支撑多用张紧的圆钢做成，很轻便。门式刚架的梁、柱多采用变截面杆件，可以节省材料。刚架柱可以为楔形构件，梁则由多段楔形杆组成。

7.1.6 门式刚架柱脚与基础连接构造

门式刚架柱脚
与基础连接
构造

与其他结构形式的基础相比，轻钢结构基础尺寸小，可以降低总造价；另外对于地质条件较差的地区，可优先考虑采用轻钢结构，这样容易满足地基承载力方面的要求。

由于结构形式、荷载取值、支座设计等方面的不同，传至基础顶面的内力是不同的。轻钢结构与传统的钢筋混凝土结构相比，最大的差别就是在柱脚处存在较小的竖向力和较大的水平力；对于刚接柱脚，还存在较大的弯矩；在风荷载起控制作用的情况下，还存在较大的上拔力。柱脚水平力会使基础产生倾覆和滑移，基础受上拔力作用，在覆土较浅的情况下，会使基础上拔。门式刚架因为这些受力特点，其基础设计与其他结构相比存在很大的不同，主要表现在以下几个方面。

1）基础的形式

对于门式刚架而言，上部结构传至柱脚的内力一般较小，基础形式以独立基础为主。若地质条件较差，可考虑采用条形基础。当遇到不良地质情况时，可考虑采用桩基础，一般不采用筏形基础和箱形基础。

2）柱脚受力

铰接柱脚只存在轴向力 N、水平力 V。

刚接柱脚存在轴向力 N、水平力 V、弯矩 M，因而刚接柱脚的基础尺寸一般大于铰接柱脚的基础尺寸。

3）柱脚与基础连接构造

柱脚（图 7.1.9）用于上部钢结构与下部基础的连接，承受柱底轴力、弯矩，以及在柱脚底板与基础间产生的拉力作用，剪力由柱底板与基础面之间的摩擦力抵抗，若摩擦力不足以抵抗剪力，则须在柱底板上焊接抗剪键以增大抗剪能力。

（a）弯钩式　　　　　　　　　　（b）锚板式

图 7.1.9　柱脚构造

锚栓（图 7.1.10）一端埋入混凝土，埋入的长度须满足《混凝土结构设计规范（2015年版）》（GB 50010—2010）要求的锚固长度，对于不同的混凝土强度等级和锚栓强度，所需最小埋入长度也不一样。

门式刚架的柱脚与基础通常做成铰接形式，一般为平板支座，如图 7.1.11 所示，设一对或两对地脚螺栓。刚架角柱与基础连接构造如图 7.1.12 所示。但当柱高度较大时，为控制风荷载作用下的柱顶位移，柱脚宜做成刚接形式，如图 7.1.13 所示。当工业厂房内设有梁式或桥式吊车时，也宜将柱脚设计为刚接形式。

锚栓采用 Q235 或 Q345 钢制作，分为弯钩式和锚板式两种。

案例项目工程采用柱下独立基础，柱脚设计为刚接形式。

图 7.1.10　柱脚锚栓

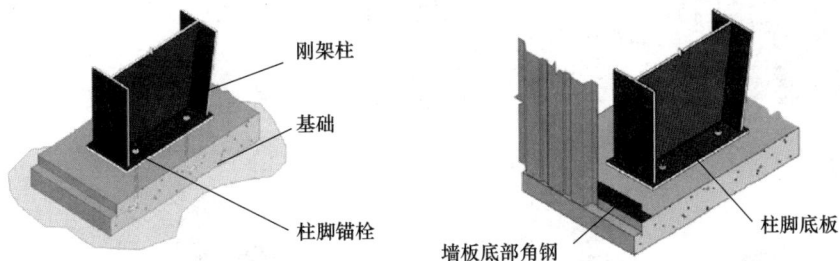

图 7.1.11　刚架柱铰接柱脚做法

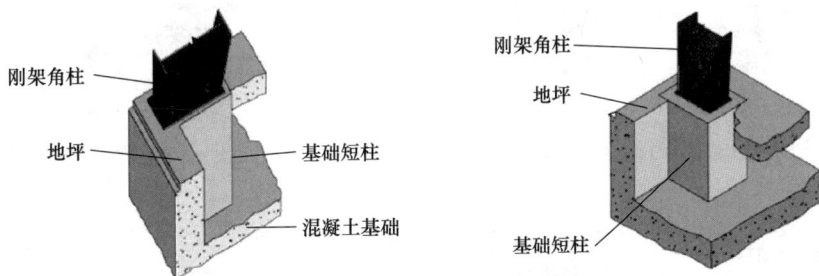

图 7.1.12　刚架角柱与基础

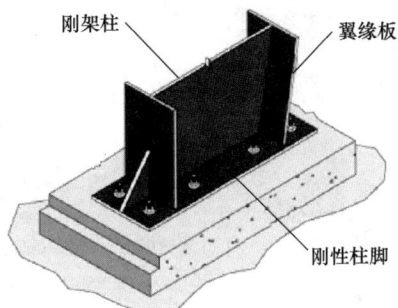

图 7.1.13　刚架柱刚性柱脚

7.1.7 梁与柱的连接构造

梁与柱的连接
构造

门式刚架可由多个刚架梁、柱单元构件组成，刚架柱一般为独立单元构件，刚架梁一般根据当地运输条件划分为若干个单元。刚架单元构件本身采用焊接方式，单元之间一般通过节点板以高强度螺栓连接。

1）刚架柱

主刚架由边柱、刚架梁、中柱等构件组成。边柱和梁通常根据门式刚架受力情况制作成变截面，以节约材料、降低造价；根据门式刚架横向平面承载、纵向支撑提供平面外稳定的特点，一般采用焊接工字形截面；中柱通常采用宽翼缘工字钢。刚架中柱节点示意如图 7.1.14 所示。刚架柱与墙梁连接示意如图 7.1.15 所示。边刚架梁柱节点示意如图 7.1.16 所示。刚架的主要构件运输到现场后通过高强度螺栓连接。案例工程门式刚架柱与墙梁连接如图 7.1.17 所示。

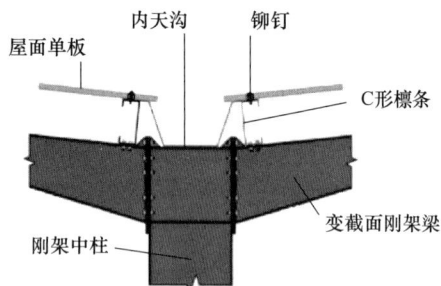

图 7.1.14 刚架中柱节点

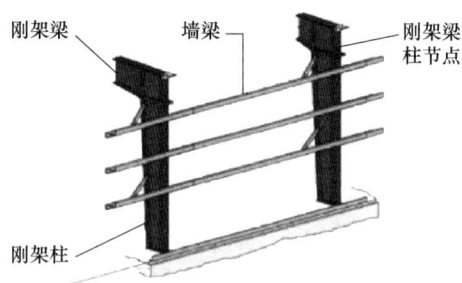

图 7.1.15 刚架柱与墙梁连接

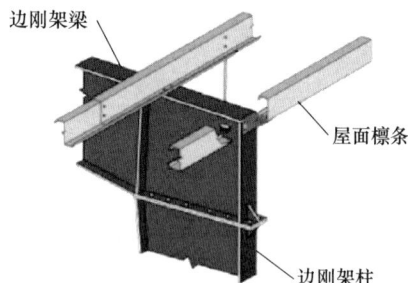

图 7.1.16 边刚架梁柱节点

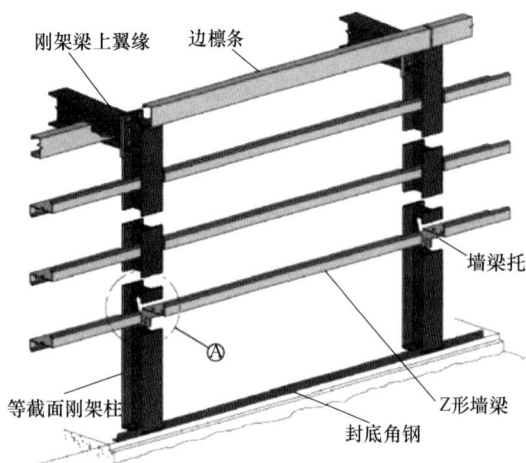

（a）简图

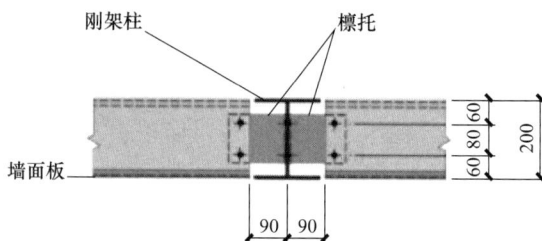

（b）节点A详图

图 7.1.17 案例工程门式刚架柱与墙梁连接

2）刚架梁

案例工程门式刚架轻型房屋钢结构的主刚架采用变截面实腹刚架，主刚架斜梁下翼缘和刚架柱内翼缘的平面外稳定性由与檩条或墙梁相连接的隔撑来保证。刚架梁连接示意如图 7.1.18 所示。刚架梁屋脊节点示意如图 7.1.19 所示。

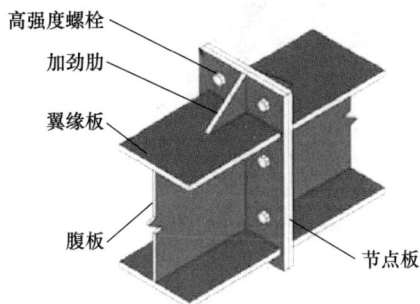

图 7.1.18　刚架梁连接

图 7.1.19　刚架梁屋脊节点

3）山墙刚架构造

案例工程设有吊车起重系统并且延伸到建筑物端部，故采用门式刚架端墙这种典型的构造形式。

刚架端墙由门式刚架、抗风柱和墙梁组成。抗风柱上下端节点采用铰接形式，被设计成只承受水平风荷载作用的抗弯构件，由与之相连的墙梁提供柱的侧向支撑。采用刚架的山墙形式，由于端刚架和中间标准刚架的尺寸完全相同，比较容易处理支撑连接节点，可以将支撑系统设置在结构的端开间。

4）托梁及屋面构造

当某榀刚架柱因为建筑净空需要被抽除时，托梁通常横跨在相邻的两榀框架柱之间，支承已抽柱位置上的中间榀刚架上的斜梁。托梁是承受竖向荷载的结构构件，按照位置分为边跨托梁（图 7.1.20）与跨中托梁（图 7.1.21）。

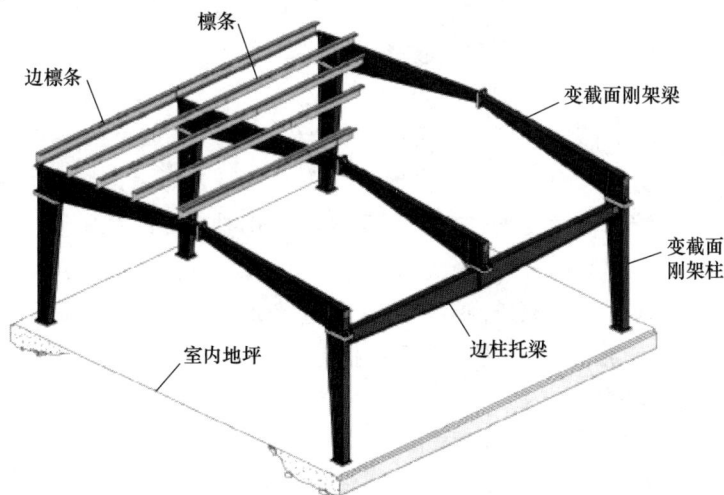

图 7.1.20　边跨托梁

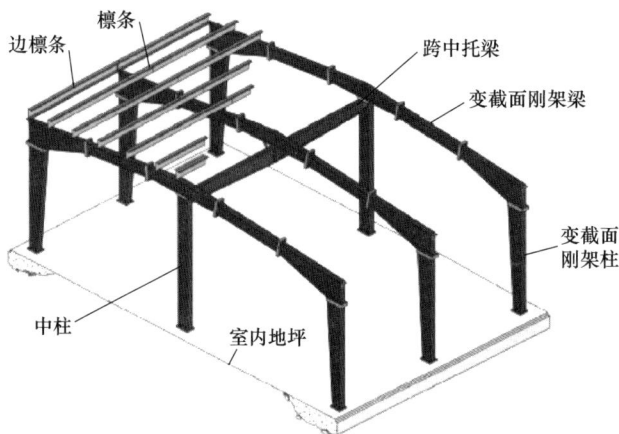

图 7.1.21　跨中托梁

案例工程为多跨厂房，为了满足建筑净空要求而必须抽去一根或多根内部柱时，托梁放置在柱顶。当大梁直接搁置在托梁顶部时，需要额外添加隅撑为托梁下翼缘提供平面外的支撑。

▋7.1.8　檩条的布置和构造

轻型门式刚架的檩条可以采用 C 形冷弯卷边型钢和 Z 形带斜卷边或直卷边的冷弯薄壁型钢。Z 形构件的高度一般为 140 ～ 300mm，厚度为 1.4 ～ 2.5mm。冷弯薄壁型钢构件一

图 7.1.22　檩条布置

般采用 Q235 或 Q345 级钢，大多数檩条表面涂层采用防锈漆，也可采用镀铝或镀锌的防腐措施。案例工程檩条布置如图 7.1.22 所示。

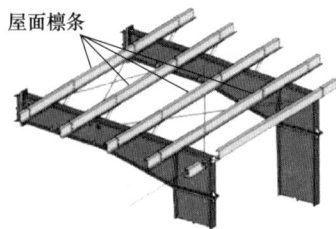

1）檩条间距和跨度的布置

檩条的设计应考虑天窗、通风屋脊、采光带、屋面材料及檩条供货规格的影响，以确定檩条间距，并根据主刚架的间距确定檩条的长度。

2）简支檩条和连续檩条的构造

檩条构件可以设计为简支构件，也可以设计为连续构件。简支檩条和连续檩条一般通过搭接方式的不同来实现。简支檩条不考虑搭接长度，但 Z 形檩条如果采用搭接长度很小的方式连接，应认为檩条是简支构件。C 形檩条可以分别连接在檩托上。连续檩条可以承受更大的荷载和变形，因此比较经济。檩条的连续化构造也比较简单，可以通过搭接和护紧来实现，案例工程采用连续檩条构造。带斜卷边的 Z 形檩条可采用叠置搭接，卷边槽形檩条可采用不同型号的卷边槽形冷弯型钢套来搭接。

3）侧向支撑的设置

外荷载作用下檩条同时发生弯曲和扭转。冷弯薄壁型钢本身板件宽厚比大，抗扭刚度不足；荷载通常位于上翼缘的中心，荷载中心线与剪力中心相距较大；因为坡屋面的影响，檩条腹板倾斜，扭转问题将更加突出。侧向支撑是保证冷弯薄壁型钢檩条稳定性的重要保

障。起到侧向支撑作用的有屋面板、拉条、支撑、檩托、檩条和撑杆等。

▌7.1.9 墙梁的布置与构造

墙梁的布置首先应考虑门窗、挑檐、雨篷等构件和围护材料的要求，综合考虑墙板板型和规格，以确定墙梁间距。墙梁的长度取决于主刚架的柱距。

墙梁与主刚架柱的相对位置一般有两种。一种是穿越式墙梁，墙梁的自由翼缘简单地与柱外翼缘螺栓连接或檩托连接，根据墙梁搭接的长度来确定墙梁是连续的还是简支的。另外一种是平齐式墙梁，如图7.1.17所示，即通过连接角钢将墙梁与柱腹板相连，墙梁外翼缘基本与柱外翼缘平齐。案例工程采用平齐式的墙梁布置方式，墙梁与主刚架柱简单地用节点板铰接方式相连，檐口檩条不需要额外的节点板，基底角钢与柱外翼缘平齐减少了基础的宽度。

墙梁和支撑的布置与构造

▌7.1.10 柱间支撑与屋面支撑构造

交叉支撑是轻型钢结构建筑中用于屋顶、侧墙和山墙的标准支撑。交叉支撑有柔性支撑和刚性支撑两种。柔性柱间支撑（图7.1.23）为镀锌钢丝绳索、圆钢、带钢或角钢，由于构件长细比较大，不考虑其抵抗压力的作用。在一个方向的纵向荷载作用下，一根受拉，另一根则退出工作。设计柔性支撑时可对钢丝绳和圆钢施加预拉力以抵消自重产生的下垂，计算时可不考虑构件自重。刚性柱间支撑（图7.1.24）为H型钢、方管或圆管，可以承受拉力和压力。案例工程采用刚性支撑构件。

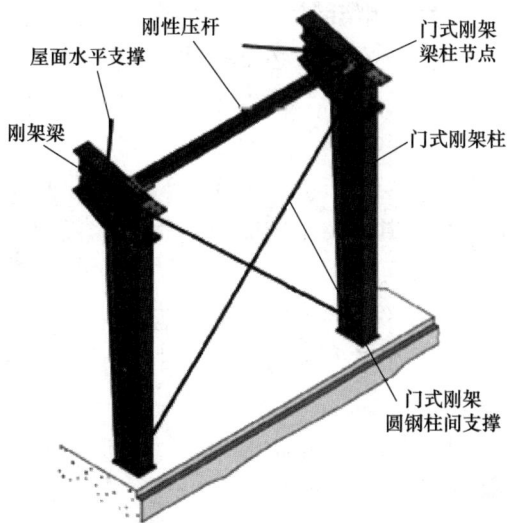

图7.1.23 柔性柱间支撑

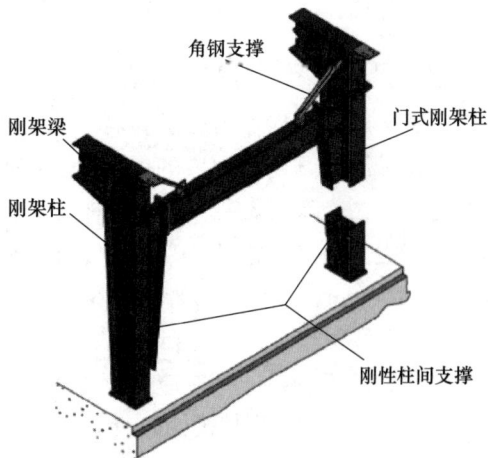

图7.1.24 刚性柱间支撑

由于建筑结构纵向（长度方向）刚度较弱，需要沿建筑物纵向设置支撑以保证其纵向稳定性。支撑结构及其与之相连的两榀主刚架形成了一个完全的稳定开间，在施工或使用过程中，它能通过屋面檩条或系杆为其余各榀刚架提供最基本的纵向稳定保障。

支撑系统的主要目的是把施加在建筑物纵向上的风荷载、吊车荷载、地震作用等从其作用点传给柱基础，最后传给地基。轻型钢结构的标准支撑系统有斜交叉支撑、门架支撑和柱脚绕弱轴抗弯固接的刚接柱支撑。

柱间支撑和屋面支撑必须布置在同一开间内形成抵抗纵向荷载的支撑桁架。支撑桁架的直杆和单斜杆应采用刚性系杆，交叉斜杆可采用柔性构件。刚性系杆包括圆管、H形截面构件、Z形或C形冷弯薄壁型钢等，柔性构件包括圆钢、拉索等。柔性拉杆必须施加预紧力以抵消其自重作用引起的下垂。

支撑的间距一般为 30～40m，不应大于 60m；支撑可布置在温度区间的第一个或第二个开间，当布置在第二个开间时，第一开间的相应位置应设置刚性系杆；夹角为 45° 的支撑斜杆能最有效地传递水平荷载，当柱较高导致单层支撑构件角度过大时应考虑设置双层柱间支撑；刚架柱顶、屋脊等转折处应设置刚性系杆。结构纵向与支撑桁架节点处应设置通长的刚性系杆；轻钢结构的刚性系杆可由相应位置处的檩条兼作，刚度或承载力不足时设置附加系杆。

除了结构设计中必须正确设置支撑体系以确保其整体稳定性之外，还必须注意结构安装过程中的整体稳定性。安装时应首先构建稳定的区格单元，然后逐榀将平面刚架连接于稳定单元上，直至完成全部结构。在稳定的区格单元形成前，必须施加临时支撑固定已安装的刚架部分。

由于建筑功能及外观的要求，在某些开间内不能设置交叉支撑时，可以设置门架支撑。这种支撑形式可以沿纵向固定在两个边柱间的开间或多跨结构的两内柱间的开间。支撑门架构件由支撑梁和固定在主刚架腹板上的支撑柱组成，其中梁和柱必须做到完全刚接，当门架支撑顶距离主刚架檐口距离较大时，需要在支撑门架和主刚架间额外设置斜撑。在设计此类支撑时，要求门架和相同位置设置的交叉支撑刚度相等，另外节点必须做到完全刚接。

7.1.11　夹芯板构造

厂房常用夹芯板作为围护材料。夹芯板是指彩色涂层钢板面层及底板与保温芯材通过黏结剂复合而成的保温复合围护板材；根据其芯材不同分为硬质聚氨酯夹芯板、聚苯乙烯夹芯板、岩棉夹芯板等。

夹芯板构造

夹芯板的厚度一般为 30～250mm。建筑围护通常采用的夹芯板厚度范围为 50～100mm，彩色钢板厚度为 0.5mm、0.6mm 等；如条件容许并经过计算，屋面板底板和墙板内侧板也可采用 0.4mm 厚彩色钢板。

屋面夹芯板的纵向搭接应位于檩条处，两块板均应伸入支撑构件中，每块板支承长度大于等于 50mm，为此搭接处应改为双檩条或一侧加焊通长角钢。

夹芯板纵向搭接长度（面层彩色钢板）：屋面坡度大于等于 200mm，屋面坡度小于等于 10% 时为 250mm。搭接部位均应设密封胶带。连接方式通常为插入式，其纵向连接较为困难，故插入式连接的墙板应避免纵向连接。

夹芯板的横向连接为搭接，尺寸按具体板型决定。夹芯板墙面一般为插接，连接方向宜与主导方向一致。

屋面板编号：由产品代号及规格尺寸组成。

墙面板编号：由产品代号、连接代号及规格尺寸组成。

产品代号：硬质聚氨酯夹芯板为 JYJB；聚苯乙烯夹芯板为 JJB；岩棉夹芯板为 JYB。

连接代号：插接式挂件连接为 Qa；插接式紧固件连接为 Qb；拼接式紧固件连接为 Qc。

JJB 夹芯板的重量为 5 ～ 16kg/m²。一般采用长尺寸，板长不超过 12m，板的纵向可不搭接，适用于平坡的梯形屋架和门式刚架。

墙板构造如图 7.1.25 和图 7.1.26 所示。

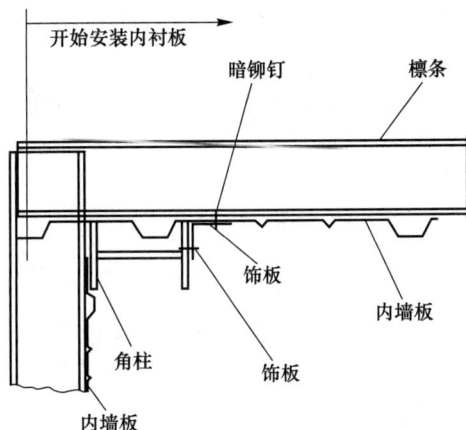

图 7.1.25　角柱与墙板的连接构造

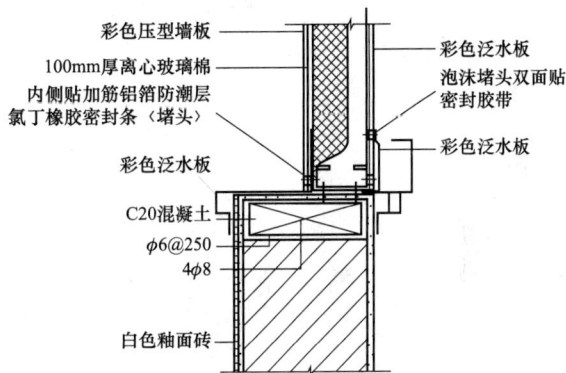

图 7.1.26　板墙与砖墙的连接构造

▌任务流程

本任务包括学习、识图、创建 BIM 模型 3 个过程。任务重点是提高学生自学能力和 BIM 三维模型创建能力。本任务主要流程如下：

（1）学生自学，学完本课程教学视频。

（2）教师在课堂上发放某产业园二期 1# 厂房的建筑施工图和结构施工图，解析建筑物的主要构件，给出各节点的 BIM 三维建模精细度要求。

（3）学生利用课外时间在自己的计算机上利用 Revit 或者 Tekla 软件完成某产业园二期 1# 厂房各节点模型的创建。

（4）教师为每个学生的模型打分并给出评语。

▌注意事项

（1）每个学生需要独立创建三维模型，禁止复制别人的模型。

（2）按教学视频内容和项目施工图创建模型，信息缺乏时按实际情况考虑。

▌提交成果

每个学生提交某产业园二期 1# 厂房整个项目的三维节点模型。

想一想：装配式门式刚架钢结构厂房与其他形式钢结构厂房相比有什么优势？

任务 2 编制门式刚架钢结构厂房安装施工方案

▌任务描述

本任务通过学生观看教学视频、课堂学习，根据某产业园二期 1# 厂房项目信息，分组编制一份钢结构施工方案，施工方案内容包括：工程概况、施工准备、施工安排、工艺流程、质量要求和安全文明施工保证措施等内容。

▌任务分析

为完成本任务，学生必须了解门式刚架钢结构厂房安装施工方案的编制内容、编制依据。所以学生需要回顾"施工技术"和"建筑施工组织"等相关课程中关于施工方案编制的内容，同时查阅并参考其他类似钢结构项目的安装施工方案，完成案例项目钢结构厂房安装施工方案的编制。

▌知 识 点

▌7.2.1 门式刚架厂房施工特点

（1）钢结构厂房构件和板材均采用场外加工结合现场拼装的方式施工，对轴线标高控制和拼装精度质量要求高；外墙板埋件、收边防水和预留管线施工难度大；吊装过程易引起构件变形和涂层磨损；钢结构构件尺寸相对较长，吊装作业危险性高，高处作业临空防护难度大。应注重对钢骨架系统安装和外墙围护系统安装等重要作业环节的有效管理和控制，实行钢结构施工全过程的控制和监督，确保施工质量。

（2）钢结构厂房施工突出各施工工序对应的质量控制要点，实现现场作业、质量工艺控制和劳动效率的优化组合。

（3）钢结构厂房施工采用预制外围护结构工艺。与传统混凝土及砌体的外围护结构相比，预制外墙板减少了湿作业，缩短了施工工期，减少了临时占地。

▌7.2.2 钢结构现场安装总体思路

本项目二期车间总施工面积约为 34260m²，计划钢结构现场安装 70d 内完工，在现场安装过程中应综合考虑场地实际情况、结构形式、施工难易度及进度控制要求等多方面因素，对现场作以下施工区划分，如图 7.2.1 所示。

主体结构施工区的划分如表 7.2.1 所示。

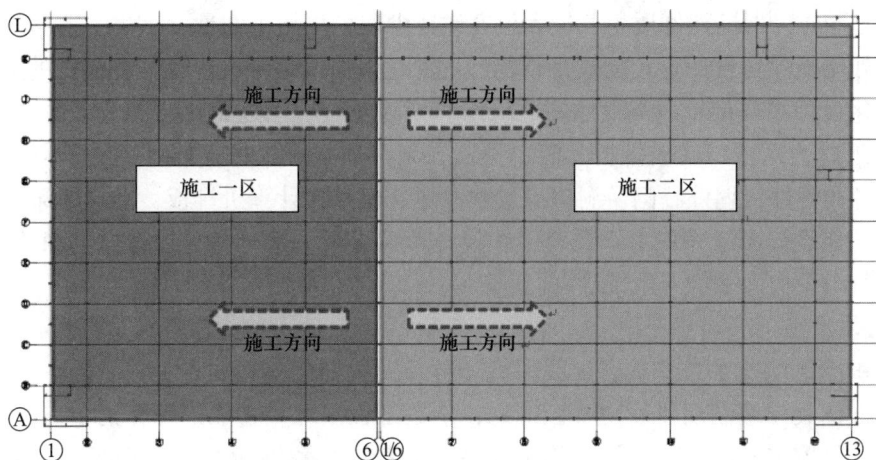

图 7.2.1　现场施工区划分

表 7.2.1　主体结构施工区划分表

施工区划分	吊机投入及数量	施工范围
施工一区 （A–L/1–6 轴）	25t 汽车吊 ×2 台	主体结构（柱、梁）吊装、次结构、围护材料的辅助材料吊装
施工二区 （A–L/6–13 轴）	25t 汽车吊 ×2 台	

备注：除以上主力吊机外，现场额外增配 1 台 25t 吊机用于现场材料装卸及场内布置

注：二期车间根据结构伸缩缝划分，共计划分 2 个施工区（同步施工），以轴线 6 伸缩缝处为中分线，两区各投入 2 台吊机由中间向两侧同步展开施工，主体结构吊装总计将投入 4 台 25t 汽车吊，依次对钢柱→柱间支撑→吊车梁→屋面梁→屋面支撑→次结构，围护，分部分项进行有序安装。

7.2.3　施工准备

1）组织准备

（1）开工前，按项目管理实施规划的劳动力组织计划工种、人数，配齐作业人员，并根据工人的技术等级、工作能力及工作部位等因素进行综合平衡、优化组合，以最大限度地发挥工人的作用。

（2）组织和配备适合本项目施工方法的管理机构和人员，形成能保质、保量完成工程任务的管理体系。

门式刚架施工准备

（3）建立工程质量管理机构，健全工程质量管理制度，形成质量保证体系，保证质量监督、质量控制的正常开展，发挥质量管理的有效作用。

（4）建立安全保证体系，切实落实安全生产责任，设置安全生产领导小组，做到分工明确，责任到人。

2）方案编制深度策划

（1）深度策划按主体和墙体两阶段进行深化。

（2）除钢梁翼缘、栓钉、外墙檩条、洞口加强、墙体埋件须现场连接外，其余构件均

在工厂加工制作，保证构件质量，最大限度地减少现场焊接工作量。

（3）外墙板深化设计是装配式钢结构厂房深化工作的重点，也是工程创优的点睛之处，因此在深化设计工作中予以高度重视，应组织设计单位、土建施工各专业人员、生产厂家召开技术研讨会，对外墙板排板、洞口预留、洞口加强、板材连接等关键节点进行细化，提前确定各类管件、埋件、门窗洞口等尺寸，建立模型、计算机排板，出具细部节点图纸。

（4）深化设计图纸完成后，及时组织设计单位进行分部确认，设计出具确认函后，施工单位及时组织构件采购、生产计划。

3）技术准备

（1）积极组织技术人员认真审阅图纸，做好图纸设计交底准备工作，备齐工程所需的资料和标准图集。编制项目管理实施规划，掌握工程概况和特点；计算钢结构构件和连接件数量；选择安装机械；确定流水施工程序；确定构件吊装方法；制订进度计划；确定劳动力组织；规划钢构件进场及存放；确定质量标准及保证措施、安全措施、环境保证措施和特殊施工技术等。

（2）向施工人员进行技术交底，把工程的设计内容、施工计划和施工技术要求等，详尽地向施工人员讲解清楚，落实施工计划，制订技术责任制等必要措施。

（3）做好现场吊装前定位、标高的测量工作，完成工程的定位放线工作等。

4）场地准备

（1）施工前，场地必须切实做好各项准备工作，包括场地的硬化、清理、平整，排水措施，道路的修筑，构件的运输、就位、存放。对影响吊装机具进场、构件存放及施工吊装的障碍物应先清除，以保证构件安装的正常进行。

（2）施工电源按临时用电方案要求，在指定点搭设并设置施工用电配电装置。

5）材料准备

（1）施工用主辅材料的规格、尺寸、材质、数量等必须符合设计技术文件的要求，不得随意更改。当发生材料变更或材料代用时，办理材料变更或材料代用审批手续，经批准同意后方可变更或代用。

（2）各种材料应具备材质证明书。对材料的质量有疑义时，应按国家现行有关标准规定进行抽样检验，无材质证明书或对品质有疑问的材料不得使用在工程上。

（3）对需要复检的材料，还应按规范的要求对其进行材质复验，并出具复验证书。

（4）钢结构工程所采用的连接材料和涂装材料，应具有出厂质量证明书，并应符合设计要求和国家现行有关标准的规定。

（5）施工现场的材料应有库房和存放场地，并严格执行现场材料保管、发放、回收的管理制度。

（6）根据项目管理实施规划的安排，组织货源，签订材料供货合同。根据各种材料的需求量计划，拟定运输计划和运输方案。按照施工进度计划和现场构件吊装顺序图的要求，组织材料按计划时间进场，在指定地点、按规定方式进行存放和保管。

6）设备准备

（1）根据施工机具设备使用计划，按规格、型号、数量备齐，放至现场指定位置。

（2）机具设备使用前应做全面检查，保证完好无损、附件齐全、参数稳定、性能可靠，能够保证使用中的工艺需要和安全。

（3）各种起重吊装机具在使用前必须先试用，在确认机具安全可靠后，方可正式使用。

（4）各种工具、量具在使用前应全面检查。各种量具必须按计量器具管理制度的要求进行校验，以保证检测数据的真实性和可靠性，未校或超期的计量器具不得在施工中使用。

7.2.4　基础验收

钢构件安装前，对建筑物的定位轴线、基础轴线、标高和地脚螺栓位置进行复查，并应进行基础检测和办理交接验收。

基础混凝土强度应达到设计要求。钢柱脚下面的支撑构造，应符合设计要求。基础地梁周围回填土夯实完毕。

支承面、支座和地脚螺栓（锚栓）的位置、标高等的偏差应符合表 7.2.2 的要求，复核定位应使用轴线控制点和测量标高的基准点。地脚螺栓（锚栓）紧固后，外露部分应采取防止螺母松动和锈蚀的措施。

表 7.2.2　支承面、地脚螺栓（锚栓）的允许偏差

项目			允许偏差 /mm
支承面	标高		±3.0
	水平度		$l/1000$
地脚螺栓（锚栓）	螺栓中心偏移		5.0
	螺栓（锚栓）外露长度	$d \leq 30$	$0 + 1.2d$
		$d > 30$	$0 + 1.0d$
	螺纹长度	$d \leq 30$	$0 + 1.2d$
		$d > 30$	$0 + 1.0d$
	预留孔中心偏移		10.0mm

注：l 为支承面长度；d 为螺栓（锚栓）直径。

7.2.5　构件进场

1）构件运输

（1）钢构件按施工图分别做好编号，以便按安装顺序装车运输至施工现场；同时构件出厂要提供本厂成品检验表及产品合格证。

（2）构件运输时，应充分考虑成品构件的保护，采取相应的措施，对构件进行合理的捆扎、存放，防止构件碰伤、挤伤、压伤而导致变形；同时应根据构件的几何尺寸和质量选用合适的运输车辆进行运输。

（3）构件运输时，构件放置平稳，构件间紧贴。当构件上下层放置时，上下层构件间应采用垫木间隔，且上下层垫木位置应相同。

（4）构件运至施工现场以后，卸车时应按设计吊点起吊，应轻吊、轻放，并应有防止损伤构件的措施，禁止野蛮作业。

（5）钢构件的运输按照安装进度要求运至施工现场，在场地条件允许的情况下力争一次卸货到位，尽量减少二次搬运工作。

2）构件存放

（1）构件工厂化制作，以半成品形式运至施工现场。

（2）加工成型的钢构件，按现场的施工进度要求分期、分批配套运到现场存放，并应把钢柱、钢梁、次结构等各类构件，按照构件的安装顺序分区、分类进行存放。

（3）构件存放场地应平整、干燥，并有通畅的排水措施，不同型号构件不要上下叠放。同一型号上下叠放时，上下各层垫木要在一条垂直线上，防止构件压弯变形。

（4）钢结构构件必须按流水段的施工工序，分区、分段、分层的安装顺序进入现场，先安装的先运，不是本流水段安装用的构件不能提前运进现场。

（5）在吊车起吊能力范围内，设立钢构件存放场地。

（6）在存放的垛与垛之间留出适当距离的通道，满足清点、绑扎、起吊要求。

（7）钢柱、钢梁平放时应在层与层之间用垫木间隔，但码放高度不宜大于宽度的 2 倍（图 7.2.2）。

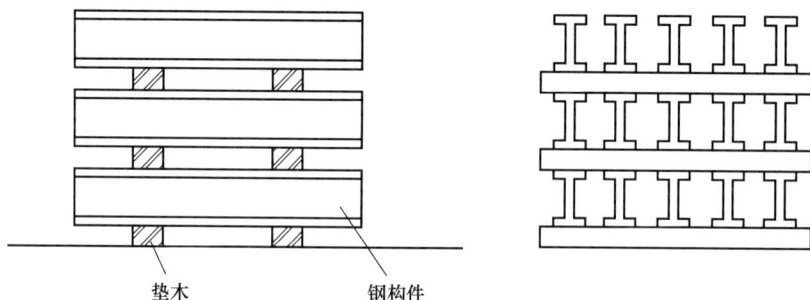

垫木　　　　钢构件

图 7.2.2　钢结构存放示意图

（8）外墙板入场后，应选用坚固平整的贮藏场所，散装时高度不得超过 1.5m，不能在外墙板上放置重物和踩踏，以避免损坏面漆甚至钢板。

（9）如将外墙板放置室外，应以防水布加以完全覆盖，做好外墙板的防潮措施。

3）构件验收

为实现从源头上控制钢结构工程质量，必须根据相关规范严格执行材料进场验收制度。

（1）钢柱、钢梁等构件进场前应检查厂家资质、质量证明书、原材合格证、原材检测报告、探伤试验报告、抗滑移试验报告，构件进场后应核对钢材的名称、规格、型号、数量是否符合要求，并检查构件尺寸、漆面喷涂、焊接质量、开孔位置等，外观检验合格及资料齐全后，方可进场。

对于国外进口钢材、钢材混批、板厚等于或大于 40mm 且设计有 Z 向性能要求的厚板、建筑结构安全等级为一级且大跨度钢结构中主要受力构件所采用的钢材、设计有复验要求的钢材以及对质量有疑义的钢材，应进行钢材抽样复验，复验结果应符合现行国家产品标准和设计要求。

（2）高强度螺栓连接副进场前应检查扭矩系数的出厂合格检测报告和生产日期，当保管日期超过6个月应重新进行扭矩系数试验，进场后核对规格、数量，并对外观进行抽检。

（3）楼承板进场前，应检查厂家资质、质量证明书、原材合格证等文件；进场后检查规格尺寸和表面质量。

（4）防火涂料进场前，应检查厂家资质、原材合格证、黏结强度和抗压强度的复试报告等文件。

（5）外墙板进场前，应检查厂家资质、质量证明书、原材合格证等文件，其外观质量、规格尺寸、物理性能和防火性能要符合规范要求。

7.2.6 梁柱安装

梁柱安装与模块3类似，这里就不再展开。

7.2.7 屋面结构安装

屋面梁出厂时是分段出厂的，每跨屋面梁一般分为3段，每段屋面梁间为高强度螺栓连接。现场跨内设置可移动式拼装台架，屋面梁拼装有地面拼装与高空拼装两种形式。

屋面结构安装

1）地面拼装

屋面梁地面拼装时，应在地面搭设拼装平台，拼装平台的基础要坚实，拼装平台的不平整度应小于5mm。在拼装平台上放出构件大样，大样对角线偏差＜2mm，设定定位基准点，然后设置挡铁。

在拼装平台上，依次摆放各段屋面梁并调整至符合设计要求，然后临时固定。拼装完毕，检查屋面梁的几何尺寸，合格后进行高强度螺栓连接。

2）高空安装

屋面梁吊点位置的确定既要保证方便就位，又要考虑到钢梁的稳定性，防止因钢梁稳定性差、吊点位置集中而产生弯曲变形。由于屋面梁较长，宜取4点进行吊装，以防止吊装过程发生平面内挠曲变形。

拼装好的屋面梁整体吊装，缓慢就位。就位时用临时螺栓将屋面梁校正固定，经检查合格后，进行高强度螺栓连接。

屋面梁安装完成后，随即安装屋面次梁及其他次结构，使之形成稳定体。这样依次按顺序安装屋面结构至完毕。

钢屋（托）架、桁架、梁及受压杆件的垂直度和侧向弯曲矢高的允许偏差应符合表7.2.3的规定；墙架、檩条等次要构件安装的允许偏差应符合表7.2.4的规定。

表 7.2.3　钢屋（托）架、桁架、梁及受压杆件的垂直度和侧向弯曲矢高的允许偏差

项目	允许偏差 /mm		图例
跨中的垂直度	$h/250$，且不大于 15.0		
侧向弯曲矢高 f	$l \leqslant 30\text{m}$	$l/1000$，且不大于 10.0	
	$30\text{m} < l \leqslant 60\text{m}$	$l/1000$，且不大于 30.0	
	$l > 60\text{m}$	$l/1000$，且不大于 50.0	

表 7.2.4　墙架、檩条等次要构件安装的允许偏差

项目		允许偏差 /mm	检验方法
墙架立柱	中心线对定位轴线的偏移	10.0	用钢尺检查
	垂直度	$H/1000$，且不大于 10.0	用经纬仪或吊线和钢尺检查
	弯曲矢高	$H/1000$，且不大于 15.0	用经纬仪或吊线和钢尺检查
抗风柱、桁架的垂直度		$h/250$，且不大于 15.0	用吊线和钢尺检查
檩条、墙梁的间距		±5.0	用钢尺检查
檩条的弯曲矢高		$L/750$，且不大于 12.0	用拉线和钢尺检查
墙梁的弯曲矢高		$L/750$，且不大于 10.0	用拉线和钢尺检查

注：H 为墙架立柱的高度；h 为抗风柱、桁架的高度；L 为檩条或墙梁的长度。

7.2.8　围护结构安装

墙面及屋面围护结构压型金属板的安装工艺流程：定位放线→压型金属板检查配料→铺设压型金属板并固定→收边包角等安装→涂防水密封胶→安装封边板、堵头板等→清理现场。

围护结构安装

1）定位放线

定位放线前应对安装面进行测量，对达不到要求的部分提出修改。对施工偏差做出记录，并针对偏差提出相应的安装措施。

根据排板图确定排板起始线的位置，在檩条或支承构件上标定起点，然后在板的宽度

方向每隔几块板标记一次，以限制和检查板的宽度安装偏差积累情况。标定墙板支承面的垂直度，以保证形成墙面的垂直度。

放线时应保证墙板及屋面板在支承构件上的搭接长度符合《钢结构工程施工质量验收标准》(GB 50205—2020)的要求。

墙板及屋面板安装完成后应对配件的安装做二次放线，以保证檐口、门窗口和屋脊线、转角线等的水平和垂直度。

2）铺设压型金属板并固定

搭设局部脚手架，由下向上按顺序安装墙板。铺设的起始应注意常年的风向，板肋搭接须与常年风向相背，即应以常年风向尾部开始铺设。

屋面压型板的做法如图7.2.3所示。屋面板采取由檐口处向屋脊方向的顺序安装，安装时须注意压型金属板的横平竖直。压型金属板的横向搭接宜与主导风向一致，搭接不少于一个波；屋面纵向搭接尚不应小于200mm，搭接部位宜设通长密封胶带。

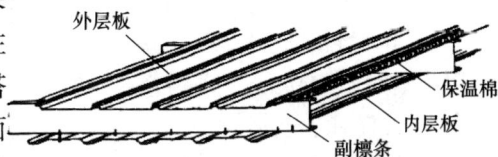
图7.2.3　屋面压型板的做法

山墙处屋面板须裁剪去板肋时，必须将余下的波谷平板沿板长度方向上包，使板边形成30mm高的假肋以防水；在靠近假肋处用30mm六角头钉在波谷将板与檩条固定，并在螺钉周边打上硅胶。

实测安装所需板材的实际长度，按实测长度核对对应板号的板材长度，需要时对该板进行剪裁。

将板材提升到位，依照排板起始线放置，在压型金属板长度方向的两端划出该处安装节点的构造长度，用紧固件固定两端，再依次从左（右）至右（左）、自下而上安装其他板。

安装到下一放线标志点处，复查板材安装的偏差，满足要求后进行板材的全面紧固。不能满足要求时应在下一标志段内调整。当在本标志段内可调整时，应在调整本标志段后再全面紧固。

固定螺钉应与檩条垂直，并对准檩条中心，打钉前应划线，使钉打在一条直线上。螺钉的固定：螺钉固定必须从板的铺设起端开始，随板铺设方向同向逐一固定螺钉。切勿从相反方向往板铺设的起始端打钉，以免板固定时造成的累积误差无法消除而在板扣合处形成大缝或扣合不严。

一标志段安装完成后，应及时检查有无遗漏紧固点。在紧固自攻螺丝时应掌握紧固的程度，不可过度，过度紧固会使密封垫上翻，甚至将板面压得下凹而积水。

屋檐檐口及屋面上板（上板与下板搭接处），需将钢板下弯80mm左右，可在上、下板间放置三元乙丙丁基橡胶防水卷材（卷材两表面涂专用胶）形成防水带，檐口处板下弯形成滴水线。

3）收边包角等的安装

屋面与墙面及突出屋面结构等的交接处，均应做泛水处理。

屋脊板、泛水板、堵头板等异型构件宜采用与屋面压型金属板相同的材料制作，并与屋面压型金属板类型相配套。屋脊处及屋面下板（上板与下板搭接处），需将钢板上弯800mm左右，形成挡水板。

泛水件安装前应在泛水件安装处放出安装基准线，如屋脊线等。压型金属板与泛水件的搭接宽度不小于200mm。

检查泛水件的端头尺寸，在搭接处涂密封胶或设置通长密封条，搭接后立即紧固，两板的搭接口处应用密封材料封严。泛水件安装至拐角处时，应按交接处的泛水件断面形状加工拐角处的接头，以保证拐角处有良好的防水效果和外观效果。注意门窗洞口处泛水件转角搭接防水的构造方法，以保证建筑的立面外观效果。压型金属板屋面的天沟、檐沟、屋脊、檐口线、泛水板应顺直，无起伏现象。

包角板等配件的安装搭接缝宜顺风向，搭接宽度宜不小于60mm，可用拉铆钉连接，钉间距不大于200mm，搭接缝及外露钉头均涂抹耐候密封胶。

4）涂防水密封胶

压型金属板屋面工程所用密封材料质量必须满足防水耐用寿命的要求，宜使用耐候性好的硅硐密封胶或聚硫密封胶。

压型金属板直接与檩条或固定支架连接时，应使用带防水密封圈的镀锌螺栓（螺钉）固定。螺栓长度应保证进入檩条或固定支架7mm以上，沿檩条方向应每波或隔一个波固定。为保证防水可靠，连接件应设置在波峰上。所有外露螺栓（螺钉）头均应涂密封材料保护。

压型金属板与泛水板搭接缝均设通长密封条，压型金属板屋面所有搭接缝处均涂耐候胶密封。用胶封缝时，应将附着面擦干净，以使密封胶在压型金属板上有良好的结合面。

压型金属板屋面施工完后，应观察检查和雨后检验或淋水检验。

5）安装封边板、堵头板等

外框架、电梯洞口等处四周应采用专用的边模、封边板、堵头板等进行封闭，大孔洞四周应按要求进行补强。

任务流程

本任务需要学生用到前面课程的知识来完成钢结构安装施工方案编制。任务重点是提高学生按规范施工的科学严谨的态度，培养学生团队沟通协调能力和创新精神。本书主要流程如下：

（1）学生自学，学完本课程教学视频。

（2）教师在课堂上讲述门式刚架钢结构厂房施工的要点和安全文明施工要点。给出施工方案编制的精细度要求。

（3）学生查阅施工方案编制内容和编制依据，利用课外时间团队合作完成门式刚架钢结构厂房安装施工方案的编制。

（4）教师给每组提交的施工方案打分并给出评语。

注意事项

（1）编制施工方案时需要查阅相关的技术标准，不得超出相应规范标准的范围要求。

（2）可以参考借鉴已有的施工方案，不得抄袭。

（3）尽量根据项目给定信息编制施工方案，信息缺乏时可合理假定，施工方案内容尽量具体、详细、真实。

提交成果

每组提交编制的施工方案。

―――――――― 模块小结 ――――――――

本模块系统介绍了装配式门式刚架钢结构厂房结构体系、各构件的功能、结构形式、刚架特点等内容，利用门式刚架钢结构厂房案例对柱脚、刚架柱、刚架梁、檩条、墙梁、柱间支撑与屋面支撑等结构构造要求进行了阐述，同时还介绍了钢结构安装准备、主体结构安装、紧固件安装、围护结构安装等内容。

―――――――― 习　　题 ――――――――

1. 铰接柱脚不承受（　　）。

A. 拉力　　　　　　　B. 压力　　　　　　　C. 剪力　　　　　　　D. 弯矩

2. 以下属于支撑系统的是（　　）。

A. 系杆　　　　　　　B. 檩条　　　　　　　C. 拉条　　　　　　　D. 隅撑

3. （　　）主要承担墙体自重和作用于墙上的水平荷载（风荷载），并将其传给主体结构。

A. 柱间支撑　　　　　B. 屋面水平支撑　　　C. 系杆　　　　　　　D. 墙梁

4. 以下属于轻型门式刚架主结构体系的是（　　）。

A. 横向刚架　　　　　B. 屋面檩条　　　　　C. 楼梯　　　　　　　D. 墙面板

5. 以下属于轻型门式刚架围护结构体系的是（　　）。

A. 横向刚架　　　　　B. 屋面檩条　　　　　C. 楼梯　　　　　　　D. 墙面板

6. 挑檐长度根据使用要求确定，一般为（　　）。

A. 0.5～1.2m　　　　　B. 1～1.2m　　　　　C. 0.7～1.2m　　　　　D. 0.8～1.2m

7. 由于檩条和墙梁的平面外刚度小，有必要设置（　　），以减小在弱轴方向的长细比。

A. 系杆　　　　　　　B. 檩条　　　　　　　C. 拉条　　　　　　　D. 隅撑

8. 主刚架由边柱、刚架梁、（　　）等构件组成。

A. 中柱　　　　　　　B. 檩条　　　　　　　C. 托梁　　　　　　　D. 隅撑

9. 门式刚架钢结构厂房施工时，支承面水平度的允许偏差为（　　）。

A. *l*/600　　　　　B. *l*/800　　　　　C. *l*/1000　　　　　D. *l*/1200

10. 现场焊缝组对无垫板间隙的允许偏差为（　　）。

A. 1mm　　　　　B. 2mm　　　　　C. 3mm　　　　　D. 4mm

11. 以下属于轻型门式刚架的辅助结构体系的是（　　）。

A. 横向刚架　　　B. 屋面檩条　　　C. 楼梯　　　D. 墙面板

12. 门式刚架的柱距最大可达（　　）。

A. 10m　　　　　B. 11m　　　　　C. 12m　　　　　D. 13m

13. 墙梁的主要功能是（　　）。

A. 主要承担建筑物上的各种荷载并将其传给基础

B. 主要承担墙体自重和作用于墙上的水平荷载

C. 承担屋面荷载，并将其传给刚架

D. 提供厂房足够的刚度

14. 主刚架的主要功能是（　　）。

A. 主要承担建筑物上的各种荷载并将其传给基础

B. 主要承担墙体自重和作用于墙上的水平荷载

C. 承担屋面荷载，并将其传给刚架

D. 提供厂房足够的刚度

15. 檩条的主要功能是（　　）。

A. 主要承担建筑物上的各种荷载并将其传给基础

B. 主要承担墙体自重和作用于墙上的水平荷载

C. 承担屋面荷载，并将其传给刚架

D. 提供厂房足够的刚度

答案

1. D　　　　2. D　　　　3. D　　　　4. A

5. D　　　　6. A　　　　7. C　　　　8. A

9. C　　　　10. C　　　　11. C　　　　12. D

13. B　　　　14. A　　　　15. C

参 考 文 献

鲍广鉴，于宏才，王煦，2003. 广州新白云国际机场航站楼钢结构安装技术［J］. 施工技术，32（11）：1-3.

鲍广鉴，曾强，陈柏全，2005. 大跨度空间钢结构滑移施工技术［J］. 施工技术，34（10）：2-4.

褚云朋，姚勇，邓勇军，等，2021. 多层超薄壁冷弯型钢结构房屋体系［M］. 北京：科学出版社.

董石麟，2009. 空间结构的发展历史、创新、形式分类与实践应用［J］. 空间结构，15（3）：22-43.

郭楷，季秋玲，吴敌，等，2020. 装配式模块化集装箱建筑的应用研究［J］. 建设科技（17）：88-92.

郭荣玲，刘焕波，2021. 装配式钢结构制作与施工［M］. 北京：机械工业出版社.

国家市场监督管理总局，中国国家标准化管理委员会，2018. 钢结构防火涂料：GB 14907—2018［S］. 北京：中国标
    准出版社.

劳开拓，2014. 集装箱建筑在中国的应用和发展研究［D］. 天津：天津大学.

毛磊，陆烨，李国强，2014. 集装箱建筑发展历史及应用概述［J］. 建筑钢结构进展，16（5）：9-17.

苏英志，张广峻，2015. 钢结构构造与识图［M］. 北京：电子工业出版社.

谭金涛，尹昌洪，曹璐，等，2013. 重庆国际博览中心铝合金屋面设计［J］. 钢结构，28（3）：32-35.

汪一骏，2018. 轻型钢结构设计手册［M］. 北京：中国建筑工业出版社.

王宏，2015. 大跨度场馆钢结构施工技术［M］. 北京：中国建筑工业出版社.

王鑫，刘立明，2020. 装配式钢结构施工技术与案例分析［M］. 北京：机械工业出版社.

张广峻，负英伟，2014. 建筑钢结构施工［M］. 北京：电子工业出版社.

张亚军，张昊，2017. 钢结构加工焊接工艺与图解［M］. 北京：化工工业出版社.

赵宝成，2018. 轻型钢结构［M］. 北京：中国建筑工业出版社.

中国城市科学研究会，2019. 装配式轻型钢结构工业厂房技术标准：T/CSUS 01—2019［S］. 北京：中国建筑工业出
    版社.

中国工程建设标准化协会，2013. 集装箱模块化组合房屋技术规程：CECS 334—2013［S］. 北京：中国计划出版社.

中国机械工业联合会，2006. 钢结构用高强度大六角头螺栓：GB/T 1228—2006［S］. 北京：中国标准出版社.

中华人民共和国国家质量监督检验检疫总局，中国国家标准化管理委员会，2006. 钢结构用高强度大六角头螺栓、大六
    角螺母、垫圈技术条件：GB/T 1231—2006［S］. 北京：中国标准出版社.

中华人民共和国建设部，中华人民共和国国家质量监督检验检疫总局，2002. 冷弯薄壁型钢结构技术规范：GB 50018—
    2002［S］. 北京：中国计划出版社.

中华人民共和国住房和城乡建设部，2010. 轻型钢结构住宅技术规程：JGJ 209—2010［S］. 北京：中国建筑工业出
    版社.

中华人民共和国住房和城乡建设部，2011. 低层冷弯薄壁型钢房屋建筑技术规程：JGJ 227—2011［S］. 北京：中国建
    筑工业出版社.

中华人民共和国住房和城乡建设部，2011. 钢结构焊接规范 GB 50661—2011［S］. 北京：中国建筑工业出版社.

中华人民共和国住房和城乡建设部，2013. 钢结构高强度螺栓连接技术规程：JGJ 82—2011［S］. 北京：中国建筑工
    业出版社.

中华人民共和国住房和城乡建设部，2013．建筑工程施工质量验收统一标准：GB 50300—2013［S］．北京：中国建筑工业出版社．

中华人民共和国住房和城乡建设部，2016．高层民用建筑钢结构技术规程：JGJ 99—2015［S］．北京：中国建筑工业出版社．

中华人民共和国住房和城乡建设部，2016．装配式钢结构建筑技术标准：GB/T 51232—2016［S］．北京：中国建筑工业出版社．

中华人民共和国住房和城乡建设部，2017．钢结构设计标准：GB 50017—2017［S］．北京：中国建筑工业出版社．

中华人民共和国住房和城乡建设部，2017．建筑钢结构防火技术规范：GB 51249—2017［S］．北京：中国计划出版社．

中华人民共和国住房和城乡建设部，2018．建筑设计防火规范（2018年版）：GB 50016—2014［S］．北京：中国计划出版社．

中华人民共和国住房和城乡建设部，2019．装配式钢结构住宅建筑技术标准：JGJ/T 469—2019［S］．北京：中国建筑工业出版社．

中华人民共和国住房和城乡建设部，2020．钢结构工程施工质量验收标准：GB 50205—2020［S］．北京：中国计划出版社．

中华人民共和国住房和城乡建设部，2021．钢结构通用规范：GB 55006—2021［S］．北京：中国建筑工业出版社．